原理から学ぶ光学

工学博士 左貝 潤一 著

コロナ社

ま え が き

　現代でも通用する光学の概念が誕生したのは 17 世紀である。それ以降，光学は顕微鏡や望遠鏡，カメラ，分光器などを通じて，天文学，分光学，計測などの進展に寄与してきた。光学は光の関連分野だけでなく，20 世紀初頭には幾何光学を通じて量子力学の発展に貢献した。1960 年の可干渉性に優れたレーザの誕生を契機として，光学はその内容と応用範囲が質的な変革を遂げた。近年では，電気・電子工学や機械工学との境界領域であるオプトエレクトロニクスやオプトメカトロニクスが進展している。また，光技術が電気・電子・通信工業，機械工業，自動車産業，建設業，化学産業などの分野へ広がっている。

　光ファイバは通信インフラを支えており，光ディスク，レーザプリンタ，バーコードリーダなどは日常眼にすることが多い。このように，光学は身近な領域まで進出してきている。さらには，人工物質であるフォトニック結晶やメタマテリアル，変換光学，構造色に関するナノフォトニクスなどの新規分野の萌芽がみられる。

　光学の関連領域の広がりに応じて，企業でも光学に素養のある人材が求められている。しかし，学生時代に光学を学習した人数は少なく，電気系出身者があてられている場合が多く，入社後の研修や自己啓発により，光学を学んでいるのが実情である。光学の既習者でも，光学現象を原理から学習し直すことは，理解度を深め，視野を広げる意味でも有意義である。

　原理を理解していれば，多くのことを覚えることなく，そこから派生する多様な現象を理解するのが容易になる。このような考え方から，本書では光学における重要な原理，つまりホイヘンス-フレネルの原理，フェルマーの原理，重ね合わせの原理に基づき，多くの光学現象を学べるようにしている。重要で基本的な内容では，同じ題材を代数的立場と物理的・幾何学的立場で説明し，内容を多面的に捉えて定性的に理解できるように努めている。

　対象とする読者は学部 3・4 年生，大学院生，技術系社会人である。

　各章の概要は次の通りである。1 章では，2 章以降の議論が理解しやすいように「光の基本事項」を配置している。2 ～ 4 章では，波面の伝搬に関するホイヘンス-フレネルの原理に基づいて，反射・屈折，結像特性などを説明している。5 章と 6 章では，光波の最小伝搬時間や変分に関係するフェルマーの原理に基づいて，反射・屈折，結像特性などを説明している。7 ～ 10 章では，光波の重ね合わせの原理に基づいて，干渉，回折，偏光などを説明している。

　11 章と 12 章では，上記現象に関連する光学での重要な概念を扱っている。13 章では光学の理論的基礎である，マクスウェル方程式や境界条件などの電磁波に関する内容を扱っている。

　本書の特徴は以下の通りである。

（1） 従来の光学書では光学が分かりにくかった読者に対して，既存の書籍とは異なるアプローチの光学の入門書を提供する。

（2） 光学における主要な現象が理解できるように，本書全体を三つの原理を基にして系統的に構築している。

（3） いかに考えるかを主眼としているので，基本的な内容では，同一の題材を複数の立場で捉えて多様な見方ができ，自分に合った形で学習・理解できるようにしている。

（4） 電気系学生・出身者も学びやすいように，フェーザ表示を多用している。

（5） 光学における重要な概念を習得，あるいは具体的な数値に対する感覚を磨くため，例題や演習問題を配置し，解答を丁寧に示している。

本書を出版するにあたり，終始お世話になったコロナ社の関係各位に感謝申し上げる。

2024 年 12 月

左貝　潤一

目　　　次

1章　光の基本事項

1.1　光の基本的性質 ……………………………………………………………… *1*
　1.1.1　光波と光線 *1* ／1.1.2　光の特性 *2*
1.2　屈折率と光速 ………………………………………………………………… *2*
1.3　光波の表示 …………………………………………………………………… *4*
　1.3.1　1次元波動と基本パラメータ *4* ／1.3.2　光強度 *7*
演習問題 …………………………………………………………………………… *8*

2章　ホイヘンス-フレネルの原理から学ぶ基本現象

2.1　ホイヘンス-フレネルの原理 ………………………………………………… *9*
　2.1.1　ホイヘンスの考え方による波面形成 *9* ／2.1.2　フレネルによる2次波面形成の精密化 *10*
2.2　ホイヘンス-フレネルの原理による波面の伝搬 …………………………… *11*
　2.2.1　平面波の伝搬 *11* ／2.2.2　球面波と一般の波面の伝搬 *12*
2.3　平面波と球面波の伝搬特性 ………………………………………………… *13*
　2.3.1　前進波と後進波 *13* ／2.3.2　3次元での平面波 *14* ／2.3.3　球面波 *14*
2.4　ホイヘンス-フレネルの原理の回折問題への展開 ………………………… *15*
　2.4.1　フレネルの輪帯による考え方 *15* ／2.4.2　回折問題への適用 *17*
演習問題 …………………………………………………………………………… *18*

3章　ホイヘンス-フレネルの原理から学ぶ反射と屈折特性

3.1　ホイヘンス-フレネルの原理の屈折と反射への適用 ……………………… *19*
　3.1.1　スネルの法則：平面境界での平面波の屈折と反射 *19* ／3.1.2　全反射 *21*
　3.1.3　球面境界での光の反射 *21* ／3.1.4　球面境界での光の屈折 *23*
3.2　フレネルの公式：振幅反射率と振幅透過率 ……………………………… *24*
　3.2.1　フレネルの公式導出のための準備 *24* ／3.2.2　振幅反射率と振幅透過率の表現と特性 *25*
3.3　ストークスの関係式 ………………………………………………………… *28*
3.4　ブルースターの法則 ………………………………………………………… *30*
3.5　全反射：波動的振る舞い …………………………………………………… *31*
　3.5.1　全反射時の光波の浸み込み *32* ／3.5.2　全反射時の光波の反射による位相変化 *33*
3.6　光強度反射率と光強度透過率 ……………………………………………… *33*
演習問題 …………………………………………………………………………… *35*

4章　ホイヘンス–フレネルの原理から学ぶ球面光学系による結像特性

4.1　球面反射鏡による結像特性 ·· 36
　4.1.1　球面における光線の反射法則の幾何学的説明　36
　4.1.2　球面反射鏡の球面での反射法則を用いた結像特性　38
4.2　単一球面での屈折による結像特性 ·· 40
4.3　薄肉レンズによる結像特性 ··· 42
　4.3.1　薄肉レンズの結像式と横・角倍率　42　／4.3.2　ニュートンの公式ほか　45
　4.3.3　薄肉凹レンズによる結像特性　46
演 習 問 題 ·· 47

5章　フェルマーの原理から学ぶ反射と屈折特性

5.1　フェルマーの原理 ·· 48
　5.1.1　フェルマーの原理の基本　48　／5.1.2　フェルマーの原理の光路長による表現　49
5.2　幾何光学の三法則とマリュスの定理 ··· 51
　5.2.1　幾何光学の三法則（直進性，屈折と反射）　51　／5.2.2　マリュスの定理　52
5.3　フェルマーの原理と変分原理 ··· 54
5.4　フェルマーの原理と光線方程式の関係 ·· 56
演 習 問 題 ·· 57

6章　フェルマーの原理から学ぶ非球面・球面光学系による結像特性

6.1　フェルマーの原理と結像特性の関係 ··· 58
6.2　非球面反射鏡による結像特性 ··· 59
6.3　球面反射鏡による結像特性 ··· 60
6.4　薄肉レンズによる結像特性 ··· 62
6.5　球面レンズの波面変換作用 ··· 65
演 習 問 題 ·· 66

7章　重ね合わせの原理から学ぶ光学現象の基礎

7.1　重ね合わせの原理と波動方程式の線形性との関連 ··· 67
7.2　重ね合わせと関係する数学的手法 ·· 68
　7.2.1　複素数とベクトル表示での演算　68　／7.2.2　フェーザ表示による扱い　69
　7.2.3　フーリエ級数・変換　71
7.3　群速度と位相速度 ·· 71

iv　　　目　　　　　　次

　7.3.1　多色光に対する時空間波形：フーリエ変換の利用　*71*
　7.3.2　群速度と位相速度の関係　*73*

7.4　反射による定在波……………………………………………………………*73*
演　習　問　題………………………………………………………………………*75*

8章　重ね合わせの原理から学ぶ干渉

8.1　二光波干渉：反射がない場合………………………………………………*76*
　8.1.1　二光波干渉の基礎　*76*　/8.1.2　ヤングの干渉実験（二光波干渉）　*78*
8.2　多重ピンホールによる干渉…………………………………………………*80*
　8.2.1　多重ピンホールによる干渉：標準的解法による扱い　*80*
　8.2.2　多重ピンホールによる干渉：フェーザ表示による扱い　*83*
　8.2.3　フェーザ表示による干渉光強度の極大・極小条件の解釈　*84*
　8.2.4　物理的意味による干渉光強度の極大・極小条件の解釈　*85*
8.3　二光波干渉：反射を伴う場合………………………………………………*87*
　8.3.1　平行平面板による二光波干渉　*87*
　8.3.2　平行平面板による干渉光強度の極大・極小条件　*89*
8.4　等　厚　干　渉………………………………………………………………*90*
　8.4.1　等厚干渉での考え方　*90*　/8.4.2　ニュートンリング　*91*
8.5　3層構造での多重反射による干渉…………………………………………*93*
　8.5.1　平行平面板の透過光による干渉　*93*　/8.5.2　平行平面板の反射光による干渉　*95*
8.6　3層構造に対する干渉理論の応用…………………………………………*96*
　8.6.1　ファブリ-ペロー干渉計　*96*　/8.6.2　反射防止膜　*98*
8.7　可干渉性を考慮した干渉……………………………………………………*99*
演　習　問　題………………………………………………………………………*101*

9章　重ね合わせの原理から学ぶ回折

9.1　回折の基礎：キルヒホッフの理論…………………………………………*103*
　9.1.1　キルヒホッフ近似　*103*　/9.1.2　バビネの原理　*105*
9.2　回折の分類と概要……………………………………………………………*106*
　9.2.1　回折の分類　*106*　/9.2.2　フラウンホーファー回折の概要　*107*
　9.2.3　凸レンズを用いた回折　*107*　/9.2.4　フレネル回折の概要　*108*
9.3　単スリットによるフラウンホーファー回折………………………………*109*
　9.3.1　単スリットによる回折：多重ピンホールによる干渉からの拡張　*109*
　9.3.2　回折限界とその意義　*112*
　9.3.3　フェーザ表示による回折像光強度の極大・極小条件の解釈　*113*
　9.3.4　物理的意味による回折像光強度の極大・極小条件の解釈　*114*
　9.3.5　単スリットによるフラウンホーファー回折：標準的解法　*116*
9.4　方形・円形開口によるフラウンホーファー回折…………………………*117*

目　　　　　　　次　　v

　　9.4.1　方形開口による回折　*117*　/9.4.2　円形開口による回折：フェーザ表示による解法　*118*

9.5　複数開口によるフラウンホーファー回折‥‥‥‥‥‥‥‥‥‥‥‥‥‥‥‥‥‥‥120

　　9.5.1　任意形状の周期的開口：多重ピンホールによる干渉からの拡張　*121*

　　9.5.2　スリットの周期的開口　*123*

9.6　フレネル回折‥‥‥‥‥‥‥‥‥‥‥‥‥‥‥‥‥‥‥‥‥‥‥‥‥‥‥‥‥‥‥‥125

　　9.6.1　フレネル積分　*125*　/9.6.2　半無限開口からのフレネル回折　*126*

　　9.6.3　単スリットによるフレネル回折　*128*

9.7　回折を用いた結像作用‥‥‥‥‥‥‥‥‥‥‥‥‥‥‥‥‥‥‥‥‥‥‥‥‥‥‥‥129

　　9.7.1　フレネルの輪帯板による結像作用　*129*　/9.7.2　位相型回折光学素子による結像作用　*131*

9.8　反射型回折格子‥‥‥‥‥‥‥‥‥‥‥‥‥‥‥‥‥‥‥‥‥‥‥‥‥‥‥‥‥‥‥132

演　習　問　題‥‥‥‥‥‥‥‥‥‥‥‥‥‥‥‥‥‥‥‥‥‥‥‥‥‥‥‥‥‥‥‥‥‥133

10章　重ね合わせの原理から学ぶ偏光

10.1　偏　光　の　形　状‥‥‥‥‥‥‥‥‥‥‥‥‥‥‥‥‥‥‥‥‥‥‥‥‥‥‥‥‥135

10.2　偏光度の記述法‥‥‥‥‥‥‥‥‥‥‥‥‥‥‥‥‥‥‥‥‥‥‥‥‥‥‥‥‥‥‥138

　　10.2.1　完全偏光と非偏光　*138*　/10.2.2　偏光状態の表現方法　*138*

10.3　円偏光の重ね合わせによる直線偏光と楕円偏光の表示‥‥‥‥‥‥‥‥‥‥‥‥‥139

10.4　異方性物質での偏光の振る舞い‥‥‥‥‥‥‥‥‥‥‥‥‥‥‥‥‥‥‥‥‥‥‥141

　　10.4.1　異方性物質における光波伝搬の解析　*141*　/10.4.2　固　有　偏　光　*142*

　　10.4.3　複　　屈　　折　*143*　/10.4.4　旋　　光　　性　*144*

10.5　偏光の変換とその記述法‥‥‥‥‥‥‥‥‥‥‥‥‥‥‥‥‥‥‥‥‥‥‥‥‥‥146

　　10.5.1　偏　光　素　子　*146*　/10.5.2　ジョーンズベクトルと行列　*147*

　　10.5.3　ジョーンズベクトルによる固有偏光の表現　*148*

　　10.5.4　ジョーンズ行列による各種偏光変換　*148*

演　習　問　題‥‥‥‥‥‥‥‥‥‥‥‥‥‥‥‥‥‥‥‥‥‥‥‥‥‥‥‥‥‥‥‥‥‥150

11章　行列法による厚肉レンズ等の結像特性

11.1　薄肉レンズと厚肉レンズの関係‥‥‥‥‥‥‥‥‥‥‥‥‥‥‥‥‥‥‥‥‥‥‥151

11.2　行列法での基本式‥‥‥‥‥‥‥‥‥‥‥‥‥‥‥‥‥‥‥‥‥‥‥‥‥‥‥‥‥153

　　11.2.1　行列法における光線伝搬に関する基本行列と基底ベクトル　*153*

　　11.2.2　球面単レンズのシステム行列とガウス定数の関係　*155*

11.3　厚肉レンズによる結像特性‥‥‥‥‥‥‥‥‥‥‥‥‥‥‥‥‥‥‥‥‥‥‥‥‥156

　　11.3.1　理想光学系における結像特性　*156*　/11.3.2　横倍率と角倍率　*157*

　　11.3.3　主　要　点　の　位　置　*158*　/11.3.4　厚肉単レンズの結像式と横・角・縦倍率　*159*

　　11.3.5　基準座標の変換　*161*

11.4　球面反射鏡による結像特性‥‥‥‥‥‥‥‥‥‥‥‥‥‥‥‥‥‥‥‥‥‥‥‥‥162

11.5　合成光学系の結像特性‥‥‥‥‥‥‥‥‥‥‥‥‥‥‥‥‥‥‥‥‥‥‥‥‥‥‥162

演　習　問　題‥‥‥‥‥‥‥‥‥‥‥‥‥‥‥‥‥‥‥‥‥‥‥‥‥‥‥‥‥‥‥‥‥‥165

vi 目　　　次

12章　光学系に関する諸概念

12.1　開口絞りと瞳······166

12.2　焦点深度と被写界深度······167

12.3　測　　　光······168

　12.3.1　光束と比視感度　*168*　/12.3.2　光度・輝度・照度　*170*

12.4　光学系の明るさ······172

12.5　収　　　差······174

　12.5.1　光　線　収　差　*174*　/12.5.2　波　面　収　差　*177*
　12.5.3　色収差と色消しレンズ　*178*　/12.5.4　光　線　追　跡　*179*

12.6　光学系の空間分解能······180

　12.6.1　二つの円形開口からのフラウンホーファー回折像　*180*　/12.6.2　レイリーの分解能　*181*

12.7　光学伝達関数（OTF）······182

　12.7.1　光学伝達関数の点像分布関数による記述：インコヒーレント結像　*182*
　12.7.2　光学伝達関数の瞳関数による記述：インコヒーレント結像　*184*
　12.7.3　インコヒーレント結像での光学伝達関数の数値例　*185*
　12.7.4　コヒーレント結像での光学伝達関数　*186*

演　習　問　題······187

13章　電磁波の特性

13.1　媒質中のマクスウェル方程式と構成方程式······189

13.2　無損失・等方性物質での波動方程式······190

13.3　電磁波を形成する電磁界の関係式······192

13.4　電磁波エネルギーとポインティングベクトル······193

13.5　不連続面での境界条件······196

演　習　問　題······198

付　　　録······199

A.　SI（国際単位系）での接頭語······199

B.　ラプラシアンの表現とベクトル公式······199

C.　波動方程式（13.11）のスカラー解の導出······200

D.　正弦条件の式（12.25）の導出······200

参　考　図　書······201
演習問題解答······202
索　　　引······210

1章

光の基本事項

　本書では光学において重要な原理から，様々な現象を学ぶことを主目的としている。それに先立って，重要な原理を理解する上でも不可欠な光の基本事項を本章で説明しておく。

　1.1節では，光の性質の2面性に関して重要な，光波と光線の概念を説明した後，光全般に関わる光の基本的性質を述べる。1.2節では光領域で物質の特性を記述する上で重要な屈折率と光速を説明する。1.3節では光を定量的に扱う際の基本となる，1次元での光波伝搬に関係する波動と光の基本パラメータ，光強度などを説明する。

 ## 1.1　光の基本的性質

1.1.1　光波と光線

　光は電磁界成分が時空間的に振動する電磁波の一種であり，波動的側面に焦点を合わせるとき，光を**光波**（optical wave）と呼ぶ。波動では山と谷が存在する。時空間において隣接する山どうし，あるいは谷どうしなど，状態が同じ部分を位相が等しいという。波動の位相が等しい部分を連ねた面を**波面**（wave front）または**等位相面**と呼ぶ。

　光波としての扱いは定量的な議論に適しており，本項の後半で述べるように多くの利点をもつ。しかし，光を必ずしも厳密に扱う必要はなく，次の段落で説明する光線で扱うほうが便利で分かりやすい場合がある。

　光波の一部をなす波面において，波長よりも大きいが，全波面に比べれば十分に微小な波面をとる（図1.1）。その法線方向に微小な立体角（12.3.2項参照）をとり，その中心に1本の微小な直線を対応させ，これを**光線**（optical ray）と呼ぶ。波面Σの法線方向にとる大きさ1の伝搬方向のベクトルを波面法線ベクトルといい，s（$|s|=1$）で表す。連続する波面でこの作業を繰り返すとき，この微小直線を連ねた直線または曲線が光線の軌跡となる。すなわち，光線は伝搬する波面の法線方向の軌跡を表している。

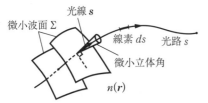

$n(r)$：空間で変化する屈折率，r：位置ベクトル，
s：波面法線ベクトル，
波面に垂直な微小立体角内に1本の光線を対応させる

図1.1　波面と光線の関係

上述のように，波面の形状によらず，光波と光線を対応づけることができる。波面と光線が直交するという性質は，屈折率に不連続面があったとしても，また反射や屈折を繰り返したとしてもあてはまる（5.2.2項参照）。

光波は，その電界や磁界が式で表され，光の概念の基礎をなす（1.3.1項参照）。そのため，光波による扱いは定量的な議論に適しており，干渉や回折，偏光など光学の主要領域を含めて適用範囲が広い。これは現象に対する詳しい情報を与えるが，一般に理論的扱いが難しく，物理的直観に欠ける。

一方，光線の概念は，厳密には波長λがゼロの極限で成り立つが，実質的には対象とする空間に比べて波長が十分に短い場合に使える。光線の概念は物理的直観に優れており，屈折と反射，光の直進性や逆進性，光学系の結像問題などで利用される。しかし，光線では波長情報が欠落しているので，波動性が関与する現象には適用できない。また，振幅や位相が空間的に激しく変動する箇所でも使えないという制約がある。

1.1.2 光 の 特 性

光は波長がほぼ 10 nm～1 mm の電磁波を指し，前項の最後の記述以外に，以下に示す特徴があるため，特有の扱いがなされている。

（ⅰ）光の厳密な特性はマクスウェル方程式や境界条件を用いて求めることができる（13章参照）。現実には，光学での多くの現象は必ずしもここまで遡らなくても解決できる場合が多い。

（ⅱ）光は自由空間では伝搬方向の電磁界成分をもたない横波であり，直進する。光の伝搬方向に垂直な面内にある，直交する電界成分間の位相関係は偏光と関連する。

（ⅲ）光は目に見える可視光を含んでいるため，光学は古くから発達している。**可視光**（visible light）は個人差があるが，概ね 380 nm≦λ≦780 nm である。

（ⅳ）光波としての扱いにはホイヘンス-フレネルの原理や重ね合わせの原理が関係し，光線としての扱いにはフェルマーの原理が関係する。

（ⅴ）光は周波数が非常に高いため，現在の検出器では光電界の変化に追随できず，測定できるのは長時間平均の光強度である（1.3.2項参照）。

（ⅵ）光は波動性と粒子性を併せもつ量子である。粒子性は光学現象と関係する場面が少なく，光の発生や検出とは密接に関係している。

 ## 1.2 屈折率と光速

屈折率は，光領域において物質の特性を記述する上で重要な概念である。屈折率は本来，異なる物質の境界面における屈折に関係して定義されていたが（3.1.1項参照），屈折率は光の伝搬に関連する多くの現象と結びついている。

1.2　屈　折　率　と　光　速　　3

　　光の伝搬速度は真空中で最も速い。**真空中の光速**（light velocity of vacuum）は観測値に基づいた定義値であり，それは次式で表される。

$$c = \frac{1}{\sqrt{\varepsilon_0 \mu_0}} = 2.997\,924\,58 \times 10^8\,\mathrm{m/s} \fallingdotseq 3.0 \times 10^8\,\mathrm{m/s} \tag{1.1}$$

ただし，ε_0 は真空の誘電率，μ_0 は真空の透磁率である。光の速度は伝搬する物質によって異なるが，観測者の移動速度によらず不変である。これは光速度不変の原理と呼ばれる。

　　光が真空以外の物質中を伝搬するとき，物質中での光速 v は真空中よりも遅くなり，その比率は次式で記述される。

$$n = \frac{c}{v} \tag{1.2}$$

上記の n は**屈折率**（refractive index）と呼ばれ，真空で $n=1$ と定義する。式 (1.2) で表される光速は単一周波数に対して成り立つものであり，**位相速度**（phase velocity）と呼ばれ，v_p で表されることもある。

　　自然界の物質の屈折率は $n > 1.0$ で，高々 4.0 程度である。標準空気（1 気圧，20℃）の可視光では $n = 1.000\,28$ であり，厳密な議論をしない限りは，空気と真空を同一視しても差し支えない。光学関係でよく使用されるガラスの屈折率は $n = 1.45 \sim 1.8$ 程度，水は $n = 1.33$ である。

　　屈折率は他の方法でも定義される。物質の誘電率と透磁率を真空に対する比で表した，比誘電率 ε と比透磁率 μ を用いると，屈折率は次式でも表せる。

$$n = \sqrt{\varepsilon \mu} \tag{1.3}$$

光の領域では比透磁率は実質的に $\mu = 1.0$ とでき，屈折率は $n = \sqrt{\varepsilon}$ で表せる。屈折率と密接な関係があるスネルの法則は後ほど説明する（3.1.1 項，5.2.1 項参照）。

　　屈折率が一様な媒質という表現がよく用いられる。これは，屈折率が一定値であることを意味するのではなく，厳密には波長程度の距離で屈折率 n の空間変化が緩やかなことを意味する。

　　屈折率の値は一般に波長に依存する。このことを**分散**（dispersion）または屈折率分散という。分散は多色光の場合の群速度（7.3 節参照）や色消しレンズ（12.5.3 項参照），分光などで重要となる。

【例題 1.1】　地球を球体とすると，1 周の距離は約 4 万 km である。この値を利用して次の問に答えよ。

（1）　光は 1 秒間に地球の回りを何周できるか求めよ。

（2）　光ファイバを用いて通信を行う場合，地球を半周伝搬させるのに要する時間を求めよ。ただし，光ファイバを構成する石英の屈折率を 1.45 とせよ。

（3）　静止衛星を介して地球上の 2 地点で無線通信（電波を使用）を行うのに要する時間を求めよ。地上局と静止衛星までの距離を 3.6 万 km とし，地上局間の距離を無視して，大気を真空とせよ。

［解］　（1）　空気中の光速が真空中と等しいとすると，式 (1.1) を用いて，$(3 \times 10^5)/(4 \times 10^4) = 7.5$

4　　1. 光の基本事項

より7周半できる。
（2）　石英での光速は，式 (1.2) を用いて，$v = c/n = 3 \times 10^5 / 1.45 = 2.07 \times 10^5$ km/s となる。半周に要する時間は $(2 \times 10^4)/(2.07 \times 10^5) = 0.0966$ s $= 97$ ms となる。
（3）　往復に要する時間は $(3.6 \times 2 \times 10^4)/(3 \times 10^5) = 0.24$ s $= 240$ ms となる。近年では外国との通信に光ファイバが用いられているので，通信での遅延時間が減少している。■

 ## 1.3　光波の表示

光の波動としての振る舞いは，マクスウェル方程式（13.1節参照）から導かれる波動方程式を解いて調べることができる。

等方性物質中で電流も電荷も存在せず，屈折率 n が一様とする。このとき，電界 $\boldsymbol{E}$ と磁界 $\boldsymbol{H}$ は題材に応じた適切な座標系を用いることにより，その一般解を求めることができる。さらに，初期条件や境界条件（13.5節参照）を適用することにより解が求められ，これに応じて光の様々な特性が記述できる。

本節では，波動方程式の解は既知として，光波の基本的な特性を説明する。

1.3.1　1次元波動と基本パラメータ

本項では，z 軸方向に伝搬する1次元スカラー波動解を利用して，光波の基本特性を説明する。その解を三角関数表示

$$\psi_s = \sin(\omega t \mp kz), \qquad \psi_c = \cos(\omega t \mp kz) \tag{1.4a, b}$$

と複素関数表示

$$\psi_+ = \exp[i(\omega t + kz)], \qquad \psi_- = \exp[i(\omega t - kz)] \tag{1.5a, b}$$

で示す（付録C参照）。式 (1.4)，(1.5) の括弧内を**位相**（phase）と呼ぶ。位相が等しい面は，すでに述べたように波面と呼ばれる。位相は干渉，反射，偏光など，多くの光学現象を考える上で重要な役割を果たす。

以下で，記号も含めてこれらを説明する。式 (1.4)，(1.5) における複号で「−」と「+」はそれぞれ前進波と後進波を表す（2.3.1項参照）。複素関数表示は理論計算で使われることが多い。

式 (1.4) の波形の概略を**図1.2**に示す。横軸は位置 z 軸，斜めの軸は時間 t 軸である。t（z）の値を固定する場合，波動は横（斜め上）方向に振動を繰り返して伝搬する。

式 (1.4)，(1.5) の時間項で，ω は**角周波数**（angular frequency）と呼ばれ，ωt は位相角を表す。

$$\omega = 2\pi\nu \tag{1.6}$$

と書くとき，ν は**周波数**（frequency）と呼ばれ，単位時間当りの光波の振動回数を表す。

式 (1.4)，(1.5) で，k は**波数**（wavenumber）と呼ばれ，単位距離当りに含まれる波の数を表す。kz は光波が距離 z 伝搬するときの位相変化を表す。時間 t を固定するとき，位相が 2π

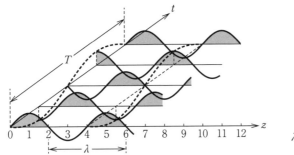

λ：波長，T：周期

図 1.2 時空間波形の概略

だけ変化する 2 点間の距離を **波長**（wavelength）と呼び，波長 λ は

$$\lambda = \frac{2\pi}{k} \tag{1.7}$$

で表される．つまり，波長の整数倍離れた位置は同相にある．

位置を固定するとき，位相が 2π だけ変化するのに要する時間を **周期**（period）と呼ぶ．これを T で表すと

$$T = \frac{2\pi}{\omega} = \frac{1}{\nu} \tag{1.8}$$

で書ける．周期 T と周波数 ν は逆数関係にある．

真空中の値に対して添字 0 を付して，媒質中の値と区別することにする．媒質中での波長 λ は真空中の値 λ_0 よりも屈折率分だけ短くなり

$$\lambda = \frac{\lambda_0}{n} \tag{1.9}$$

で記述できる．媒質中と真空中における波数は

$$k = nk_0 = \frac{n\omega}{c} = \frac{\omega}{v}, \qquad k_0 = \frac{\omega}{c} \tag{1.10a, b}$$

で関係づけられる．角周波数 ω と周波数 ν はともに，真空中と媒質中で不変である．媒質中の光速 v と真空中の光速 c は，周波数と波長を用いて

$$v = \nu\lambda = \frac{\omega}{k} = \nu\frac{\lambda_0}{n} = \frac{c}{n} \tag{1.11}$$

$$c = \nu\lambda_0 \tag{1.12}$$

で表せる．

以上をまとめると，光波が 1 次元で z 軸方向に伝搬しているとき，式 (1.4) における光波の複素振幅は，正弦関数と余弦関数によらず，次のように様々な形式で表すことができる．

$$\psi(z, t) = A \begin{Bmatrix} \sin \\ \cos \end{Bmatrix} (\omega t \mp kz + \phi_0) \tag{1.13a}$$

$$\psi(z, t) = A \begin{Bmatrix} \sin \\ \cos \end{Bmatrix} \left[2\pi\left(\nu t \mp \frac{z}{\lambda}\right) + \phi_0 \right] \tag{1.13b}$$

$$\psi(z, t) = A \begin{Bmatrix} \sin \\ \cos \end{Bmatrix} \left[\omega \left(t \mp \frac{z}{v} \right) + \phi_0 \right] \tag{1.13c}$$

$$\psi(z, t) = A \begin{Bmatrix} \sin \\ \cos \end{Bmatrix} \left[2\pi \left(\frac{t}{T} \mp \frac{z}{\lambda} \right) + \phi_0 \right] \tag{1.13d}$$

ここで，A は振幅（amplitude），ϕ_0 は初期位相を表す．式 (1.13) の表現は式 (1.5a, b) に準じた複素関数でも書ける．

式 (1.13a～d) のいずれにおいても，位相が 2π または距離が波長 λ 分変化しても，振幅の大きさが元の状態に戻る．例えば，波動が山と次の山にある場合，あるいは谷と次の谷にある場合，このような状態を**同相**にある（in phase）という．また，位相が π 異なったり，距離が $\lambda/2$ 異なったりしている場合，これは例えば波動が山と谷にあることを表し，**逆相**にある（out of phase）という．

二つの等振幅の光波がある場合，これらを重ね合わせると，**図 1.3** のように，同相にあれば光波の振幅が 2 倍となり，逆相にあれば振幅がゼロとなる．本書では，等振幅で逆相にある波動の重ね合わせはゼロになるという考え方で，連続した領域を $\lambda/2$ ごとに分割して議論する場面がしばしば出てくる．

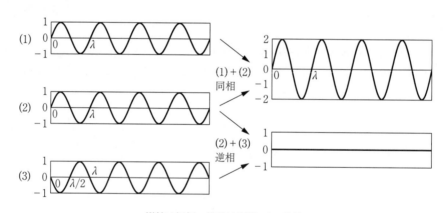

縦軸は振幅，横軸は距離，λ：波長
図 1.3 2 光波の重ね合わせによる波形の変化

【例題 1.2】 真空中で波長 600 nm の光がガラス（屈折率 1.5）中を伝搬するとき，次の各値を求めよ．
（1） ガラス中での波長　　（2） 周波数　　（3） 位相速度
［解］（1） ガラス中での波長は式 (1.9) より $\lambda = \lambda_0 / n = 600 / 1.5 = 400$ nm となる．
（2） 周波数は式 (1.12) より $\nu = c / \lambda_0 = 3 \times 10^8 / 600 \times 10^{-9} = 5.0 \times 10^{14}$ s^{-1} となる．
（3） 位相速度は式 (1.11) 2 番目の辺より，$v = \nu \lambda = 5.0 \times 10^{14} \cdot 4 \times 10^{-7} = 2.0 \times 10^8$ m/s となる．位相速度は式 (1.11) 右辺から $v = c/n = 3 \times 10^8 / 1.5 = 2.0 \times 10^8$ m/s として直接求めることもできる．■

【例題 1.3】 次の正弦波で表される光波について，各問に答えよ．
$$E_i = A \sin(\omega t - kz + \phi_{i0})$$

ただし，A は振幅，ϕ_{i0} は初期位相である。

（1）　$\phi_{10}=0$ の E_1 と $\phi_{20}=2\pi$ の E_2 の和を求めよ。

（2）　$\phi_{30}=5\pi/4$ の E_3 と $\phi_{40}=\pi/4$ の E_4 の和を求めよ。

［解］（1）

$$E_1+E_2=A\sin(\omega t-kz)+A\sin(\omega t-kz+2\pi)$$
$$=A\sin(\omega t-kz)+A\sin(\omega t-kz)=2A\sin(\omega t-kz)$$

振幅が等しく，位相が 2π ずれている。つまり，同相だから重ね合わせて合成波の振幅が 2 倍となる。

（2）　三角関数に関する和積の公式を用いて次式を得る。

$$E_3+E_4=A\sin(\omega t-kz+5\pi/4)+A\sin(\omega t-kz+\pi/4)$$
$$=2A\sin(\omega t-kz+3\pi/4)\cos(\pi/2)=0$$

振幅が等しく，位相が π ずれて逆相だから，合成波の振幅がゼロとなる。　■

1.3.2　光　　強　　度

光の周波数は非常に高いため，現在の光検出器では時間変化に追随できず，瞬時値を測定できない。そのため測定できるのは，光の周期 T よりも十分長い時間 T_{m}（$\gg T$）で測定する，自乗値の長時間平均の光強度である。電界として式 (1.13d) の前進波を用い，長時間平均を $\langle\cdot\rangle$ で表すと，光強度は半角の公式を用いて次式で書ける。

$$I=\langle E^2\rangle=\lim_{T_{\mathrm{m}}\to\infty}\frac{A^2}{T_{\mathrm{m}}}\int_t^{t+T_{\mathrm{m}}}\left\{\begin{array}{c}\sin\\\cos\end{array}\right\}^2\left[2\pi\left(\frac{t}{T}-\frac{z}{\lambda}\right)+\phi_0\right]dt$$
$$=\lim_{T_{\mathrm{m}}\to\infty}\frac{A^2}{2T_{\mathrm{m}}}\int_t^{t+T_{\mathrm{m}}}\left\{1\mp\cos\left[4\pi\left(\frac{t}{T}-\frac{z}{\lambda}\right)+2\phi_0\right]\right\}dt$$
$$=\frac{A^2}{2}\mp\lim_{T_{\mathrm{m}}\to\infty}\frac{A^2T}{8\pi T_{\mathrm{m}}}\left\{\sin\left[4\pi\left(\frac{t+T_{\mathrm{m}}}{T}-\frac{z}{\lambda}\right)+2\phi_0\right]-\sin\left[4\pi\left(\frac{t}{T}-\frac{z}{\lambda}\right)+2\phi_0\right]\right\}$$
$$=\frac{A^2}{2} \tag{1.14}$$

上式で，複号の上，下は sin 関数，cos 関数に対応する。長時間平均（$T\ll T_{\mathrm{m}}$）をとると，下から 2 行目の第 2・第 3 項がゼロに収束することを利用した。

式 (1.14) から光強度に関して次のことが分かる。

（ⅰ）　光強度は，電界 E の瞬時値の振幅 A の 2 乗の半分で表せる。**光強度**は，単位時間・単位面積当りの時間平均された光エネルギーで定義されており，厳密には式 (1.14) にさらに屈折率と物理定数を掛ける必要がある（式 (13.25) 参照）。

（ⅱ）　光領域での可測量は振幅ではなく，光強度である。

（ⅲ）　三角関数として余弦・正弦関数のいずれを用いても，光強度の結果には関係しない。また，光強度は振幅のみに依存し，周期や波長，角周波数，波数，初期位相などには依存しない。

複素関数表示を用いて光強度を求める場合，式 (1.5b) で振幅を A として

$$I=\frac{1}{2}\,|A\exp[i(\omega t-kz)]|^2=\frac{A^2}{2} \tag{1.15}$$

8   1. 光 の 基 本 事 項

により，積分をすることなく，式 (1.14) と同じ結果を容易に求められる（式 (13.25) 参照）。

演 習 問 題

1.1 真空中で波長 589.3 nm の光波が，クラウンガラス（$n=1.518$）とフリントガラス（$n=1.620$）
をそれぞれ伝搬するとき，次の問に答えよ。
（1） 各ガラス中での波長を求めよ。
（2） ガラスの厚さが 1.0 mm のとき，ガラス中には何波長分含まれるか。

1.2 振幅 5.0 V/m，周期 $T=2.25\times10^{-15}$ s，光速 $v=2\times10^8$ m/s の平面波が z 軸の正方向に伝搬している。時刻 $t=0$，位置 $z=0$ での電界が 5.0 V/m のとき，電界の表現を分数のない形で示せ。

1.3 z 方向に伝搬する光波の電界が，SI（国際単位系）において

$$E=\sin\left[5.78\pi\times10^{14}\left(t-\frac{z}{0.625c}\right)\right]\text{V/m}$$

で表されるとき，下記の諸量を求めよ。
（1） 媒質中の光速　　（2） 屈折率　　（3） 周波数　　（4） 媒質中の波長

1.4 z 軸の正方向に伝搬する光波の電界が，SI（国際単位系）において

$$E=10\sin(2.78\times10^{15}t-1.39\times10^7z)\,\text{V/m}$$

で表されるとき，下記の諸量を求めよ。
（1） 周波数　　（2） 媒質中の波長　　（3） 媒質中の光速　　（4） 屈折率

2章 ホイヘンス-フレネルの原理から学ぶ基本現象

ホイヘンス-フレネルの原理は光の波動性を裏付ける重要な考え方であり，この原理を用いることにより，屈折や反射，結像特性，回折など，光の基本現象を説明することができる。

2.1節では，まずホイヘンス-フレネルの原理の考え方を説明する。2.2節ではこの原理を用いて平面波や球面波，一般の波動における波面の伝搬を，2.3節では平面波と球面波の式による扱いを説明する。2.4節ではホイヘンス-フレネルの原理を回折問題に適用し，9章における回折の議論への橋渡しとする。

2.1 ホイヘンス-フレネルの原理

波動が遮蔽物の陰になる部分まで回り込む現象を回折という。光波では，ホイヘンスによって波面伝搬の基本的な考え方が提唱され，その後フレネルによって回折が明解に説明できるようになった。そのため，この考え方は**ホイヘンス-フレネルの原理**（Huygens-Fresnel principle）と呼ばれるが，単にホイヘンスの原理と呼ばれることも多い。

本節の前半ではホイヘンスの波面形成に関する考え方を，後半ではフレネルによる原理の精密化を説明する。

2.1.1 ホイヘンスの考え方による波面形成

ホイヘンスは波面の伝搬に対する基本的な考え方を，**波面形成法**（Huygens construction）として1678年に提唱した。ホイヘンスの考え方によると，**図2.1**に示すように，ある時刻 t_0 に1次波の波面 Σ_1 があるとする。この波面上の各点が波源となって発生した素波面（一様媒質中では球面波）は，その位置での伝搬速度 v に応じて次の時刻 t_0+t までに vt だけ伝搬し，それらの包絡面 Σ_2 が新しい波面になる。このことは1次波から出た素波面の重ね合わせにより2次波が形成されることを意味する。この考え方により，光の直進性，屈折と反射を説明することができた。

なお，ホイヘンスの考え方のままでは，次の点が明確には説明できなかった。

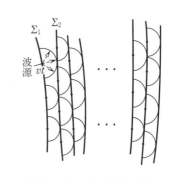

Σ_1：時刻 t_0 における1次波の波面，
Σ_2：時刻 t_0+t における2次波の包絡面，
v：媒質中の光速

図2.1 ホイヘンスの原理による波面の伝搬（不均一媒質）

①波面は前・後方に伝搬するので，後方にも波面Σ_3ができるということは実態と合わない。
②光が遮蔽物の陰にも回り込むこと。

その当時は光の粒子説が広く信じられた状況であり，光の波動性はなかなか受け入れられなかった。このような状況の下，1802年にヤングの干渉実験（8.1.2項参照）が発表され，これは光の波動性を示す直接的な証拠となった。

2.1.2 フレネルによる2次波面形成の精密化

1818年，フレネルがホイヘンスの考え方に波長という概念を導入し，干渉の考え方を付加することにより，回折を見事に説明した。

波面が平面をなす波動を**平面波**（plane wave）といい，一様媒質におけるある時刻t_0における1次波の波面Σ_1を平面波とする（**図2.2**（a））。ホイヘンスの考え方によると，時刻t_0+tまでのわずかな時間の間に伝搬する光波は，波面Σ_1上のすべての位置（図では代表的にO_i（$i=1 \sim 3$）で示す）を波源として**球面波**（spherical wave，波面が球面をなす波動）が発生し，あらゆる方向に等速度vで伝搬する。

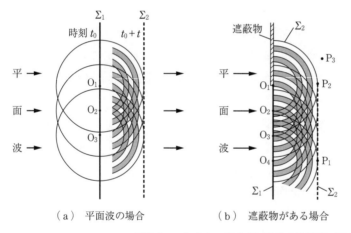

（a）平面波の場合　　　（b）遮蔽物がある場合

Σ_1：1次波面，Σ_2：2次波面，
O_i：各球面波の中心，
白：振幅の正部分，
網掛け：振幅の負部分

図2.2　フレネルの考え方による2次波面の形成

フレネルはこれに波長の概念を導入した。媒質中の波長をλとすると，距離vtの間に光波がvt/λ波長分含まれ，$\lambda/2$ごとに位相が反転する。図（a）で白色部分は振幅が正，網掛け部分は振幅が負の部分を表し，位相が反転していることを示す。時刻t_0+tで，光波伝搬の正方向の先端部分の球面波では，波面Σ_1上の出発点によらず同相となっており，この包絡線が2次波面を形成する。包絡線より内側では，波面Σ_1上の異なる点から発生した多くの球面波が重ね合わされ，干渉の結果，正負の位相が打ち消し合い，波面形成に寄与しない。

次に，時刻t_0+tで，光波伝搬の負方向に相当する球面波の包絡線に相当する部分は，この後に出発した正方向に伝搬する球面波と逆方向の伝搬成分が重ね合わされるので，これらの伝搬成分が消去し合って，光波伝搬の負方向には2次波面を形成しない。

ホイヘンス–フレネルの原理をこのように考えることにより，1次波の波面Σ_1上からあらゆる方向に伝搬する素波面のうち，一方向の素波面のみが2次波の波面の形成に寄与する。

図（b）に遮蔽物がある場合を示す。平面波が左側から右側へ伝搬しているとする。点P_1が遮蔽物から十分離れているとすると，図（a）と同じように2次波面が平面波で形成される。しかし，遮蔽物近傍では状況が異なる。例えば，遮蔽物の有無の境界の延長線上に位置する点P_2では，遮蔽物がない部分からの球面波が届くが，遮蔽物がある部分からの球面波がない。そのため，点P_2での振幅が点P_1での振幅の半分となり，光強度が$1/4$となる（図9.15参照）。

遮蔽物に隠れた部分にも点O_1近傍から発生した球面波が到達し，光波が存在するようになり，この現象を**回折**（diffraction）という。しかし，この領域に属するP_3での振幅は点P_2での値よりも小さい。遮蔽領域で球面波が新しく発生するたびに，点O_1から遠ざかるに従って遮蔽領域からの球面波しか届かなくなる。その結果，振幅が徐々に小さくなり，点O_1からある程度入った遮蔽物側の領域では光波が存在しなくなる（図9.15参照）。

フレネルの考え方が導入された結果，ホイヘンスの考え方での欠点が解消された。こうして，ホイヘンス–フレネルの原理を用いて，光による回折を明解に説明できるようになり，光の波動性がゆるぎないものとなった。

<u>ホイヘンス–フレネルの原理において重要な点は，波面の形状に対して何ら制限を加えていないことである</u>。そのため，一様空間における平面波や球面波だけでなく，屈折率が不均一に変化する空間や屈折率が光の伝搬方向によって異なる異方性物質，屈折率が異なる境界面などにおいても適用できる。これがホイヘンスの原理の有用性を高めている要因である。

回折に関するフレネルの考え方のより詳しい説明は2.4.1項で行う。ホイヘンス–フレネルの原理により回折の基礎が築かれ，より厳密で実用的なキルヒホッフ近似に進展した（9.1.1項参照）。本書では，ホイヘンスの原理を回折だけでなく，フェルマーの原理との関連や，干渉と回折のより精緻な理解にも利用している。

 ## 2.2　ホイヘンス–フレネルの原理による波面の伝搬

2.2.1　平面波の伝搬

一様媒質中をz方向に伝搬する平面波の波面を**図2.3**（a）に示す。位置z_1での波面をΣ_1で表す。ホイヘンス–フレネルの原理に従って，Σ_1上の各点が波源となって球面波が発生し，あらゆる方向に媒質中の伝搬速度vで伝搬する。これらの球面波の包絡面が2次波となり，位置z_2に新しい平面波Σ_2ができる。これを繰り返して平面波が伝搬する。

一様媒質中では平面波が伝搬することが確認できた。波面と光線の向きは直交するから（1.1.1項参照），一様媒質中では光が直進すること，つまり光の直進性がいえる。

1次波が球面かどうかによらず，多くの素波面が助変数αに対して形成されているとする。このとき，素波面に対する包絡面はすべてのαに対して接していることを意味し，数学的に

12   2. ホイヘンス-フレネルの原理から学ぶ基本現象

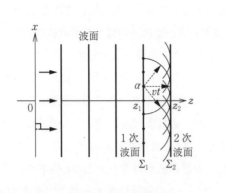
（a）平面波

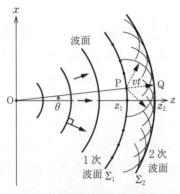
（b）球面波（中心はO）

v：媒質中の光速
矢印は波面の伝搬方向。振幅は，平面波では一定で，球面波では伝搬距離に反比例する
図2.3 ホイヘンス-フレネルの原理による波面伝搬の様子

はすべての素波面の α に対する偏微分がゼロとなる。したがって，包絡面の求め方は次のようになる。助変数を α，一般化座標を x_i ($i=1, 2, \cdots, N$) として，関数 $F(x_1, x_2, \cdots, x_N; \alpha)$ があるとき，包絡面は次式から α を消去して求められる。

$$F(x_1, x_2, \cdots, x_N; \alpha) = 0, \qquad \frac{\partial F}{\partial \alpha} = 0 \tag{2.1}$$

2.2.2 球面波と一般の波面の伝搬

一様媒質中での球面波の伝搬の様子を図2.3（b）に示す。この場合，点Oを中心として伝搬した1次波を Σ_1 で表す。このときも波面 Σ_1 上の各点が波源となって，新しい球面波が媒質中の伝搬速度 v で伝搬する。これらの球面波の包絡面が2次波の球面 Σ_2 となる。2次波面は角度 θ によらず，点Oから等距離で球面波となっている。これを繰り返して球面波が伝搬する。

すでに述べたように，ホイヘンス-フレネルの原理では適用できる波面の形状に対して制限がない。そのため，図2.1のように媒質の屈折率 $n(r)$ が空間的に不均一な場合でも，1次波の波面上で発生した素波面が伝搬速度に応じて伝搬し，それらの包絡線が2次波面を形成する。波面と光線は直交するから，平面波や球面波だけでなく，波面の形状によらず光線を設定することができる。

【例題2.1】 2次元の x-z 平面で，z 軸の正方向に伝搬する平面波のある瞬間での波面が $z = z_1$ で表されているとする。屈折率 n が一様なとき，時間 t 後の包絡面を表す式を求めよ。

［解］ x 軸上の任意の座標を α とする。座標 $(x, z) = (\alpha, z_1)$ を中心として発生する，時間 t 後の球面波は，c を真空中の光速として次式で表せる。

$$(x-\alpha)^2 + (z-z_1)^2 = \left(\frac{c}{n}t\right)^2$$

式(2.1)に従って，関数 F を次式で定義すると

$$F \equiv (x-\alpha)^2 + (z-z_1)^2 - \left(\frac{c}{n}t\right)^2 = 0, \qquad \frac{\partial F}{\partial \alpha} = -2(x-\alpha) = 0$$

を得る。これら2式より α を消去すると，次式を得る。

$$(z-z_1)^2 = \left(\frac{c}{n}t\right)^2, \qquad z-z_1 = \pm\frac{c}{n}t$$

前進波であるから解は $z = z_1 + (c/n)t$ となり，これも z 軸の正方向に伝搬する平面波となる。■

 ## 2.3 平面波と球面波の伝搬特性

本節では，屈折率 n の一様媒質中における平面波と球面波の伝搬特性を，数式に基づいて扱う方法を示す。

2.3.1 前進波と後進波

z 軸方向に伝搬する平面波に対する波動方程式は，式 (13.11) より

$$\frac{\partial^2 \psi}{\partial z^2} - \frac{n^2}{c^2}\frac{\partial^2 \psi}{\partial t^2} = 0 \tag{2.2}$$

で書け，その解を式 (1.13)，(1.5) で示した。本項では，複号の違いに説明を加えるため，次のように分けて書く。

$$f\left(t-\frac{z}{v}\right) \equiv A\begin{Bmatrix}\sin\\\cos\end{Bmatrix}\left[\omega\left(t-\frac{z}{v}\right)+\phi_0\right] \qquad :前進波，進行波 \tag{2.3a}$$

$$f(z,t) \equiv A\exp[i(\omega t - kz + \phi_0)] \qquad :前進波，進行波 \tag{2.3b}$$

$$g\left(t+\frac{z}{v}\right) \equiv A\begin{Bmatrix}\sin\\\cos\end{Bmatrix}\left[\omega\left(t+\frac{z}{v}\right)+\phi_0\right] \qquad :後進波，後退波 \tag{2.4a}$$

$$g(z,t) \equiv A\exp[i(\omega t + kz + \phi_0)] \qquad :後進波，後退波 \tag{2.4b}$$

ここで，振幅 A は定数，ω は角周波数，v は位相速度，k は光の波数，ϕ_0 は初期位相を表す。

式 (2.3) について，ある時刻 t から時間 δt 経過した後の波動の表現は

$$f\left(t+\delta t-\frac{z}{v}\right) = f\left(t-\frac{z-v\delta t}{v}\right) = f\left(t-\frac{z-\delta z}{v}\right) \tag{2.5}$$

で書ける。式 (2.5) は，δt 後には z 軸の正方向に $\delta z = v\delta t$ だけ移動した波形と等しいことを示す（図 2.4）。このような波動を**前進波**または**進行波**という。同様にして，図（b）の $g(t+z/v)$

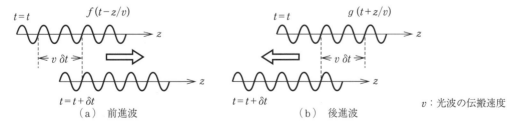

図 2.4 前進波と後進波

14 　　2. ホイヘンス-フレネルの原理から学ぶ基本現象

はz軸の負方向に伝搬する波動を表し，これを**後進波**または**後退波**という。

　前進波と後進波は波動方程式 (2.2) を満たすから，これらを重ね合わせた

$$\psi(z, t) = f\!\left(t - \frac{z}{v}\right) + g\!\left(t + \frac{z}{v}\right) \tag{2.6}$$

もまた波動方程式の解となる。このことは，同じ媒質中に前進波と後進波が同時に存在し得ることを示している。同一空間において逆方向に伝搬する光波の成分が存在するとき，定在波が生じ得る（7.4節参照）。

　式 (2.6) に限らず，複数の波動を重ね合わせた式が波動方程式を満たすことが，7章以降で説明する重ね合わせの原理の根拠である。

2.3.2　3次元での平面波

　平面波が屈折率 n の等方性物質中を，デカルト座標系の x, y, z 軸とそれぞれ角度 α, β, γ をなして，速度 v で伝搬しているとする。このとき，波動方程式 (13.11) の解は，複素関数表示を用いて次式で表せる（付録 C 参照）。

$$\psi = A\exp\left[i(\omega t \mp \boldsymbol{k}\cdot\boldsymbol{r} + \phi_0)\right] = A\exp\{i[\omega t \mp k(x\cos\alpha + y\cos\beta + z\cos\gamma) + \phi_0]\}$$

$$= A\exp\left\{i\left[\omega\!\left(t \mp \frac{x\cos\alpha + y\cos\beta + z\cos\gamma}{v}\right) + \phi_0\right]\right\} \tag{2.7}$$

$$\cos^2\alpha + \cos^2\beta + \cos^2\gamma = 1 \tag{2.8}$$

ここで，A は振幅，ω は角周波数，$\boldsymbol{k}$ は媒質中の波数ベクトル，$\boldsymbol{r}$ は3次元位置ベクトル，ϕ_0 は初期位相である。媒質中の波数 $k = |\boldsymbol{k}| = nk_0$ には式 (1.10a) を用いた（k_0 は真空中の波数）。$\cos\alpha$, $\cos\beta$, $\cos\gamma$ は x, y, z 軸への方向余弦を表す。式 (2.7) で複号の上（下）側は前進（後進）波を表す。

　光波に関係する理論解析では，複素関数のほうが三角関数よりも一般に容易であるため，途中の計算を上記のような複素指数関数で行い，最後の結果で物理的に意味のある実部をとることが多い。

2.3.3　球　　面　　波

　波動方程式 (13.11) で位置に依存するラプラシアン ∇^2 は，極座標系 (r, θ, φ) で付録の式 (B.3) で書ける。特に，波動が r のみに依存するとき，次式のように書ける。

$$\frac{\partial^2(r\psi)}{\partial r^2} - \frac{n^2}{c^2}\frac{\partial^2(r\psi)}{\partial t^2} = 0 \tag{2.9}$$

　球面波が座標 r のみに依存するとして，式 (2.9) と式 (2.2) の類似性に着目して $r\psi = f, g$ とおくと，その解は式 (2.3)，(2.4) を参照して

$$\psi_1 = \frac{1}{r}f, \qquad \psi_2 = \frac{1}{r}g \tag{2.10a, b}$$

で表せる。式 (2.10a, b) はそれぞれ，原点から外向きに伝搬する光波と外側から原点に向かう

光波を表し，球面波の振幅が原点からの距離 r に反比例することを示している。

【例題 2.2】 波面が $x+y+z=$ 正の定数で表される平面波がある。これが原点から遠ざかる方向に伝搬するときの複素関数表示を，振幅 A，波長 λ，位相速度 v，初期位相 ϕ_0 を用いて表せ。
［解］ 波面法線方向が x, y, z に関して対称だから式 (2.7) で $\alpha=\beta=\gamma$ とおき，式 (2.8) より方向余弦が $\cos\alpha=\cos\beta=\cos\gamma=1/\sqrt{3}$ で求められる。式 (1.7) より $k=2\pi/\lambda$，式 (1.11) より $\omega=kv=2\pi v/\lambda$ を得る。これらを式 (2.7) に代入し整理して，求める平面波が次式で表せる。
$$\psi = A\exp\left[i\frac{2\pi}{\lambda}\left(vt-\frac{x+y+z}{\sqrt{3}}\right)+i\phi_0\right]$$
∎

 ## 2.4 ホイヘンス-フレネルの原理の回折問題への展開

本節では，ホイヘンス-フレネルの原理におけるフレネルの輪帯による考え方に絞って，回折との関連を説明する。

2.4.1 フレネルの輪帯による考え方

図 2.5 (a) に示すように，一様媒質中に点光源 S があり，そこからあらゆる方向に伝搬した 1 次波（球面波）が波面 Σ_1 を形成する。波面 Σ_1 上の各点が波源となって，素波面（球面波）が新たに発生する。波面 Σ_1 上の点を C とし，SC の延長線上にできる 2 次波の点を Q とする。ホイヘンスの考え方では回折を説明するには不十分なため，フレネルは次のように改良を加えた。

1 次波の波面 Σ_1 の半径は点光源 S を中心とした r_0 である。波面 Σ_1 上に点 P_1 をとり，$s=P_1Q$，点 P_1 での外向き法線と P_1Q がなす角度を χ とおく。点光源 S を出て 2 次波の点 Q に至る光波の複素振幅は，波面 Σ_1 の前後を分離し，式 (2.10a)，(2.3b) を利用すると
$$U(Q) = A\frac{\exp(-ikr_0)}{r_0}\iint \frac{\exp(-iks)}{s}q(\chi)dS \tag{2.11}$$
で表せる。ただし，A は光源近傍の振幅，$k=2\pi/\lambda$ は波数，λ は波長，dS は 1 次波面 Σ_1 上で

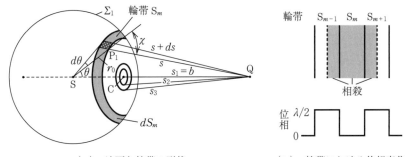

（a）波面と輪帯の形状　　（b）輪帯における位相変化

S：点光源，Σ_1：1 次波の波面，Q：2 次波面上の点，C：SQ と Σ_1 の交点，
$s_m = b+(m-1)\lambda/2$ $(m=1, 2, \cdots, N)$, $s_1 = b = CQ$, $r_0 = SP_1$
図 2.5　ホイヘンス-フレネルの原理の輪帯による回折の説明

の面積要素で，後に輪帯で定める。上式では時間変動因子 $\exp(i\omega t)$ を省いた。

$q(\chi)$ は**傾斜因子**と呼ばれ，これは点 P_1 で光波の伝搬方向が変化する効果を表す。フレネルは，傾斜因子が $\chi=0$ で最大値をとり，$q(\pi/2)=0$ と仮定した（9.1.1 項で分かるように，この後半の仮定は間違っている）。

点 Q から 1 次波面 Σ_1 上までの距離 s を次のように定める。SQ と波面 Σ_1 の交点 C に対して，$s_1=b=$ CQ，$s_m=b+(m-1)\lambda/2$ $(m=1, 2, \cdots, N)$ のように，距離 s が半波長ずつ増加する N 層の輪帯に分割する[2~4]†。これを**フレネルの輪帯**という。m 番目の輪帯 S_m $(m=1, 2, \cdots, N)$ が閉区間 $s=[s_m, s_{m+1}]$ を占めるとする。r_0 と b が波長 λ に比べて十分大きいとすると，各輪帯内での傾斜因子は一定値 q_m とみなせる。

SQ と SP_1 がなす角度を θ とおくと，第 2 余弦定理で得られる

$$s^2 = r_0^2 + (r_0+b)^2 - 2r_0(r_0+b)\cos\theta$$

の両辺の微分より

$$s\,ds = r_0\,(r_0+b)\sin\theta\,d\theta \tag{2.12}$$

を得る。波面 Σ_1 上で s と $s+ds$ で挟まれる輪帯が，角度 θ と $\theta+d\theta$ で挟まれる領域に対応すると考える。このとき，輪帯の面積要素は式 (2.12) を用いて次式となり，s の関数で表せる。

$$dS = 2\pi\cdot r_0\sin\theta\cdot r_0 d\theta = 2\pi r_0^2\sin\theta\,d\theta = 2\pi\,\frac{r_0}{r_0+b}\,s\,ds \tag{2.13}$$

m 番目の輪帯 S_m が 2 次波の点 Q に及ぼす振幅の寄与は，式 (2.13) を式 (2.11) に代入し，$k\lambda=2\pi$ を利用して，次のように整理できる。

$$U_m(Q) = 2\pi A\,\frac{\exp(-ikr_0)}{r_0+b}\,q_m\eta_m \tag{2.14a}$$

$$\eta_m \equiv \int_{b+(m-1)\lambda/2}^{b+m\lambda/2} \exp(-iks)ds = (-1)^{m+1}\frac{2}{ik}\exp(-ikb) \tag{2.14b}$$

すべての輪帯からの点 Q への寄与は，式 (2.14b) を式 (2.14a) に代入して，以下で表せる[2,3]。

$$U(Q) \equiv \sum_{m=1}^{N} U_m(Q) = 2\,\frac{\lambda}{i}\,\frac{A}{r_0+b}\exp[-ik(r_0+b)]\sum_{m=1}^{N}(-1)^{m+1}q_m \tag{2.15}$$

式 (2.15) における積算は難解なので，ここでは物理的考察によって近似解を求める（図 2.5（b））。まず，m 番目の輪帯の面積要素 dS_m を考える。式 (2.13) で m 番目の輪帯の s を s_m とし，$ds=\lambda/2$ を代入すると，$dS_m=\pi\lambda r_0 s_m/(r_0+b)$ で書ける。輪帯と点 Q が十分離れて $b\gg m\lambda/2$ を満たすとき，s_m を b で近似できる。r_0 と b の調和平均に比例する量を f として

$$\frac{1}{r_0} + \frac{1}{b} = \frac{1}{f} \tag{2.16}$$

とおくと，m 番目の輪帯の面積要素が次式で書け，m によらず近似的に等しくなる。

$$dS_m \fallingdotseq \pi\lambda\,\frac{r_0 b}{r_0+b} = \pi\lambda f \tag{2.17}$$

---

† 肩付きの数字は，巻末の参考図書の番号を示す。

m 番目の輪帯 S_m は，隣接する輪帯 S_{m-1}，S_{m+1} と点 Q からの距離が $\lambda/2$ 異なっているから常に逆相である。式 (2.17) を用いると，S_{m-1} の後半半分と S_{m+1} の前半半分の面積要素の和は，S_m の面積要素と近似的に等しくなり，かつこれらの成分が逆相だから，2 次波の点 Q で重ね合わされて干渉する際には，振幅が打ち消し合う（図 1.3 参照）。

式 (2.15) の積算で上記の考えを全体の輪帯に拡張すると，第 1 輪帯 S_1 の前半と最終輪帯 S_N の後半の効果だけが残る。N が奇数（偶数）のとき，S_N は S_1 と同相（逆相）となるから，この積算は次のように近似できる。

$$\sum_{m=1}^{N} (-1)^{m+1} q_m \doteqdot \begin{cases} (1/2)(q_1 + q_N) & (N:奇数) \\ (1/2)(q_1 - q_N) & (N:偶数) \end{cases} \tag{2.18}$$

フレネルの仮定では傾斜因子を $q(\pi/2) = 0$ としていたので，これは $q_N = 0$ を意味する。よって，多くの輪帯の内では，第 1 輪帯の半分のみが寄与する。

式 (2.18) を式 (2.15) に代入して，すべての輪帯からの 2 次波の点 Q への寄与が

$$U(Q) = \frac{\lambda}{i} q_1 \frac{A}{r_0 + b} \exp[-ik(r_0 + b)] \tag{2.19}$$

で書ける。式 (2.19) は，点 Q への複素振幅には，主として第 1 輪帯の前半だけが効いていることを示す。

点光源 S から出る球面波の点 Q における複素振幅は

$$U(Q) = \frac{A}{r_0 + b} \exp[-ik(r_0 + b)] \tag{2.20}$$

で表せるはずである（式 (2.10a) 参照）。式 (2.19)，(2.20) を比較すると，式 (2.14b) で定義した傾斜因子が次式を満たす。

$$q_1 = \frac{i}{\lambda} = \frac{\exp(i\pi/2)}{\lambda} \tag{2.21}$$

フレネルの輪帯による考え方の意義は次の通りである。

（ⅰ） 2 次波の振幅が 1 次波に対して $1/\lambda$ となる。

（ⅱ） 2 次波の位相が 1 次波に対して $\pi/2$ だけ進む。

（ⅲ） 次項で説明する回折の振る舞いが実験結果とよく合い，光の波動論の決定的証拠となった。

光波では波長が短く回折の効果が微小であり，$\chi = 0$ 近傍の傾斜因子しか効かないため，理論と実験結果が一致していたことに留意する必要がある。したがって，電波のように波長が長く回折の効果が大きい場合には，傾斜因子の効果を無視できない。

フレネルの輪帯の考え方については 9.1.1 項と 9.7.1 項でも触れる。

2.4.2　回折問題への適用

本項では，前項で説明した内容が回折問題に適用できるか，その妥当性を検証する。

図 2.5（a）で第 1 輪帯のみを遮蔽するとき，2 次波の点 Q にできる光波の複素振幅を考え

る。この場合，前項の議論に従うと，第1輪帯と逆相にある第2輪帯の前半が主として寄与する。したがって，このときの点Qへの寄与は

$$U(Q) = -\frac{\lambda}{i} q_2 \frac{A}{r_0 + b} \exp[-ik(r_0 + b)] \tag{2.22}$$

で書ける。式 (2.22) における q_2 の絶対値は，その近傍の q_1 と同程度の大きさと考えられるから，非ゼロである。

式 (2.22) は，点光源Sと観測点Qを結ぶ一直線上の間にある第1輪帯を遮蔽しても，光波が点Qに到達することを示している。回折とは，既述のように，遮蔽物があって幾何学的には陰となる所にまで光波が到達することであるから，ホイヘンス-フレネルの原理により光の回り込み，つまり回折が説明できたことになる。

次に，光軸近傍を残して周辺部分の輪帯を遮蔽する場合，2次波の点Qでの振幅を考える。例えば，第1輪帯以外を遮蔽すれば，振幅は式 (2.19) の2倍，光強度は4倍となる。遮蔽部分を中心部から徐々に減少させていくと，位相の反転の繰り返しと傾斜因子により，振幅が周期的に正負を伴って増減する。この現象は回折の振る舞いを半定量的に説明できる（演習問題2.4参照）。

前項で説明した考え方は，輪帯の遮蔽の仕方によって，観測点への寄与が変化することを示しており，光の波動性が決定的となった。

演 習 問 題

2.1 ホイヘンス-フレネルの原理は，何がきっかけでどのような概念を導入したから，より精緻な原理になったか説明せよ。

2.2 波面がある時刻において $x + 2y + 3z =$ 正の定数で表される平面波がある。これが原点から遠ざかる方向に伝搬するとき，平面波の複素関数表示を，振幅 A，周波数 ν，媒質中の波数 k，初期位相 ϕ_0 を用いて表せ。

2.3 点 $P(x_0, y_0, z_0)$ を波源として，角周波数 ω，波長 λ の球面波が伝搬するとき，点 $Q(x, y, z)$ における波形を求めよ。ただし，単位球面での振幅を A とする。

2.4 図2.5に示した回折の説明では，光軸を中心として，球体上の輪帯を点Qからの距離で半波長ごとに分割して設定した。次の三つのケースについて，2次波の点Qにおける明るさの概略を，理由も含めて説明せよ。

（1） 第1輪帯以外を遮蔽するとき　　（2） 第1，第2輪帯以外を遮蔽するとき
（3） 第1〜第3輪帯以外を遮蔽するとき

3章 ホイヘンス–フレネルの原理から学ぶ反射と屈折特性

ホイヘンス–フレネルの原理を用いることにより，光の基本現象を説明することができる。本章では，それらのうち反射と屈折に絞って説明するとともに，光波を扱う場合の基本的な法則や公式を説明する。

3.1節では，平面および球面における光の屈折と反射を記述するスネルの法則を，ホイヘンス–フレネルの原理に基づいて説明する。3.2節では振幅反射率・透過率と屈折率の関係を表すフレネルの公式を，3.3節では振幅反射率・透過率の間に成り立つストークスの関係式を説明する。3.4節では特定の偏光成分が反射されないというブルースターの法則を，3.5節では全反射時の波動的性質を，3.6節では光強度反射率と光強度透過率を説明する。

 ## 3.1 ホイヘンス–フレネルの原理の屈折と反射への適用

本節では，平面を境界面として屈折率が異なるが，各領域では屈折率が一様な場合について，境界面での光の伝搬法則をホイヘンス–フレネルの原理に基づき考える。その後，球面境界での光の反射と屈折を説明する。

3.1.1 スネルの法則：平面境界での平面波の屈折と反射

屈折率が異なる平面境界において，光の伝搬方向を決める基本法則はスネルの法則と呼ばれる。以下でこれを説明する。

平面境界の上下の媒質はそれぞれ一様で，媒質1（2）の屈折率をn_1（n_2）とする（**図 3.1**）。平面波をなす光波が上側の媒質から斜めに入射するものとする。波面に垂直な方向が光線の向きに一致するから，光線の角度を境界面の法線に対してとり，反時計回りを正とする。

図（a）で，入射角をθ_iとし，入射光の波面が境界面と交わる点をA，Bとする。一端の点Aから波面の他端に下ろした垂線の足を点Cとする。線分ACは等位相面である。波面が境界面に到達すると，ホイヘンスの原理により，境界面上の各点を中心として順次新しい球面波が発生して，媒質2中を伝搬する。媒質1（2）中での光速が$v_1=c/n_1$（$v_2=c/n_2$）と異なるから，波面が向きを変えて進行，つまり屈折する。このとき，屈折角をθ_tで表す。

媒質1中の点Cでの波面が点Bに達するとき，点Aで発生した波面は媒質中の点Dに到達するものとする。波面BDは等位相面で平面波として伝搬する。線分CBと線分ADでの伝搬時間が等しくなる条件は

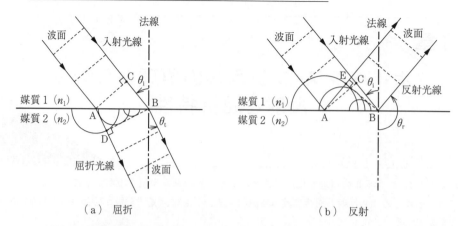

(a) 屈折　　　　　　　　　(b) 反射

θ_i：入射角，θ_t：屈折角，θ_r：反射角
図(a)，(b)で破線は波面を表す．図中の半円は，線分 AB 上の点を波源とする，屈折光と反射光に対する，ホイヘンスの原理に基づく球面波を表す．
点C（D）は点A（B）から光線への垂線の足．また，点Eは点Bから反射光線への垂線の足
図 3.1 異なる媒質間での光の屈折と反射（平面波入射）

$$\frac{CB}{c/n_1} = \frac{AD}{c/n_2}, \qquad CB = AB\sin\theta_i, \qquad AD = AB\sin\theta_t \tag{3.1}$$

で表せる．上式を整理すると，次式を導ける．

$$n_1 \sin\theta_i = n_2 \sin\theta_t \tag{3.2}$$

式 (3.2) を光の**屈折法則**（law of refraction）という．

　式 (3.2) のままでは物質間の屈折率の相対値しか分からない．そこで，真空での値を $n=1$ として定めた値を絶対屈折率といい，通常これが用いられる．自然界の物質では $n>1$ で，高々4程度である．よって，光が空気中から他の媒質に入射する場合，屈折角 θ_t は必ず入射角 θ_i よりも小さくなる．

　屈折率が異なる境界面では反射も生じる（図(b)）．線分 AC を反射前の等位相面とする．光波が点Aで反射した後，波面の他端が点Cから点Bまでに伝搬する間，ホイヘンスの原理により，点Aと点Bの間に達した光波から順に，境界面上の各点を中心として球面波で媒質1中を伝搬する．点Cから発した波面が点Bに到達するとき，点Aで反射した波面が点Eに達しているとする．線分 BE が反射後の等位相面で平面波として伝搬する．線分 AE が境界面の媒質2側の法線となす角度，すなわち反射角を θ_r とする．

　このとき，入射光と反射光の光速は同一媒質内で等しい．入射時の線分 $CB = AB\sin\theta_i$ と反射後の線分 $AE = AB\sin\theta_r$ の伝搬時間が等しい条件より

$$\sin\theta_i = \sin\theta_r \tag{3.3}$$

を得る．これより次式が導ける．

$$\theta_r = \pi - \theta_i \tag{3.4}$$

式 (3.4) を光の**反射法則**（law of reflection）という．

　屈折法則と反射法則をまとめて**スネルの法則**（Snell's law）という．これは，光線が屈折率

の異なる平面境界に達するとき，光線の伝搬方向を決める基本法則である。

スネルの法則から次のことが分かる。

（i） 媒質の屈折率とその媒質での光線角度の正弦の積が，屈折の前後で等しい，つまり不変量となる。

（ii） 式 (3.2)，(3.3) で屈折率と角度をそのままにして，光の伝搬方向を逆にしても成り立つ。このことを**光の逆進性**（reversibility of light）という。

（iii） 上記（i）より，異なる媒質の平行平面が多層にあり，外側の媒質の屈折率が等しいとき，光線の入射角と出射角も等しくなる。

（iv） 入射光線と反射光線が媒質1側での法線に対して対称となり，入射光線と反射光線が境界面に対して鏡面反射の関係にあるともいえる。

（v） 入射光線から境界面に垂線を下ろし，入射光線とこの垂線を含む面を**入射面**と呼ぶ。このとき，入射光線と屈折・反射光線はいずれも入射面内にある。

（vi） 式 (3.2) の両辺に真空中の波数を掛けた式は，媒質中の波数ベクトルの境界面に対する接線成分が屈折の前後で保存されることを意味する。このことは，境界条件における電界の接線成分が境界面で保存されることに対応する（13.5節参照）。

3.1.2 全 反 射

前項の性質（i）は，光線が密な（つまり高屈折率 n_1 の）媒質から疎な（つまり低屈折率 n_2 の）媒質に入射する場合，疎な媒質での屈折角 θ_t が密な媒質での入射角 θ_i よりも先に 90° に達することを意味する。$\theta_t = 90°$ に対応する入射角を**臨界角**（critical angle）と呼び，これを θ_c で表すことにする。この条件を屈折法則の式 (3.2) に代入すると，臨界角が次式で表せる。

$$\theta_c = \sin^{-1} \frac{n_2}{n_1} \tag{3.5}$$

光線が高屈折率の媒質から低屈折の媒質に入射し，かつ入射角が臨界角以上（$\theta_c < \theta_i < 90°$）のとき，入射光線がすべて境界面に対して入射側に戻ってくる。この現象を**全反射**（total reflection）という。全反射時の波動的振る舞いは後述する（3.5節参照）。

【例題 3.1】 次に示す物質から空気（$n = 1.0$）へ伝搬するときの臨界角を求めよ。
（1） MgF$_2$（$n = 1.38$；可視域）　　（2） ガラス（$n = 1.5$；可視域）
（3） Si（$n = 3.4$；近赤外域）　　（4） ZnSe（$n = 2.40$；近赤外域）
［解］ 式 (3.5) を用いる。
（1） $\theta_c = \sin^{-1}(1/1.38) = 46.44° = 46° 26'$。　　（2） $41.81° = 41° 49'$。
（3） $17.10° = 17° 6'$。　　（4） $24.62° = 24° 37'$。

3.1.3 球面境界での光の反射

図 3.2（a）に示すように，一様媒質中にある球面鏡（曲率半径 R）の曲率中心 O から発し

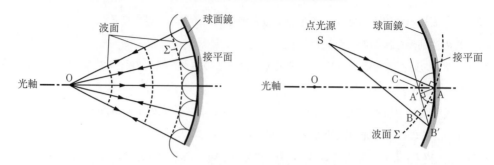

（a）曲率中心Oからの球面波　　　（b）光軸上以外の点光源からの球面波

O：球面鏡の曲率中心，Σ：波面，図（b）でBB′≒AA′，・の角度は等しい

図3.2 球面鏡における光の反射（一様媒質中）

た発散球面波が，球面鏡に入射する場合の反射を考える。光学系が回転対称であるとき，その回転軸を**光軸**（optical axis）という。

点Oから球面鏡までの距離は，球面鏡表面のどの位置でも等しい。点Oから出た球面波が球面鏡に達すると，ホイヘンスの原理により，その表面上のすべての点が波源となり新しい球面波が同時に発生し，その包絡線が反射後の波面Σとなる。球面鏡と反射波面Σの距離が反射点によらず等しく，波面Σと点Oの距離も等しくなり，反射波面Σは曲率中心Oへの集束球面波となる。

入射波面と入射光線は直交しているから，光線が球面鏡のどこに入射したとしても，反射波面Σと直交する反射光線が曲率中心Oに向かう。このことは，曲率中心を通る光線は球面鏡のどの位置に入射したとしても，反射点に**接平面**（曲面上の点で接する平面）があると考えればよいことを意味する。

次に図（b）に示すように，光軸上にない点光源Sから出た球面波が，光軸と球面鏡（曲率半径R，曲率中心O）との交点Aに向かう場合の反射光の向きを考える。SAが入射光線となる。

点光源Sから出た球面波の一部が，点Aに到達した時点での波面をΣとする。点Sを中心として半径SAの円弧を描き，波面Σ上で点Aのごく近傍に点Bをとる。点Bにあった波面が球面に到達する点をB′とする。すでに球面に到達していた波面は，ホイヘンスの原理により，球面上の各点を中心とした球面波を発生している。その中で点Aを中心として，半径がBB′に等しい円弧を描き，点B′からこの円弧に引いた接線との交点をA′，接線と光軸との交点をCとする。B′A′は球面で反射後の波面となり，AA′が反射光線の向きとなる。

△ABB′と△B′A′Aで∠ABB′≒∠R，∠B′A′A≒∠R，直角三角形で斜辺AB′が共通，BB′＝AA′ゆえ，これらの三角形は合同で

$\qquad$ ∠AB′A′ ＝ ∠B′AB　…①

△B′AA′と△B′A′Cで∠B′AC≒∠R，∠AA′C≒∠Rで∠ACB′が共通ゆえ

$\qquad$ ∠AB′A′ ＝ ∠A′AC　…②

また，∠B′AC≒∠R，∠BAS≒∠Rで∠BACが共通ゆえ

∠B'AB = ∠SAC   …③

幾何学的関係①~③より次式を得る。

$$\angle \text{SAC} = \angle \text{A'AC} \tag{3.6}$$

式(3.6)は，光波（球面波と平面波）が球面で反射する場合，入射光線と反射光線は接平面の法線（この場合の光軸）に対して対称となることを表す。このことは，球面であっても，点Aにおける接平面に対して光の反射法則を満たすことを意味する。平面波は球面波の曲率半径が無限大の場合に相当するから，上記のことは平面波が球面に入射する場合にもあてはまる。

3.1.4 球面境界での光の屈折

図3.3のように，光軸上にある点光源Sから出た球面波が，球面（曲率半径R，曲率中心O）で屈折する場合を考える。屈折面より左（右）の媒質の屈折率をn_1 (n_2)，光軸と屈折面との交点をAとする。

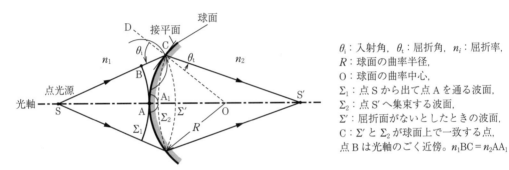

図3.3 球面境界における光の屈折（近軸光線）

点光源Sから出た球面波が最初に屈折面に到達するのは点Aであり，そのときの同一波面Σ_1上の他の点をBとする。球面波がさらに伝搬して，点Bにあった波面が屈折面上の点Cに到達するとする。この間，ホイヘンスの原理により，屈折面上に到達した光波は，順次その点を中心として新しい球面波を発生させる。光軸上の点Aにあった光波は，屈折面を透過後には点A_1に達し，CA_1間の波面Σ_2が光軸上の他の点S'に集束するとする。波面Σ'は，屈折面がないと仮定したときの波面であり，点Sを中心とした円弧である。

OCの延長線上に点Dをとると，球面での入射角は$\theta_i = \angle \text{SCD}$，屈折角は$\theta_t = \angle \text{S'CO}$で表せる。光波がBC間とAA$_1$間を伝搬する時間が等しいから

$$\frac{\text{BC}}{c/n_1} = \frac{\text{AA}_1}{c/n_2} \tag{3.7}$$

が成り立つ。ここで，cは真空中の光速である。

曲率半径Rが十分大とし，光線と光軸のなす角度が微小な近軸光線を想定して，点Cを点Aに近づける。このとき，$\triangle \text{CAB}$は$\angle \text{CBA} = \angle \text{R}$，$\triangle \text{CAA}_1$は$\angle \text{CA}_1\text{A} \fallingdotseq \angle \text{R}$の直角三角形となり，$\theta_i \fallingdotseq \angle \text{CAB}$，$\theta_t \fallingdotseq \angle \text{ACA}_1$で近似できるので

$$BC = CA\sin\theta_i, \qquad AA_1 = CA\sin\theta_t$$

で表せる．上記の式を式 (3.7) に代入して次式が得られる．

$$n_1\sin\theta_i = n_2\sin\theta_t \tag{3.8}$$

球面での屈折を記述する式 (3.8) は，光の屈折法則の式 (3.2) と一致している．

　光の屈折法則の式 (3.2) は平面境界で成り立つ関係であった．球面境界でも近軸光線で同じ式が得られたことは，たとえ球面であっても，屈折点 C における接平面を考えれば，平面境界と同じように考えてもよいことを示す．

　光が球面境界に入射するときに接平面を設定するという考え方が，球面反射鏡や球面レンズによる結像特性を考える際に有用となる（4 章参照）．

3.2　フレネルの公式：振幅反射率と振幅透過率

　前節で示したように，平面波が屈折率の異なる平面境界に入射すると，屈折や反射をする．このときの光波の振幅の変化を定量的に記述するものがフレネルの公式であり，その導出にはマクスウェル方程式を用いる必要がある．

3.2.1　フレネルの公式導出のための準備

　図 3.4 のように，境界面でデカルト座標系 (x, y, z) をとり，y 軸を紙面に垂直な上方向とする．境界面を挟む上下媒質 1，2 はともに等方性で，屈折率をそれぞれ n_1，n_2 とする．平面波の波面と直交する方向に光線の向きをとることができ，光線の角度 θ を境界面の法線に対してとる．入射・屈折・反射光線を，それぞれ添え字 i，t，r で区別し，入射角を θ_i，屈折角を θ_t，反射角を θ_r で表す．角度の符号は法線に対して反時計回りを正とする．

　フレネルの公式は偏光に依存し，光の偏光方向は電界の向きで定義される（10.1 節参照）．入射面（つまり，紙面内）に垂直な方向でのみ振動する電界成分をもつ光波を **S 偏光**，入射面内でのみ振動する電界成分をもつ光波を **P 偏光** と呼ぶ．添え字 S は「垂直の」を意味する Senkrecht（ドイツ語）の頭文字，P は parallel の頭文字である．

　まず S 偏光の場合，電界は E_y 成分で表され，磁界は E_y と伝搬方向に垂直な H_x，H_z 成分からなる．そこで，各光線の E_y 成分を次のように書く．

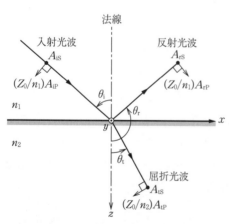

n_i：屈折率，Z_0：真空インピーダンス，
●：紙面に垂直な成分
紙面に平行（垂直）な成分には添字 P (S) が付与されている．図示したのは P，S 偏光ともに電界成分．

図 3.4　異なる媒質間での光波の反射と屈折（フレネルの公式）

$$E_y^{(i)} = A_{iS}\exp[i(\omega t - \boldsymbol{k}_i \cdot \boldsymbol{r})] \qquad (\text{i}=\text{i, t, r}) \tag{3.9}$$

$$\boldsymbol{k}_i \cdot \boldsymbol{r} = n_i k_0 (x\sin\theta_i + z\cos\theta_i) \qquad (i=1:\text{i}=\text{i, r}, \quad i=2:\text{i}=\text{t}) \tag{3.10}$$

ただし，A_{iS} は S 偏光の y 方向電界振幅，$\boldsymbol{k}_i$ は媒質中の波数ベクトル，$\boldsymbol{r}$ は波面上の任意の点への位置ベクトル，k_0 は真空中の光の波数である。屈折率が異なる境界では，電磁界成分を接続する境界条件を満たす必要がある（13.5 節参照）。境界条件に関係する磁界成分 H_x は，式 (13.16b) を用いて $H_x^{(i)} = (n_i/Z_0)E_y^{(i)}\cos\theta_i$（$Z_0$：真空インピーダンス）で書ける（例題 13.1 参照）。

電界と磁界の境界面に対する接線成分の連続条件は

$$E_y^{(i)} + E_y^{(r)} = E_y^{(t)}, \qquad H_x^{(i)} + H_x^{(r)} = H_x^{(t)} \tag{3.11a, b}$$

で書ける。境界面（$z=0$）で式 (3.9) を式 (3.11a) に適用して

$$A_{iS}\exp(-in_1 k_0 x\sin\theta_i) + A_{rS}\exp(-in_1 k_0 x\sin\theta_r) = A_{tS}\exp(-in_2 k_0 x\sin\theta_t) \tag{3.12}$$

を得る。これが境界面上の位置 x によらず成り立つためには，各光波の指数部が同一でなければならない。共通項 k_0 を省くと，次式が成立する。

$$n_1\sin\theta_i = n_1\sin\theta_r = n_2\sin\theta_t \tag{3.13}$$

式 (3.13) はスネルの法則の式 (3.2)，(3.3) そのものである。

式 (3.13) を式 (3.12) に適用すると，式 (3.11a, b) より次式を得る。

$$A_{iS} + A_{rS} = A_{tS}, \qquad (A_{iS} - A_{rS})n_1\cos\theta_i = A_{tS}n_2\cos\theta_t \tag{3.14a, b}$$

式 (3.14b) 左辺第 2 項では，式 (3.4) より得られる $\cos\theta_r = -\cos\theta_i$ を用いた。

次に，P 偏光での非ゼロ成分は H_y, E_x, E_z であり，磁界成分を

$$H_y^{(i)} = A_{iP}\exp[i(\omega t - \boldsymbol{k}_i \cdot \boldsymbol{r})] \qquad (\text{i}=\text{i, t, r}) \tag{3.15}$$

とおく。ただし，A_{iP} は P 偏光の y 方向磁界振幅とする。このとき，境界条件に関係する電界成分は $E_x^{(i)} = (Z_0/n_i)H_y^{(i)}\cos\theta_i$（$Z_0$：真空インピーダンス）で書ける（式 (13.16a) 参照）。境界面での電磁界の接線成分の連続条件は

$$H_y^{(i)} + H_y^{(r)} = H_y^{(t)}, \qquad E_x^{(i)} + E_x^{(r)} = E_x^{(t)} \tag{3.16a, b}$$

で書ける。S 偏光と同様にして，式 (3.16a, b) より次式が導ける。

$$A_{iP} + A_{rP} = A_{tP}, \qquad (A_{iS} - A_{rS})\frac{1}{n_1}\cos\theta_i = A_{tS}\frac{1}{n_2}\cos\theta_t \tag{3.17a, b}$$

式 (3.17b) は屈折率に関する部分を逆数に置き換えると，式 (3.14b) と形式的に一致する。

3.2.2 振幅反射率と振幅透過率の表現と特性

反射光の入射光に対する電界振幅比を**振幅反射率**または**振幅反射係数**（amplitude reflection coefficient），屈折光の入射光に対する電界振幅比を**振幅透過率**または**振幅透過係数**（amplitude transmission coefficient）と呼ぶ。

S 偏光では式 (3.14a, b) を解いて，振幅反射率が

26　　3. ホイヘンス-フレネルの原理から学ぶ反射と屈折特性

$$r_\mathrm{S} \equiv \frac{A_\mathrm{rS}}{A_\mathrm{iS}} = \frac{n_1 \cos\theta_\mathrm{i} - n_2 \cos\theta_\mathrm{t}}{n_1 \cos\theta_\mathrm{i} + n_2 \cos\theta_\mathrm{t}} = -\frac{\sin(\theta_\mathrm{i} - \theta_\mathrm{t})}{\sin(\theta_\mathrm{i} + \theta_\mathrm{t})} \tag{3.18}$$

で，振幅透過率が次式で表せる．

$$t_\mathrm{S} \equiv \frac{A_\mathrm{tS}}{A_\mathrm{iS}} = \frac{2n_1 \cos\theta_\mathrm{i}}{n_1 \cos\theta_\mathrm{i} + n_2 \cos\theta_\mathrm{t}} = \frac{2 \sin\theta_\mathrm{t} \cos\theta_\mathrm{i}}{\sin(\theta_\mathrm{i} + \theta_\mathrm{t})} \tag{3.19}$$

P偏光では式 (3.17a, b) を解いた磁界に関する表現を，電界に関する表現に改める．その結果，振幅反射率が

$$r_\mathrm{P} \equiv \frac{A_\mathrm{rP}/n_1}{A_\mathrm{iP}/n_1} = \frac{n_2 \cos\theta_\mathrm{i} - n_1 \cos\theta_\mathrm{t}}{n_2 \cos\theta_\mathrm{i} + n_1 \cos\theta_\mathrm{t}} = \frac{\tan(\theta_\mathrm{i} - \theta_\mathrm{t})}{\tan(\theta_\mathrm{i} + \theta_\mathrm{t})} \tag{3.20}$$

で，振幅透過率が次式で表せる．

$$t_\mathrm{P} \equiv \frac{A_\mathrm{tP}/n_2}{A_\mathrm{iP}/n_1} = \frac{2n_1 \cos\theta_\mathrm{i}}{n_2 \cos\theta_\mathrm{i} + n_1 \cos\theta_\mathrm{t}} = \frac{2 \sin\theta_\mathrm{t} \cos\theta_\mathrm{i}}{\sin(\theta_\mathrm{i} + \theta_\mathrm{t}) \cos(\theta_\mathrm{i} - \theta_\mathrm{t})} \tag{3.21}$$

上記の4式で右辺の表現は，スネルの法則を用いて整理した結果であり，角度だけで表される．

式 (3.19)，(3.21) の右辺は，入射光と屈折光の電界が同符号であり，入射・屈折光の電界が境界面で常に同相となることを示している．しかし，入射光と反射光の電界に関する位相関係は，入射角や境界面両側の屈折率に依存する（3.5.2項参照）．これらについては，後に示す図 3.6 (a) から分かる．

式 (3.18) ～ (3.21) を合わせて**フレネルの公式**（Fresnel formulae）という．これらの結果は，振幅反射率と振幅透過率が，光の入射・屈折角 θ_i・θ_t や偏光および媒質の屈折率に依存することを示す．フレネルの公式は，屈折や反射に関係する事象である干渉や回折を定量的に表す場合に使用される．

ここで，振幅透過率と振幅反射率に対して成り立つ，特別な関係を整理しておく．式 (3.14a) より，S偏光の振幅透過率・反射率に関して直ちに

$$t_\mathrm{S} + (-r_\mathrm{S}) = 1 \tag{3.22}$$

が成り立つ．P偏光では，垂直入射（normal incidence）近傍で

$$t_\mathrm{P} + r_\mathrm{P} \fallingdotseq 1 \qquad (\theta_\mathrm{i} \fallingdotseq \theta_\mathrm{t} \fallingdotseq 0) \tag{3.23}$$

が近似的に満たされる．

垂直入射近傍では，振幅反射率・透過率が次式で近似できる．

$$r_\mathrm{S} = -r_\mathrm{P} \fallingdotseq \frac{n_1 - n_2}{n_1 + n_2}, \qquad t_\mathrm{S} = t_\mathrm{P} \fallingdotseq \frac{2n_1}{n_1 + n_2} \qquad (\theta_\mathrm{i} \fallingdotseq \theta_\mathrm{t} \fallingdotseq 0) \tag{3.24a, b}$$

式 (3.24a) の垂直入射ではS・P偏光に違いがないはずであるが，逆符号となっていることに付言しておく．この符号の違いは，鏡面反射像において右手座標系が左手座標系に変換されることに起因している．左手座標系に変換してから右手座標系表示に戻す際に，S偏光（P偏光）の電界が紙面に垂直（平行）であるから，r_Sでは符号が不変となるが，r_Pでは符号が反転するためである．

光波の境界面へのすれすれ入射（glazing incidence）近傍では（$\theta_\mathrm{i} \fallingdotseq \pi/2$），S・P偏光に対す

る振幅反射率が次のように書ける。

$$r_i \simeq -1.0 = \exp(\pm i\pi) \quad (i = S, P) \tag{3.25}$$

振幅反射率が負ということは，光波の位相が反射で反転することを表す。光波領域での可測量である光強度反射率が1となり，これは完全反射ミラーを意味する。このことは，道を歩いているとき，水溜まりが離れた位置からはよく見えるが，近づくにつれて分かりにくくなることで経験できる。

図3.5に，S・P偏光に対する振幅透過率 t と振幅反射率 r の入射角依存性を示す。これは光波が低屈折率の空気（$n_1 = 1.0$）から高屈折率のガラス（$n_2 = 1.5$）に入射する場合である。振幅透過率 t_S と t_P は，垂直入射の $\theta_i = 0°$ において正値で等しく，入射角 θ_i の増加に対して単調減少し，すれすれ入射の $\theta_i = 90°$ でゼロとなっている。

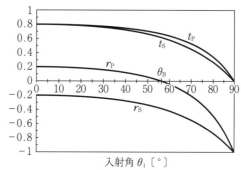

$n_1 = 1.0$, $n_2 = 1.5$, $\theta_B = 56.3°$

図3.5 振幅反射率 r_i と振幅透過率 t_i の入射角依存性（低→高）

振幅反射率 r_S と r_P は，$\theta_i = 0°$ で絶対値が等しく逆符号であり，θ_i の増加に対して単調減少し，$\theta_i = 90°$ で -1.0 となっている。P偏光の振幅反射率 r_P は正値から始まり，特定の入射角でゼロとなる。この角度は，後述するブルースター角 θ_B である（3.4節参照）。S偏光の振幅反射率 r_S は常に負であるが，これを上側に平行移動させると t_S に重なる（式（3.22）参照）。

図3.6に，光波が高屈折率媒質のガラス（$n_1 = 1.5$）から低屈折率の空気（$n_2 = 1.0$）に入射

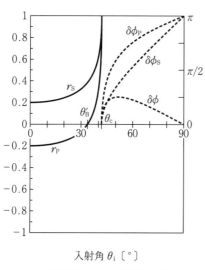

（a）振幅反射率と全反射時の位相変化

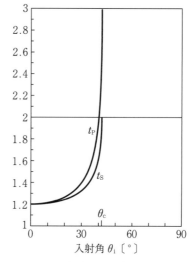

（b）振幅透過率

$n_1 = 1.5$, $n_2 = 1.0$, $\theta'_B = 33.7°$, $\theta_c = 41.8°$，全反射時の位相変化（点線）の値は右の縦軸

図3.6 振幅反射率 r_i と振幅透過率 t_i および全反射時の位相変化の入射角依存性（高→低）

する場合の振幅反射率と振幅透過率を示す。S・P偏光に対する反射率は単調増加しており，別の特定の入射角で1.0となっている。このときの入射角は臨界角 θ_c である（演習問題3.4参照）。r_P がゼロとなる入射角はブルースター角 θ'_B に対応する（3.4節参照）。振幅透過率の値はS・P偏光ともに入射角に対して単調増加しており，また入射角によらず1.0を超えている（演習問題3.5参照）。振幅反射率は入射角が臨界角 θ_c 以上では1となる。

図3.6（a）には全反射時の位相変化も示すが，これは3.5.2項で説明する。

【例題3.2】 光波が空気からガラス（$n = 1.5$）へ角度30°で入射するとき，振幅反射率と振幅透過率をS・P偏光に対して求めよ。このとき式（3.22）が成り立つことを示せ。

[解] 屈折角 θ_t は光の屈折法則の式（3.2）を利用して，$\theta_t = \sin^{-1}(n_1 \sin\theta_i / n_2) = 19.47°$ で得られる。振幅反射率は式（3.18），（3.20）を用いて $r_S = -0.241$，$r_P = 0.159$ で，振幅透過率は式（3.19），（3.21）を用いて $t_S = 0.759$，$t_P = 0.772$ で得る。上記結果を用いて $t_S + (-r_S) = 0.759 - (-0.241) = 1$ を得る。これは式（3.22）に一致する。∎

 ## 3.3　ストークスの関係式

前節で求めた振幅反射率と振幅透過率に関して，スネルの法則で関係づけられる光波が，境界面を挟んで両側から入射する場合，特別な関係が成立することを本節で述べる。

光波が境界面において媒質1から媒質2に向けて入射するとき，入射角が θ_i，屈折角が θ_t，反射角が θ_r であるとする（**図3.7**）。媒質1側から入射する光波に対する振幅反射率を r，振幅透過率を t とし，媒質2側から逆進性を満たして入射する光波に対する振幅反射率を r'，振幅透過率を t' で表す。

媒質1側からの入射光の電界振幅を A_i とすると，図（a）で屈折光の電界振幅が $A_t = A_i t$，反射光の電界振幅が $A_r = A_i r$ で表せる。図（a）に光の逆進性を適用して，光波の角度と電界振

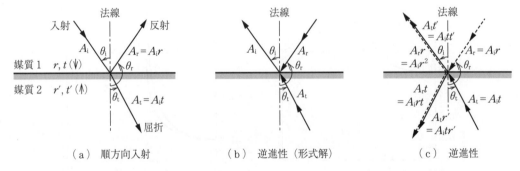

（a）順方向入射　　　（b）逆進性（形式解）　　　（c）逆進性

A_i, A_t, A_r：入射・屈折・反射光の振幅，θ_i, θ_t, θ_r：（a）での入射・屈折・反射角，
r, t：媒質1側からの入射に対する振幅反射率と透過率，'は逆向き入射に対する値，
図（c）では A_t, A_r を基準として考える

図3.7　ストークスの関係式

幅を保持したまま，伝搬方向を形式的に逆向きに設定すると，図（b）が成り立つはずである。

　次に，図（a）での屈折光と反射光の電界振幅を元にして，光を逆進させる場合を図（c）で考える。媒質2側からの振幅 $A_t = A_i t$ 入射，また媒質1側からの振幅 $A_r = A_i r$ の入射に対して，透過振幅や反射振幅が図のように書ける。図（c）におけるこれらの振幅を重ね合わせると，図（b）に等しくなるはずである[8,9]。

　したがって，図（b），（c）で対応関係を整理すると，$A_i tt' + A_i r^2 = A_i$ と $A_i tr' + A_i rt = 0$ が成り立つ。これらを整理して次の2式が導かれる。

$$tt' + r^2 = 1 \tag{3.26}$$

$$r' = -r = r\exp(\pm i\pi) \tag{3.27}$$

式（3.26），（3.27）は**ストークスの関係式**と呼ばれ，S・P偏光に対してあてはまる。この関係式は，スネルの法則を満たす境界面へ逆方向から入射する光波の間，つまり逆進性を満たす光波の間でだけ成り立つことに留意されたい。

　式（3.26）は振幅透過率と反射率を結びつけている。式（3.27）は，逆向きに伝搬する振幅反射率の符号が反転していることを示している，つまり，反射による位相変化が境界面への入射の向きにより π だけ異なることを意味する。

　式（3.26），（3.27）は，当然式（3.18）〜（3.21）を用いても導ける。例えば，式（3.27）は，式（3.18），（3.20）を用いて

$$r'_S = -\frac{\sin(\theta_t - \theta_i)}{\sin(\theta_i + \theta_t)} = -r_S, \qquad r'_P = \frac{\tan(\theta_t - \theta_i)}{\tan(\theta_i + \theta_t)} = -r_P \tag{3.28a, b}$$

のように，同じ表現を導ける。式（3.26）は，例えば平行平面板での干渉を定量的に扱う場合など，理論式を整理する上で有用である（8.3，8.5節参照）。

【例題3.3】　光波が空気からガラス（$n = 1.5$）へ角度30°で入射するときの光波と，これに対して光の逆進性を満たす光波が，ガラス側から空気へ入射するときについて次の問に答えよ。必要ならば例題3.2の一部の結果を利用せよ。

（1）　ガラス側から空気へ入射するときのS・P偏光に対する振幅反射率を求めよ。

（2）　ガラス側から空気へ入射するときのS・P偏光に対する振幅透過率を求めよ。

（3）　S・P偏光について，式（3.26）が成り立つことを示せ。

［解］　空気からガラスへ入射するときの振幅反射率はすでに例題3.2で求めており，その結果は $r_S = -0.241$，$r_P = 0.159$ である。これに対する屈折角 $\theta_t = 19.47°$ がガラス側からの入射角となり，ガラス側からの屈折角が30°となる。

（1）　式（3.18），（3.20）を用いて $r'_S = 0.241$，$r'_P = -0.159$ を得る。

（2）　式（3.19），（3.21）を用いて $t'_S = 1.241$，$t'_P = 1.262$ を得る。

（3）　例題3.2の結果 $t_S = 0.759$，$t_P = 0.772$ を利用すると $t_S t'_S + r_S^2 = 0.759 \cdot 1.241 + (0.241)^2 = 1.0$，$t_P t'_P + r_P^2 = 0.772 \cdot 1.262 + (0.159)^2 = 1.0$ となり，S・P偏光について式（3.26）が成り立つと確認できる。

3.4 ブルースターの法則

特別の入射角に対して反射光成分がない場合がある（図 3.5, 3.6 (a)）。まず，この特別な角度が生じる条件と理由を定性的に調べる。

図 3.8 (a) に示すように平面境界があり，媒質 1 (2) の屈折率を n_1 (n_2) とおく。光波（平面波）が媒質 1 側から入射する場合，入射角を θ_i, 屈折角を θ_t, 反射角を θ_r とする。電磁波エネルギーは電界の振動方向に伝搬しない。また，電磁波は自由空間で横波であり，伝搬方向に垂直な面内でのみ電磁界成分をもつ。そこで，屈折光と反射光の伝搬方向が垂直，つまり

$$\theta_r - \theta_t = \frac{\pi}{2} \tag{3.29}$$

をなす場合を検討する。この場合，屈折光を伝搬光と考えれば，反射光の方向は電磁界の振動方向になり，逆の場合もあり得る。これが満たされる場合の偏光状況を次に考える。

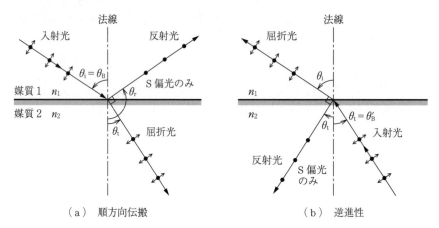

n_i: 屈折率，θ_B, θ_B' はともにブルースター角，$\theta_B + \theta_B' = \pi/2$, $\theta_r - \theta_t = \pi/2$
黒丸（両矢印）は紙面に垂直な（平行な）振動成分であり，S 偏光（P 偏光）を表す。
図（a）での θ_t は図（b）での θ_B' に等しい，図は $n_1 < n_2$ の場合

図 3.8 ブルースターの法則

式 (3.29) が満たされ，図 (a) で P 偏光（電界が紙面内で振動）の反射光が角度 θ_r の方向に伝搬する場合，屈折光の電界の振動方向が反射光の伝搬方向と一致するため，この状況は許容されない。一方，S 偏光（電界が紙面に垂直な方向に振動）の場合，屈折光の電界の振動方向が反射光の伝搬方向と直交するから，これは許容される。

式 (3.29) が成立しているとき，反射法則の式 (3.4) も考慮すると

$$\theta_i + \theta_t = \frac{\pi}{2} \tag{3.30}$$

を得る。式 (3.30) を P 偏光に対する振幅反射率の式 (3.20) に代入すると，$r_P = 0$ を得る（図 3.5, 3.6 参照）。これは P 偏光に対する反射光が存在しないことを意味し，すぐ上で考察した

結果と一致する．式 (3.30) を満たす入射角を**ブルースター角**（Brewster angle）または**偏光角**（polarizing angle）と呼ぶ．

ブルースター角を θ_B で表し，式 (3.30) を屈折法則の式 (3.2) に代入すると

$$n_1 \sin\theta_B = n_2 \sin\theta_t = n_2 \sin\left(\frac{\pi}{2}-\theta_B\right) = n_2 \cos\theta_B$$

が書ける．この式の両側の辺より，ブルースター角が次式で表せる．

$$\theta_B = \tan^{-1}\frac{n_2}{n_1} \tag{3.31}$$

式 (3.31) は，ブルースター角が境界面の両側の媒質の屈折率の大小関係によらず成り立つことを示す．反射光で P 偏光が存在しないことを**ブルースターの法則**という．

上述のように，S 偏光では反射光が存在し，ブルースター角が現れない．自然界の物質ではブルースター角は P 偏光でのみ生じる．

ブルースター角は光の逆進性を満たす光波間でも生じる（図 3.8 (b)）．よって，媒質 2 側から入射するときのブルースター角を $\theta_t = \theta'_B$ で表すと，式 (3.30) で添え字 i と t を入れ換えた式が成り立つことより，次式が成り立つ．

$$\theta_B + \theta'_B = \frac{\pi}{2} \tag{3.32}$$

複数並べた平行平面板に光波をブルースター角で入射させて，近似的に P 偏光のみを透過させる直線偏光子が作製されている（演習問題 3.7 参照）．

【例題 3.4】 光波が空気（$n=1.0$）から次の各媒質に入射するときのブルースター角 θ_B，および逆向き入射のときのブルースター角 θ'_B を求めよ．
（1） クラウンガラス（$n=1.52$；可視域）　（2） フリントガラス（$n=1.65$；可視域）
（3） 水（$n=1.33$；可視域）　　　　　　　（4） ZnSe（$n=2.40$；近赤外域）
（5） AgCl（$n=1.96$；近赤外域）
[解] 式 (3.31) を用いる．
（1） $\theta_B = \tan^{-1}(1.52/1.0) = 56.66° = 56°\ 40'$, $\theta'_B = \tan^{-1}(1.0/1.52) = 33.34° = 33°\ 20'$ となる．
（2） $\theta_B = 58.78° = 58°\ 47'$, $\theta'_B = 31.22° = 31°\ 13'$ となる．
（3） $\theta_B = 53.06° = 53°\ 4'$, $\theta'_B = 36.94° = 36°\ 56'$ となる．
（4） $\theta_B = 67.38° = 67°\ 23'$, $\theta'_B = 22.62° = 22°\ 37'$ となる．
（5） $\theta_B = 62.97° = 62°\ 58'$, $\theta'_B = 27.03° = 27°\ 2'$ となる．
これらは $\theta_B + \theta'_B = 90°$ を満たしている．　■

 ## 3.5　全反射：波動的振る舞い

全反射に関する光線に基づく説明はすでに 3.1.2 項で行った．光波の立場からはさらに微視的な現象がみられ，それらを本節で説明する．

3.5.1 全反射時の光波の浸み込み

図3.9に示すように,上(下)側媒質の屈折率を n_1 (n_2 ($<n_1$)) とし,境界面方向に x 軸,法線方向に z 軸をとり,光波が角度 θ_i で入射しているとする。

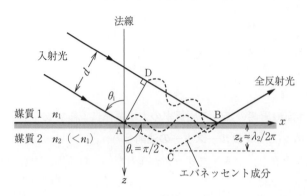

A:入射点,B:反射点,
λ_2:媒質2での波長,
反射点のずれは誇張して描いている

図3.9 全反射時の光波の振る舞い

全反射時 ($\theta_c < \theta_i < \pi/2$) の屈折角 θ_t は,光の屈折法則の式 (3.2) より,形式的に $\cos\theta_t = \pm i\sqrt{(n_1\sin\theta_i/n_2)^2 - 1}$ で表せる。複号の+側は伝搬に対する発散項となり,物理的に不適となる。−側を屈折光に適用すると,低屈折率側での電磁界分布が次式で表せる。

$$\exp[i(\omega t - \boldsymbol{k}_t \cdot \boldsymbol{r})] = \exp[i(\omega t - xk_2\sin\theta_t - zk_2\cos\theta_t)]$$
$$= \exp\left[i\omega\left(t - x\frac{1}{v_2}\frac{\sin\theta_i}{n_2/n_1}\right)\right]\exp\left[-z\frac{\omega}{v_2}\sqrt{\left(\frac{\sin\theta_i}{n_2/n_1}\right)^2 - 1}\right] \qquad (3.33)$$

ここで,ω は角周波数,$\boldsymbol{k}_t$ は第2媒質での光の波数ベクトル,k_2 は第2媒質での光の波数,$v_2 = c/n_2$ は第2媒質中での光速,$\boldsymbol{r}$ は位置ベクトルであり,式 (1.10a) を用いた。

式 (3.33) で,前半の指数関数は境界面に沿って伝搬する成分を,後半の指数関数は境界面に垂直な方向の光波を表し,光波が波動的には媒質2側にもわずかに浸み出すが,急激に減衰することを表す。この成分の実効的浸入深さは

$$z_g \simeq \frac{v_2}{\omega} = \frac{\lambda_2}{2\pi} \qquad (3.34)$$

で近似できる。これは媒質2での波長 λ_2 オーダのわずかな距離である。この成分は媒質2側へのエネルギーの流出がなく,すぐに減衰するので**エバネッセント**(evanescent)**成分**または**エバネッセント波**と呼ばれる。エバネッセントとは「むなしく消え去る」ことを意味する。

全反射が生じているとき,図3.9に示すように,臨界角に相当する角度 θ_i で境界面に入射する平面波の幅を d とする。このとき,平面波の両端が境界面と接する点を A, B とおく。媒質2側にわずかに浸入した光波は,あたかも内部の点 C で反射したように,表面反射点が点 A から点 B にずれる。境界面での反射点のずれは,光波の位相がわずかにずれることを意味し,このずれを**グース−ヘンヒェンシフト**(Goos-Hänchen shift)という。

臨界角が生じるとき ($\theta_t = \pi/2$),S・P 偏光に対する光強度反射率を後述する式 (3.38),

(3.39) より求めると，$\mathcal{R}_S = \mathcal{R}_P = 1.0$ で得られる．これは，低屈折率側へ電磁界が浸み出すが，入射光エネルギーが偏光によらず，すべて高屈折率側に戻っていることを表す．

3.5.2 全反射時の光波の反射による位相変化

全反射時における反射光の入射光に対する位相変化を求めるため，S・P偏光に対する振幅反射率の式 (3.18), (3.20) を用いて，両光波の振幅比を

$$r_S \equiv \frac{A_{rS}}{A_{iS}} = \exp(i\delta\phi_S), \qquad r_P \equiv \frac{A_{rP}}{A_{iP}} = \exp(i\delta\phi_P) \tag{3.35a, b}$$

とおく．ただし，$\delta\phi_S$ と $\delta\phi_P$ は反射光の入射光に対する位相変化を表す．

式 (3.33) のすぐ上の $\cos\theta_t$ の－側の表現を用いて，上記の位相変化は

$$\tan\frac{\delta\phi_S}{2} = \frac{\sqrt{\sin^2\theta_i - (n_2/n_1)^2}}{\cos\theta_i}, \qquad \tan\frac{\delta\phi_P}{2} = \frac{\sqrt{\sin^2\theta_i - (n_2/n_1)^2}}{(n_2/n_1)^2\cos\theta_i} \tag{3.36a, b}$$

で表せる．S・P偏光の相対位相差を $\delta\phi \equiv \delta\phi_P - \delta\phi_S$ とおき，次式が得られる．

$$\tan\frac{\delta\phi}{2} = \frac{\cos\theta_i\sqrt{\sin^2\theta_i - (n_2/n_1)^2}}{\sin^2\theta_i} \tag{3.37}$$

図 3.6 (a) に全反射時の位相変化（$\delta\phi_S$, $\delta\phi_P$, $\delta\phi$）の入射角依存性を，$n_1 = 1.5$, $n_2 = 1.0$ に対して示した．$\delta\phi_S$ と $\delta\phi_P$ は臨界角 θ_c でゼロ，入射角 θ_i とともに単調増加し，すれすれ入射時（$\theta_i = 90°$）で π となっている．相対位相差 $\delta\phi$ は $\theta_c < \theta_i < 90°$ で極大値をとる．全反射時の位相変化もグース－ヘンヒェンシフトと呼ぶ．グース－ヘンヒェンシフトは光を波動的に扱って初めて出てくる．

全反射による相対位相差は，入射角を 50.23° または 53.26° に設定して $\delta\phi = \pi/4$ で得る（図 3.6 (a)）．この全反射を 2 回生じさせると，波長依存性の少ない 1/4 波長板ができ，これはフレネルの菱面体またはフレネルの斜方体と呼ばれて利用されている．

全反射は，光波が伝搬する中心部を高屈折率のコア，その周辺部を低屈折率のクラッドとした，光導波路や光ファイバにおける導波原理ともなっている．

 ## 3.6 光強度反射率と光強度透過率

屈折率が異なる媒質の平面境界における屈折や反射に伴う電界振幅の変化を，フレネルの公式として 3.2 節で示した．光波領域での可測量は光強度であり，本節では，これについての結果を示す．

反射光強度の入射光強度に対する比を**光強度反射率**（reflectance）という．S・P偏光に対する光強度反射率は，振幅反射率の式 (3.18), (3.20) を用いて

$$\mathcal{R}_S \equiv |r_S|^2 = \left(\frac{n_1\cos\theta_i - n_2\cos\theta_t}{n_1\cos\theta_i + n_2\cos\theta_t}\right)^2 = \frac{\sin^2(\theta_i - \theta_t)}{\sin^2(\theta_i + \theta_t)} \tag{3.38}$$

$$\mathcal{R}_\mathrm{P} \equiv |r_\mathrm{P}|^2 = \left(\frac{n_2\cos\theta_\mathrm{i} - n_1\cos\theta_\mathrm{t}}{n_2\cos\theta_\mathrm{i} + n_1\cos\theta_\mathrm{t}}\right)^2 = \frac{\tan^2(\theta_\mathrm{i}-\theta_\mathrm{t})}{\tan^2(\theta_\mathrm{i}+\theta_\mathrm{t})} \tag{3.39}$$

で書ける。透過光強度の入射光強度に対する比を**光強度透過率**（transmittance）という。S・P偏光に対する光強度透過率は，振幅透過率の式 (3.19), (3.21) を用いて，次式で書ける。

$$\mathcal{T}_\mathrm{S} \equiv \frac{n_2|A_\mathrm{tS}|^2\cos\theta_\mathrm{t}}{n_1|A_\mathrm{iS}|^2\cos\theta_\mathrm{i}} = |t_\mathrm{S}|^2\frac{n_2\cos\theta_\mathrm{t}}{n_1\cos\theta_\mathrm{i}} = \frac{\sin(2\theta_\mathrm{i})\sin(2\theta_\mathrm{t})}{\sin^2(\theta_\mathrm{i}+\theta_\mathrm{t})} \tag{3.40}$$

$$\mathcal{T}_\mathrm{P} \equiv |t_\mathrm{P}|^2\frac{n_2\cos\theta_\mathrm{t}}{n_1\cos\theta_\mathrm{i}} = \frac{\sin(2\theta_\mathrm{i})\sin(2\theta_\mathrm{t})}{\sin^2(\theta_\mathrm{i}+\theta_\mathrm{t})\cos^2(\theta_\mathrm{i}-\theta_\mathrm{t})} \tag{3.41}$$

式 (3.40), (3.41) の中辺における因子 n_2/n_1 は，式 (13.25) で説明しているように，光強度が振幅の絶対値の2乗に媒質の屈折率を掛けた値に比例することを考慮している。$\cos\theta_\mathrm{t}/\cos\theta_\mathrm{i}$ は光が来る方向の角度の違いを，同一方向からの光エネルギーに換算するための調整量である。これらの調整は，光強度反射率では同一媒質で同一角度だから不要である。

式 (3.38)～(3.41) より，次式を得る（演習問題 3.8 参照）。

$$\mathcal{R}_\mathrm{i} + \mathcal{T}_\mathrm{i} = 1 \quad (\mathrm{i=S, P}) \tag{3.42}$$

式 (3.42) は，エネルギー保存則がS・P偏光ごとに成り立っていることを表している。

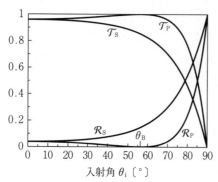

$n_1 = 1.0, \; n_2 = 1.5, \; \theta_\mathrm{B} = 56.3°$

図 3.10 光強度反射率 $\mathcal{R}_\mathrm{i}$ と光強度透過率 $\mathcal{T}_\mathrm{i}$ の入射角依存性

図 3.10 にS・P偏光に対する光強度反射率 $\mathcal{R}$ と光強度透過率 $\mathcal{T}$ の入射角 θ_i 依存性を示す。これは低屈折率の空気（$n_1=1.0$）から高屈折率のガラス（$n_2=1.5$）へ入射する場合である。S偏光では，θ_i に対して $\mathcal{R}_\mathrm{S}$ は単調増加，$\mathcal{T}_\mathrm{S}$ は単調減少している。P偏光では，ブリュースター角 θ_B で $\mathcal{R}_\mathrm{P}=0$, $\mathcal{T}_\mathrm{P}=1.0$ となっている。入射角が $\theta_\mathrm{i}=90°$ では，偏光によらず光強度反射率が 1.0, 光強度透過率が 0 となっている。これらは式 (3.42) のエネルギー保存則を満たしている。

特に垂直入射に近い（$\theta_\mathrm{i} \fallingdotseq \theta_\mathrm{t} \fallingdotseq 0$）とき，式 (3.38)～(3.41) より，光強度反射率と光強度透過率は次式で近似できる。

$$\mathcal{R}_\mathrm{i} = \left(\frac{n_1-n_2}{n_1+n_2}\right)^2, \qquad \mathcal{T}_\mathrm{i} = \frac{4n_1n_2}{(n_1+n_2)^2} \quad (\mathrm{i=S, P}) \tag{3.43a, b}$$

上記の式は，光強度反射率と光強度透過率が，垂直入射時には境界面に対する入射方向によらず一致し，また，偏光に依存しないことを示す。式 (3.43a) は，光強度反射率が屈折率差の大きい媒質間ほど大きくなることを表している。

光学素子材料としてよく用いられているガラス（$n=1.5$）と空気（$n=1.0$）の間での光強度反射率は，垂直入射で1面当り約4％である（例題 3.5 参照）。そのため，カメラのように多くのレンズを用いる場合には，反射防止膜の塗布が不可欠となる（8.6.2項参照）。

演 習 問 題　　35

【例題3.5】　光が空気（$n=1.0$）から次の各物質に垂直入射するとき，光強度反射率を求めよ。
（1）　BK7 ガラス（$n=1.52$）　　（2）　水（$n=1.33$）
（3）　ゲルマニウム（Ge，$n=4.09$，赤外域）
［解］　光強度反射率は式（3.43a）より S・P 偏光によらず，同じ値となる。
（1）　$\mathcal{R}_i=[(1.0-1.52)/(1.0+1.52)]^2=0.043$（i=S, P）で約 4 ％となる。
（2）　$\mathcal{R}_i=0.020$ で約 2 ％となる。　　（3）　$\mathcal{R}_i=0.369$ で約 37 ％となる。　■

演 習 問 題

3.1　深さ s の水（屈折率 n）中にある物体を空気中の直上から見るとき，見掛け上の深さはどのようになるか，求めよ。

3.2　第 1 物質の屈折率を n_1，第 2 物質の屈折率を n_2 とするとき，次の問に答えよ。ただし，全反射が生じない範囲とする。
　（1）　第 1 物質側から第 2 物質側へ角度 θ_1 で入射するとき，第 2 物質側での屈折角 θ_{t2} を求めよ。
　（2）　第 2 物質側から第 1 物質側へ角度 θ_2 で入射するとき，第 1 物質側での屈折角 θ_{t1} を求めよ。
　（3）　$\theta_{t2}=\theta_2$ とするとき，θ_{t1} と θ_1 の関係を求めよ。また，この結果のもつ意味を説明せよ。

3.3　正三角形のプリズムが空気中にある。プリズムへの入射角とプリズムからの出射角が等しく $49.46°$ となった。このとき，プリズムの屈折率 n を求めよ。

3.4　振幅反射率の式（3.18），（3.20）で，$r_S=r_P=1$ となるときの入射角が臨界角に一致することを示せ。

3.5　図 3.6 で振幅透過率が 1 を超している。このことがエネルギー保存則と矛盾しないことを説明せよ。

3.6　光強度透過率 $\mathcal{T}_i$，光強度反射率 $\mathcal{R}_i$，および振幅透過率 t_i，振幅反射率 r_i に関して，S・P 偏光において次の関係が成り立つことを示せ。
$$\mathcal{T}_i=t_i t_i', \qquad \mathcal{R}_i=r_i^2 \qquad (i=S, P)$$
ただし，′ は光の逆進性を満たす光波に対する値を表す。

3.7　平面境界で第 1・第 2 媒質の屈折率が n_1 と n_2 である。光がこの一方の媒質からブルースター角で入射するとき，次の問に答えよ。
　（1）　光が n_1 側から入射するときのブルースター角 θ_B と，n_2 側から入射するときのブルースター角 θ_B' を求めよ。
　（2）　S 偏光に対する光強度透過率が $\mathcal{T}_{SB}=[2n_1 n_2/(n_1^2+n_2^2)]^2$ で表せることを導け。また，P 偏光に対するブルースター角での光強度透過率 $\mathcal{T}_{PB}$ を求めよ。
　（3）　第 1 媒質が空気（$n_1=1.0$），第 2 媒質がガラス（$n_2=1.5$）のとき，θ_B，θ_B' および $\mathcal{T}_{SB}$ を求めよ。また，$(\mathcal{T}_{SB})^{2N}<0.01$ を満たす N を求めよ。

3.8　光波が空気からケイ素（Si，$n=3.45$）に角度 $30°$ で入射するとき，S・P 偏光に対する光強度反射率と光強度透過率を求めよ。また，エネルギー保存則が成り立っていることを示せ。

4章

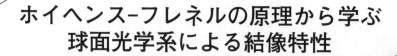
ホイヘンス–フレネルの原理から学ぶ
球面光学系による結像特性

前章の始めでは，球面における光の反射や屈折が，球面での接平面に着目すると，平面と同じように扱えることをホイヘンスの原理に基づいて示した．本章では，この議論を受けて球面光学系における結像特性を説明する．

4.1節では反射法則を用いて球面反射鏡による結像特性を説明する．4.2節では単一球面での屈折による結像特性を，4.3節では前節の結果を利用して，薄肉レンズによる結像式や横倍率などの結像特性を説明する．

 ## 4.1 球面反射鏡による結像特性

本節では，球面反射鏡による結像特性と球面収差を説明する．この際，球面による反射でも微視的には平面による反射と同様に扱えることを利用する．

4.1.1 球面における光線の反射法則の幾何学的説明

図4.1に示すように，球面反射鏡（曲率半径 R，曲率中心 O）が一様媒質中にあるとする．光線と光軸を含む面を**子午面**（meridional plane），子午面内を伝搬する光線を**子午光線**（meridional ray）という．3次元においても，回転対称の光学系では子午面内で考えても一般性を失わない．光軸となす角度が微小な光線を**近軸光線**（paraxial ray），光軸との角度が大きい光線を周縁光線と呼ぶ．

光線は，反射の場合を除き，左側から右側に伝搬するものとする．光軸と球面との交点を V で表す．結像理論では，曲率半径 R の符号は，曲率中心 O が球面より右側（左側）にあると

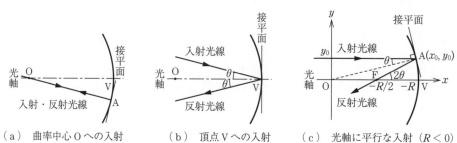

(a) 曲率中心 O への入射 (b) 頂点 V への入射 (c) 光軸に平行な入射（$R<0$）

O：球面の曲率中心，R：球面の曲率半径，V：球面の頂点，F：焦点，$y_0/R \ll 1$

図 4.1 球面反射鏡の反射法則による光線の変化

きを正（負）と定義する。$R<0$ の場合を**凹面鏡**（concave mirror），$R>0$ の場合を**凸面鏡**（convex mirror）と呼ぶ。

　光が球面反射鏡に入射する場合の反射では，微視的には光線の鏡への入射点における接平面に着目すればよいことをホイヘンスの原理を用いて示した（図 3.2 参照）。波面と光線が直交することに留意すると，球面反射鏡での反射法則として直ちに次の 2 点がいえる。

（ⅰ）　球面反射鏡の曲率中心 O を通過する入射光線は，球面での接平面の法線方向が入射光線の方向と一致するので，球面で反射後の光線は，入射光線を逆向きにたどり曲率中心 O を通過する（図 4.1（a））。

（ⅱ）　光軸と角度 θ をなして球面反射鏡の頂点 V に入射する光線は，頂点の接平面で，光軸と角度 θ をなして入射光線と反対側に反射して伝搬する（図（b））。

　次に，光軸と平行に伝搬して球面反射鏡に入射する光線で，反射光線が光軸と交わる位置を調べる。ここでは，球面収差（12.5.1 項参照）の説明も兼ねて，近軸光線と周縁光線も含めて式を展開する。

　図 4.1（c）のように，凹面鏡（$R<0$）で曲率中心を原点 O，光軸を x 軸，入射光線の光軸との距離を $y=y_0$，球面上の入射点を $\mathrm{A}(x_0,\ y_0)$ とすると，球面は

$$x_0^2 + y_0^2 = (-R)^2 \tag{4.1}$$

で表せる。ここでは，球面として $x_0>0$ 側をとり，曲率半径 R が十分大きいとして，y_0/R に関する 2 次の微小量までを考慮する。

　入射光線と球面との交点 A の x 座標 x_0 は，式（4.1）より次式で近似できる。

$$x_0 = [(-R)^2 - y_0^2]^{1/2} \fallingdotseq -R\left[1 - \frac{1}{2}\frac{y_0^2}{(-R)^2}\right] \tag{4.2}$$

1 次の微小量までとる場合は，球面への入射位置が $x_0 \fallingdotseq -R$ で近似できる。

　点 A での接平面の法線に対する光線の入射角を θ で表すと，次式を得る。

$$\sin\theta = -\frac{y_0}{R}, \qquad \theta = \sin^{-1}\left(-\frac{y_0}{R}\right) \tag{4.3}$$

反射光線の傾きは反射法則により $\tan 2\theta$ となり，点 A での反射光線の軌跡が

$$y - y_0 = (x - x_0)\tan 2\theta \qquad (x \leq x_0) \tag{4.4}$$

で表せる。反射光線が光軸，つまり x 軸と交わる位置 F は，式（4.4）より

$$x_\mathrm{F} = x_0 - \frac{y_0}{\tan 2\theta} \tag{4.5}$$

で求められる。

　ここで，$\tan 2\theta$ を y_0 と R で表すため，式（4.3）を利用すると次式を得る。

$$\tan\theta = \tan\left\{\tan^{-1}\frac{y_0/(-R)}{\sqrt{1-[y_0/(-R)]^2}}\right\} \fallingdotseq -\frac{y_0}{R}\left\{1 + \frac{[y_0/(-R)]^2}{2}\right\} \tag{4.6}$$

$$\tan 2\theta = \frac{2\tan\theta}{1-\tan^2\theta} \fallingdotseq -2\frac{y_0}{R}\left[1 + \frac{3}{2}\left(\frac{y_0}{R}\right)^2\right] \tag{4.7}$$

反射光線が光軸と交わる位置Fは，式(4.2)，(4.7)を式(4.5)に代入して

$$x_F \fallingdotseq -R\left[\frac{1}{2}+\frac{1}{4}\left(\frac{y_0}{R}\right)^2\right] \tag{4.8}$$

で表せる。

光軸と平行に伝搬する光線が，球面で反射後に光軸と交わる位置Fを**焦点**（focal point）という。**焦点距離**（focal length）fは頂点Vを基準として点Fまでの距離で定義される。近軸光線に限定すれば，焦点距離fは式(4.8)より

$$f = -\frac{R}{2} \tag{4.9}$$

で表せる。球面反射鏡での焦点距離fは，曲率半径Rの半分の値で求められる。凸面鏡（$R>0$）での焦点距離も，式(4.9)と同じ表現で得られる。

式(4.8)は，光軸との距離y_0が大きくなる周縁光線ほど，球面で反射後には焦点Fからずれた位置に集束することを示す。球面であることに起因して，光線の集束位置が焦点からずれることを**球面収差**という。

凹面反射鏡での近軸光線の反射法則は次のようにまとめることができる。
（ⅰ） 球面の曲率中心を通過する光線は，反射後，元の経路を逆にたどる。
（ⅱ） 光軸上の球面の頂点に向かう光線は，反射後，入射光線と光軸がなす角度と等しい角度で，入射光線と反対側へ伝搬する。
（ⅲ） 光軸と平行に伝搬する近軸光線は，反射後に焦点Fを通過し，焦点距離fは，曲率半径Rの半分の値で求められる。

4.1.2 球面反射鏡の球面での反射法則を用いた結像特性

図4.1で球面反射鏡での光線の反射法則が分かった。本項では，この反射法則を用いて結像特性（物体と像の位置関係，横倍率）を明らかにする。

図4.2に示すように，球面反射鏡（曲率半径R，曲率中心O）が屈折率nの媒質中にある。球面と光軸の交点をVとおく。光軸上で点Vの前方s_1にある物点Pから出た光線が，球面上

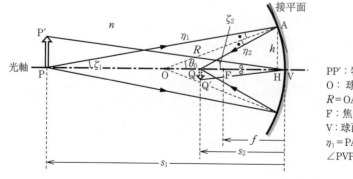

図4.2 球面での反射法則を用いた反射鏡での結像

4.1 球面反射鏡による結像特性　　39

の点 A で反射後，点 V の前方 s_2 にある光軸上の像点 Q に至るとする。s_i $(i=1, 2)$ の符号は，点 V を基準として右（左）側を正（負）とする。

　球面での反射も，平面と同様に考えることができる（3.1.3 項参照）。よって，物点 P から出た近軸光線は，線分 OA の反射点 A での接平面に対して鏡面反射して像点 Q に至る。このとき，光の反射法則の式 (3.4) より ∠PAO＝∠QAO を満たす。反射点 A に対する入射光線，反射光線，OA が光軸となす角度をそれぞれ ζ_1, ζ_2, θ_0 で表すと，∠PAO＝$\theta_0-\zeta_1$，∠QAO＝$\zeta_2-\theta_0$ より次式を得る。

$$\theta_0 - \zeta_1 = \zeta_2 - \theta_0 \tag{4.10}$$

　反射点 A から光軸に下ろした垂線の足を H として，$h=$AH とおく。$\eta_1=$PA，$\eta_2=$QA とおくと，次の関係式が成り立つ。

$$h = \eta_1 \sin \zeta_1 = \eta_2 \sin \zeta_2 = -R \sin \theta_0 \tag{4.11}$$

近軸光線に限定すると，各角度が微小だから，近似式

$$\eta_1 \fallingdotseq -s_1, \qquad \eta_2 \fallingdotseq -s_2 \tag{4.12a, b}$$

が成り立つ。上式の右辺に負符号があるのは，s_i の符号を，頂点 V より右側を正としているためである。式 (4.11)，(4.12) より，次式を得る。

$$\zeta_1 = -\frac{h}{s_1}, \qquad \zeta_2 = -\frac{h}{s_2}, \qquad \theta_0 = -\frac{h}{R} \tag{4.13a-c}$$

　式 (4.13) を式 (4.10) に代入し整理すると，焦点距離 f を用いて次式が導ける。

$$-\frac{1}{s_1} - \frac{1}{s_2} = \frac{1}{f}, \qquad f = -\frac{R}{2} \tag{4.14a, b}$$

式 (4.14) は**球面反射鏡による結像式**であり，その意義は次の通りである。

（ⅰ）　物点から出た近軸光線が，空間の屈折率や球面反射鏡上での反射点の位置によらず，すべて一つの点に集束して像を形成する。

（ⅱ）　球面反射鏡の曲率半径 R が既知であれば，物点の位置を与えるだけで像点の位置を高精度で求めることができる。

（ⅲ）　結像に関与する光線が同一の屈折率の空間にあるので，結像式に屈折率が入ってこない。結像式や焦点距離に屈折率が含まれないから，球面反射鏡では色収差（波長による集束位置の違い，12.5.3 項参照）を生じない。

（ⅳ）　反射鏡ではレンズ系に比べて大きい光束を利用できるが，光路の折り返しのため一部の光が遮られる。

（ⅴ）　式 (4.14) で物点と像点の位置を入れ換えても，光の逆進性により結像関係を満たす。このような 2 点を光学的に互いに共役，あるいは単に**共役**（conjugate）であるという。互いに共役な点を**共役点**（conjugate points）という。

　物体 PP′ があり，その大きさが $|s_1|$ と $|s_2|$ に比べて微小なとき，図 4.1（b）と同様に，図 4.2 で ∠PVP′＝∠QVQ′ が成り立ち，物体 PP′ に対する像が QQ′ にできる。煩雑さを避けるた

め，図4.1（a），（c）相当の光線は省略している。

物体 x_{ob} と像の大きさ x_{im} の比を**横倍率**（lateral magnification）と呼び，これは PP′ と QQ′ の比で求められる。横倍率 β は，物体と像が光軸に対して同じ（反対）側にあるときを正（負）と定義して，相似関係より $\beta = -s_2/s_1$ で表せる。結像式（4.14a）の両辺に s_1 または s_2 を掛けることにより，横倍率が

$$\beta \equiv \frac{x_{im}}{x_{ob}} = -\frac{s_2}{s_1} = \frac{f}{f+s_1} = \frac{f+s_2}{f} \tag{4.15}$$

で表せる。$\beta>0$ を**正立像**，$\beta<0$ を**倒立像**という。

像形成に寄与する光線が集束光線であるとき，集束点に直接眼をおいたり，紙などを置いたりすると，物体の像を観測できる。このような像を**実像**（real image）という。他方，像形成に寄与する光線が発散光線であるとき，発散光線の延長線を進行方向と逆にたどると，そこにあたかも物体があるように見える。このように，光学系を介して眼で見ることができる像を**虚像**（virtual image）という。

【例題4.1】 曲率半径 R の凸面鏡を用いて物体を観察するとき，次の問に答えよ。
（1） 物体を鏡の前方の距離 a の位置におくとき，像の位置を求めよ。
（2） 物体より小さい正立虚像が常に得られることを示せ（この性質はカーブミラーに利用されている）。

［解］（1） 式（4.14）で $s_1 = -a$ （<0），$R>0$ とおくと，像の位置が $s_2 = (Ra/2)/(a+R/2)$ （>0），つまり鏡内で得られる。
（2） 横倍率は式（4.15）を用いて，$\beta = -s_2/s_1 = (R/2)/(a+R/2)$ （<1）より $0<\beta<1$ で得られる。よって，$s_2>0$ で虚像，$0<\beta<1$ で物体より小さい正立像となることが分かる。　■

 ## 4.2　単一球面での屈折による結像特性

本節では，子午面内の球面で屈折する近軸光線に限定し，屈折法則を利用して，単一球面での屈折による結像特性を説明する。

図4.3に示すように，球面の一部からなる屈折面（曲率半径 R，曲率中心 O）があり，屈折面より左（右）側の屈折率を n_1（n_2）とする。光軸上で球面の頂点 V の前方 s_1 にある点 P から出た光線が，球面上の点 A で屈折後，頂点 V の後方 s_2 にある光軸上の点 Q に到達するとする。屈折後の光線が屈折面より右側で光軸と交わらないときは，屈折光線の延長線が光軸と交わる点を Q とする。s_i（$i=1, 2$）の符号の定義は，前節と同じとする。

屈折点 A に対して入射光線，屈折光線，OA が光軸となす角度を，それぞれ ζ_1，ζ_2，θ_0 で表す。近軸光線では点 A における光線の屈折を，点 A での接平面で考えることができる（3.1.4項参照）。入射角 $\theta_i = \theta_0 + \zeta_1$ と屈折角 $\theta_t = \theta_0 - \zeta_2$ は，光の屈折法則の式（3.2）より次式を満たす。

4.2 単一球面での屈折による結像特性

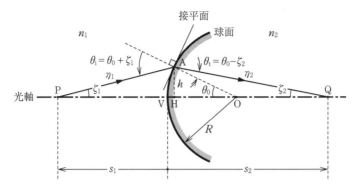

P：物点，Q：像点，O：球面の曲率中心，R＝OA：球面の曲率半径，
θ_i：入射角，θ_t：屈折角，η_1＝PA，η_2＝QA，h＝AH，V：球面の頂点，
n_i：屈折率

図 4.3 単一球面での光線の屈折による結像

$$n_1 \sin\theta_i = n_2 \sin\theta_t \tag{4.16}$$

近軸光線では上記三つの角度は微小であり，この関係は次式で近似できる．

$$n_1(\theta_0 + \zeta_1) \fallingdotseq n_2(\theta_0 - \zeta_2) \tag{4.17}$$

屈折点 A から光軸に下ろした垂線の足を H として，h＝AH とおく．このとき，式 (4.11)，(4.12a, b) で R と s_2 の符号を反転させた関係式が成り立ち，各角度が次式で書ける．

$$\zeta_1 = -\frac{h}{s_1}, \qquad \zeta_2 = \frac{h}{s_2}, \qquad \theta_0 = \frac{h}{R} \tag{4.18}$$

式 (4.18) を式 (4.17) に代入して，次式を得る．

$$n_1\left(\frac{1}{R} - \frac{1}{s_1}\right) = n_2\left(\frac{1}{R} - \frac{1}{s_2}\right) \tag{4.19}$$

式 (4.19) は屈折面の前後で，上記形式の値が変化しないことを表し，この値を**アッベの零不変量**（Abbe's null invariant）という．

式 (4.19) より，次式が得られる．

$$-\frac{n_1}{s_1} + \frac{n_2}{s_2} = \frac{n_2 - n_1}{R} \tag{4.20}$$

式 (4.20) は**単一球面による結像式**と呼ばれる．

式 (4.20) の物理的意味は次の通りである．

（ⅰ）光軸上の物点 P から出た近軸光線が，球面上の屈折点の位置に依存することなく，すべて光軸上の点 Q に集束して像を形成する．

（ⅱ）屈折面の両側の屈折率と球面の曲率半径，物体の位置が既知ならば，像の位置を求めることができる．

（ⅲ）式 (4.12) の近似式が用いられているので，光軸に垂直でさえあれば，多少大きさのある物体に対しても，式 (4.20) が使用できる．

4.3 薄肉レンズによる結像特性

屈折面が球面の一部からなるレンズを**球面レンズ**（spherical lens）といい，その簡易なものに虫眼鏡がある．本節では，球面レンズが二つの屈折面から構成されていると考え，前節で求めた単一球面による結像式を元にして，薄肉レンズによる結像特性を求める．

4.3.1 薄肉レンズの結像式と横・角倍率

図 4.4 に示すように，第1（第2）屈折面の間がレンズであり，その屈折率を n_L，レンズの中心厚を d_L とする．第1（第2）屈折面の曲率半径を R_1（R_2），左（右）側の媒質の屈折率を n_1（n_2）とする．曲率半径 R_i の符号は，曲率中心 O が球面より右（左）側にあるときを正（負）とする．

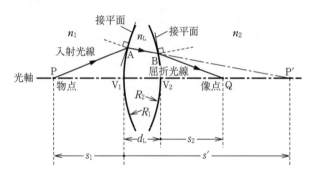

図 4.4　薄肉レンズの 2 屈折面への分解による結像

まず，物点 P が光軸上で第 1 屈折面の頂点 V_1 の前方 s_1 にあり，ここから出た光線が第 1 屈折面上の点 A で屈折する．この段階では第 2 屈折面がないとすると，屈折光線は頂点 V_1 の後方 s' にある点 P′ に像を結ぶ．近軸光線では，これらの値を式 (4.20) に代入して，次式を得る．

$$-\frac{n_1}{s_1}+\frac{n_L}{s'}=\frac{n_L-n_1}{R_1} \tag{4.21}$$

次に，第 2 屈折面による屈折を考える場合，点 P′ が第 2 屈折面に対する物点の位置とみなせ，これは第 2 屈折面の頂点 V_2 の後方 $s'-d_L$ にあることになる．物点 P′ へ出た光線が，第 2 屈折面上の点 B で屈折し，頂点 V_2 の後方 s_2 にある点 Q に像を結ぶとする．このとき，各値を式 (4.20) に代入して

$$-\frac{n_L}{s'-d_L}+\frac{n_2}{s_2}=\frac{n_2-n_L}{R_2} \tag{4.22}$$

を得る．式 (4.21)，(4.22) を辺々加えて整理すると，次式で書ける．

$$-\frac{n_1}{s_1}+\frac{n_2}{s_2}=\frac{n_L-n_1}{R_1}+\frac{n_2-n_L}{R_2}+\frac{n_L d_L}{s'(s'-d_L)} \tag{4.23}$$

物体と像の位置がレンズに極端に近くなく，球面の曲率半径 R_i がレンズ厚 d_L に比べて十分

に大きいとき，式 (4.23) の右辺第 3 項を無視できる。レンズ厚を無視して考える方法を**薄肉レンズ**（thin lens）**近似**と呼ぶ。

問題は式 (4.23) をいかに分かりやすく表すかである。これには，薄肉レンズが空気中にあるときの結像式として，歴史的に有名な**ガウスのレンズ公式**

$$-\frac{1}{s_1}+\frac{1}{s_2}=\frac{1}{f'} \tag{4.24}$$

を拡張して考える。ここで，f' はレンズの焦点距離であり，後に説明する。図 4.4 ではレンズ前後の媒質の屈折率が異なっている。この場合，距離の尺度を揃えるため，空気側から見た水中（屈折率 n）での深さ s が，屈折率分だけ浅く見える現象（演習問題 3.1 参照）から予測できる，**真空換算距離** s/n を用いることができる。

これらと光の逆進性を利用すると，式 (4.23) が次式に書き直せる。

$$-\frac{n_1}{s_1}+\frac{n_2}{s_2}=\frac{n_2}{f'}=-\frac{n_1}{f} \tag{4.25}$$

$$\frac{n_2}{f'}=-\frac{n_1}{f}=\frac{n_L-n_1}{R_1}+\frac{n_2-n_L}{R_2} \tag{4.26}$$

式 (4.25) は**薄肉レンズによる結像式**である。式 (4.26) は，レンズの焦点距離 f'，f が球面の曲率半径，レンズ媒質の屈折率およびレンズ前後の媒質の屈折率に依存することを示している。薄肉レンズ近似は，結像問題を比較的容易に扱え，かつ実用上十分な精度が得られる利点がある。

薄肉レンズによる光学系を改めて**図 4.5** に示す。物体 P の像が凸レンズにより点 Q に結ばれているとする。光軸に平行に伝搬する光線は式 (4.25) で $s_1=-\infty$ と表せ，これが凸レンズ透過後に光軸と交わる $s_2=f'$ に対応する点 F_2 を**後側焦点**または**像側焦点**と呼ぶ。レンズと像点 F_2 の距離を表す f' は，**後側焦点距離**または**像側焦点距離**と呼ばれる。焦点距離の符号は，s_i と同じく，レンズを基準として右（左）側を正（負）と定義する。

光線では逆進性が成り立ち，凸レンズ透過後に光軸と平行に伝搬する光線（$s_2=\infty$）が，透過前に光軸と交わる $s_1=f$ に対応する点 F_1 を**前側焦点**または**物側焦点**と呼ぶ。点 F_1 とレンズの距離を表す f は，**前側焦点距離**または**物側焦点距離**と呼ばれる。前側焦点距離 f と後側焦点

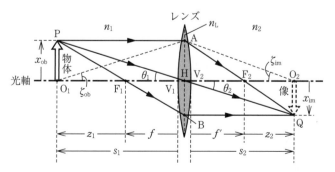

図 4.5 薄肉レンズによる結像（凸レンズ）

距離 f' は常に異符号となる。

　レンズ中心に向かう光線は，薄肉レンズ近似でレンズ前後の媒質の屈折率が等しいとき，レンズ透過後そのまま直進する。

　レンズの凹凸は後側焦点距離 f' の符号で決められる。$f'>0$ のレンズを**凸レンズ**（convex lens）または**正レンズ**，$f'<0$ のレンズを**凹レンズ**（concave lens）または**負レンズ**と呼ぶ。単に焦点距離というときは，後側焦点距離を指す。

　レンズ球面の曲率半径の符号によるレンズの分類を**図 4.6** に示す。図（c），（f）のように，両屈折面が同じ向きに湾曲しているレンズをメニスカスレンズという。これは眼鏡でよく用いられ，小さい曲率半径で大きい焦点距離が得られるという特徴をもつ。

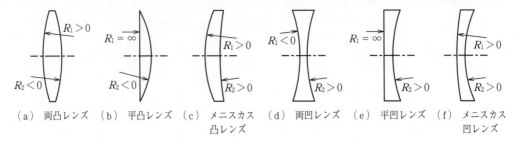

図 4.6　レンズ球面の曲率半径 R_i の符号による分類

薄肉レンズによる結像式（4.25）の意義は次の通りである。
（ⅰ）物体の一部である物点から出て，あらゆる方向に伝搬する近軸光線が，レンズ前後の媒質の屈折率およびレンズ上での屈折点の位置によらず，すべて一つの像点に集束して全体の像を形成する。
（ⅱ）レンズの焦点距離が既知であれば，物点の位置を与えるだけで像点の位置を高精度で求めることができる。
（ⅲ）レンズ厚を無視しても高精度の結果を与えるということは，結像には主として球面の湾曲具合が関係していることを意味する。

　上記（ⅰ）を満たす光学系を**理想光学系**と呼ぶ。理想光学系での結像点は，**近軸像点**，理想像点，または研究者の名にちなんでガウス像点とも呼ばれる。

　薄肉レンズの横倍率は，球面反射鏡と同じように，像 x_im の物体 x_ob に対する大きさの比で定義され，これらが光軸に対して同一側にあるときを正とする。

　同一屈折率の媒質にある記号を用いるときは，三角形の相似関係がそのまま利用できる。図 4.5 で AB = AH + HB，HB/$(-f)$ = AB/$(-s_1)$，AH/f' = AB/s_2 が成り立つ。これより，**横倍率**が次式で書ける。

$$\beta \equiv \frac{x_\mathrm{im}}{x_\mathrm{ob}} = -\frac{\mathrm{HB}}{\mathrm{AH}} = \frac{f}{f-s_1} = \frac{f'-s_2}{f'} \tag{4.27a}$$

レンズ前後の媒質の屈折率が異なる場合，レンズ前後で光の屈折法則を満たす必要がある。

レンズ中心で光軸と角度 θ_i $(i=1,2)$ をなす光線は，幾何学的関係より $x_{\mathrm{ob}}=-s_1\tan\theta_1$, $x_{\mathrm{im}}=-s_2\tan\theta_2$ と書ける。これに近軸光線で成り立つ $n_1\theta_1\fallingdotseq n_2\theta_2$ を利用すると，横倍率が結像式 (4.25) を使って次式でも表せる。

$$\beta=\frac{-s_2\tan\theta_2}{-s_1\tan\theta_1}\fallingdotseq\frac{s_2/n_2}{s_1/n_1}=\frac{f/n_1+s_2/n_2}{f/n_1}=\frac{f'/n_2}{f'/n_2+s_1/n_1} \tag{4.27b}$$

上式の後半三つの表現は，真空換算距離を用いたものに一致する。

角倍率（angular magnification）は，光軸上の物点から像点へ伝搬する光線が光軸となす角度 ζ_{ob}, ζ_{im} の正接の比で定義される（図 4.5）。薄肉レンズの面上で $-s_1\tan\zeta_{\mathrm{ob}}=s_2\tan(-\zeta_{\mathrm{im}})$ が成り立つ。これより，角倍率 γ が

$$\gamma\equiv\frac{\tan\zeta_{\mathrm{im}}}{\tan\zeta_{\mathrm{ob}}}=\frac{s_1}{s_2}=\frac{n_1}{n_2\beta} \tag{4.28}$$

で書ける。これの右辺に式 (4.27a, b) を適用した表現も成り立つ。

4.3.2　ニュートンの公式ほか

図 4.5 で，物体と像の位置を前側・後側焦点を基準として表し，物体の位置を z_1，像の位置を z_2 で新たに定義する。ここでも各焦点より右（左）側を正（負）とする。このとき，相似関係より $\mathrm{HB}/(-f)=\mathrm{AH}/(-z_1)$, $\mathrm{AH}/f'=\mathrm{HB}/z_2$ であり，倒立像を表していることに注意して，横倍率 β が

$$\beta\equiv\frac{x_{\mathrm{im}}}{x_{\mathrm{ob}}}=-\frac{\mathrm{HB}}{\mathrm{AH}}=-\frac{f}{z_1}=-\frac{z_2}{f'} \tag{4.29}$$

で表せる。式 (4.28) に図 4.5 より得られる $s_1=f+z_1$, $s_2=f'+z_2$ を代入し，式 (4.29) を利用すると，角倍率 γ が次式で表せる。

$$\gamma\equiv\frac{\tan\zeta_{\mathrm{im}}}{\tan\zeta_{\mathrm{ob}}}=\frac{z_1}{f'}=\frac{f}{z_2} \tag{4.30}$$

式 (4.29) の右側 2 辺を等値して，直ちに次式が導かれる。

$$z_1z_2=ff' \tag{4.31}$$

式 (4.31) は**ニュートンの公式**（Newtonian form of lens equation）と呼ばれ，これは厚肉レンズでも同一形式で成り立つ（式 (11.40) 参照）。

結像式 (4.25) と式 (4.31) では

$$s_1=f+z_1,\qquad s_2=f'+z_2 \tag{4.32a, b}$$

の関係があり，相互に変換できる。

ところで，横倍率の式 (4.27a) 右側の 2 辺を等値して整理すると，別の結像式

$$\frac{f}{s_1}+\frac{f'}{s_2}=1 \tag{4.33}$$

が導ける。式 (4.33) は式 (4.27a) を求める際に用いた相似関係の式で，後半の 2 式から得る値を第 1 式右辺に代入しても導くことができ，式 (4.33) の幾何学的意味が明確になる。

4.3.3 薄肉凹レンズによる結像特性

これ以前に説明した結像式や横倍率は，凹レンズにも適用できるものであるが，説明の都合上凸レンズを対象としてその特性を述べてきた。そこで，本項では薄肉凹レンズの取り扱い方を説明する。

薄肉凹レンズの光学系を図 4.7 に示す。F_1 が前側（物側）焦点，F_2 が後側（像側）焦点である。凹レンズに対する像作図法における光線伝搬則は次の通りである。

（ⅰ）光軸に平行に伝搬する光線が凹レンズに入射すると，レンズ透過後の光線は後側（像側）焦点 F_2 から出たように進行する。

（ⅱ）レンズ中心 H に向かう光線は，レンズ透過後もそのまま伝搬する。レンズ前後の屈折率が異なるときは，光線がレンズで屈折する。

（ⅲ）前側（物側）焦点 F_1 に向かう光線は，レンズ透過後には光軸に平行に伝搬する。これは上記性質（ⅰ）に対する光の逆進性に基づくものである。

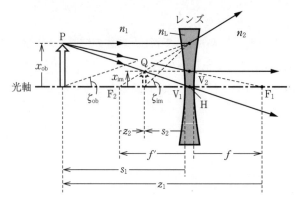

f, f'：前側・後側焦点距離，
F_1, F_2：前側・後側焦点，
n_1, n_2：レンズ前後の屈折率，
V_1, V_2：レンズの前側・後側頂点，
H：レンズ中心，レンズ厚は無視できるほど薄いとする

図 4.7 薄肉レンズによる結像（凹レンズ）

上記光線伝搬則を用いた凹レンズでの結像例も図 4.7 に示す。物体（大きさ x_{ob}）上の点 P からあらゆる方向に出た光線により，点 Q に虚像（大きさ x_{im}）ができる。後側焦点距離を $f'<0$，前側焦点距離を $f>0$ とする。レンズの頂点を基準とする s_1, s_2 を用いる場合は，結像式（4.25）や，横倍率の式（4.27），角倍率の式（4.28）を，焦点を基準とする z_1, z_2 を用いる場合は，結像式（4.31）や横倍率の式（4.29），角倍率の式（4.30）を利用する。

【例題 4.2】 後側焦点距離 20 cm の凸レンズが空気中にある。物体をこのレンズの前側焦点の前方 10 cm におくとき，像の位置と横倍率，角倍率を求めよ。ただし，薄肉レンズとして，上記問題を（1）～（3）を用いて求めよ。
（1）ガウスのレンズ公式　（2）ニュートンの公式　（3）式（4.33）
［解］（1）ガウスのレンズ公式（4.24）に $s_1=-(20+10)=-30$，$f'=20$ を代入して，$1/s_2=1/20-1/30=1/60$ より $s_2=60$ を得る。横倍率は式（4.27）を用いて $\beta=(f'-s_2)/f'=-2$ となる。角倍率は式（4.28）より，空気中では横倍率の逆数 $\gamma=1/\beta=-0.5$ で得られる。

演 習 問 題　　47

（2）　ニュートンの公式（4.31）に $z_1 = -10$, $f' = 20$ を代入して，$z_2 = (-20 \cdot 20)/(-10) = 40$ を得る。横倍率は式（4.29）を用いて，$\beta = -f/z_1 = -(-20)/(-10) = -2$ となる。

（3）　式（4.33）に $s_1 = -30$, $f = -20$ を代入して，まず $f'/s_2 = 1/3$ を得る。これに $f' = 20$ を代入して，$s_2 = 3f' = 3 \cdot 20 = 60$ を得る。横倍率は式（4.27a, b）を用いて $\beta = -2$ で得る。よって，像は凸レンズの後方 60 cm，つまり後側焦点の後方 40 cm にでき，横倍率が -2 つまり倒立実像が得られる。■

【例題 4.3】　空気中に置かれた，次に示す薄肉単レンズ（曲率半径 R，屈折率 $n_L = 1.5$）の焦点距離，および物体をレンズ前方 100 に置いたときの像の位置と横倍率を求めよ。

（1）　$R_1 = 60$, $R_2 = -50$　　　（2）　$R_1 = -60$, $R_2 = 50$

［解］　（1）　焦点距離は式（4.26）より $f' = 600/11 = 54.55$ で凸レンズ。結像式（4.25）より $1/s_2 = 1/54.55 - 1/100 = 0.008\,33$, $s_2 = 120$ で，像の位置はレンズ後方 120，横倍率は式（4.27）より $\beta = (f' - s_2)/f' = -1.20$ で倒立実像。ちなみに，同一曲率半径と屈折率の厚肉レンズの場合（例題 11.1・11.2，レンズ厚 $d_L = 3$），$f'_A = 55.05$, $s_2 = 120$, $\beta = -1.20$ である。焦点距離の相対誤差が 0.9 % であり，薄肉レンズ近似が高精度であることが分かる。

（2）　焦点距離は $f' = -600/11 = -54.55$ で凹レンズ。$s_2 = -35.25$ で，像の位置はレンズ前方 35.25，横倍率は $\beta = 0.353$ で正立虚像。厚肉レンズの場合（同上），$f'_A = -54.05$, $s_2 = -36.12$, $\beta = 0.348$ となる。この凹レンズでは凸レンズより相対的に分厚いので，誤差が少し大きくなっている。■

演 習 問 題

4.1　曲率半径 80 cm の凹面反射鏡を用いて，2.0 倍に拡大される実像または虚像を得たい。それぞれに対する物体と像の位置を求めよ。

4.2　曲率半径 100 cm の凸面鏡を用いて，物体の大きさの半分となる正立像を得たい。このときの物体と像の位置を求めよ。

4.3　焦点距離 1.0 m の凹面鏡を用いて月の直径を測りたい。地球と月の平均距離が約 38 万 4000 km であることを用いて，次の問に答えよ。

（1）　像はどこにできるか。

（2）　月の像の直径が 9.05 mm となった。このことより，月の直径を推定せよ。

4.4　空気中に次に示す曲率半径のレンズがある。これらのレンズの後側焦点距離を薄肉レンズ近似で求め，レンズの凹凸を示せ。ただし，レンズの屈折率を 1.5 とし，曲率半径の符号の定義は本文と同じとする。

（1）　$R_1 = 100$, $R_2 = -60$　　　（2）　$R_1 = -100$, $R_2 = 60$　　　（3）　$R_1 = 100$, $R_2 = 60$

（4）　上記各レンズの前方 200 に物体があるとき，それぞれに対する像の位置と横倍率を求め，実像・虚像，正立・倒立の区別を示せ。

5章 フェルマーの原理から学ぶ反射と屈折特性

 フェルマーの原理は光の伝搬則を与えるものであり，光線に関係する光学現象を説明するのに適している。また，この原理は問題に対する見方の多様性を与えたり，他の学問分野との共通性を示したりするのに有用である。

 5.1節では，フェルマーの原理の概要と，この原理やその他で重要な概念である光路長を説明する。5.2節ではこの原理に基づいて，反射と屈折に関係する幾何光学の三法則とマリュスの定理を説明する。5.3節ではフェルマーの原理の適用範囲を広げるのに役立つ変分原理を説明し，5.4節では変分原理を利用して，光線の軌跡を求めることができる光線方程式を示す。

5.1 フェルマーの原理

 フェルマーの原理は，空間の任意の固定された2点間における光線の伝搬経路を規定するものである。本節の前半では，フェルマーの原理の基本を，後半では屈折率が空間で変化する媒質に適用する際に重要な光路長を説明する。

5.1.1 フェルマーの原理の基本

 図 5.1（a）のように，空間で固定された始点Aと終点Bがあり，点A，Bの通過時刻をそれぞれ t_A，t_B とする。2点間を伝搬する光線の経路（光路）は

$$\delta I = \delta \left[c \int_{t_A}^{t_B} dt \right] = 0 \tag{5.1}$$

で決まる。ここで，δ は変分を表す。変分とは，ある関数 $f(x)$ の関数を汎関数 I と呼ぶとき，関数の微小変化に対する汎関数の変化量 δI のことをいう（5.3節参照）。また，c は真空中の光速である。

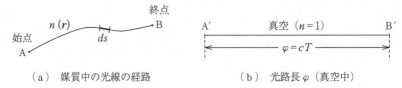

（a）媒質中の光線の経路　　　（b）光路長 φ（真空中）

$n(r)$：空間で変化する屈折率，r：位置ベクトル，ds：光路に沿った線素，c：真空中の光速，AB間とA'B'間で光の伝搬時間 T が等しい

図 5.1 フェルマーの原理と光路長

式 (5.1) は**フェルマーの原理**（Fermat's principle）または**最小時間の原理**とも呼ばれる。これは，光線が固定された2点間を伝搬するとき，実現経路の伝搬時間は，その近傍を通るあらゆる経路に比べて極値をとることを表す。極値とは極小値または極大値を意味するが，実際には最小値をとることが多い。

5.1.2 フェルマーの原理の光路長による表現

屈折率 n の媒質中の光の伝搬速度 v は，式 (1.2) より，真空中の光速 c と

$$v = \frac{c}{n} \tag{5.2}$$

で関係づけられる。式 (5.2) で表される光の伝搬速度 v を位相速度という。

屈折率が空間の位置に依存して $n(r)$（r：位置ベクトル）で表されているとする（図 5.1（a））。光線の経路に沿った線素を ds，線素 ds を伝搬するのに要する時間を dt とすると，これらは

$$n(r) = \frac{c}{v}, \qquad v = \frac{ds}{dt} \tag{5.3a, b}$$

の関係を満たす。式 (5.3) を式 (5.1) の [ ] 内に代入すると

$$c \int_{t_A}^{t_B} dt = cT = \int_A^B n(r) ds$$

と書ける。T は AB 間を伝搬するのに要する時間である。

ここで，上の式より改めて次の量を定義する。

$$\varphi \equiv \int_A^B n(r) ds = cT \tag{5.4}$$

式 (5.4) の右辺を参照すると，φ は屈折率 $n(r)$ の媒質中を伝搬するのと同じ時間 T で，真空中を伝搬する距離に等しいことを示す（図 5.1（b））。この φ は**光路長**（optical path length）または**光学距離**（optical distance）と呼ばれる。

式 (5.4) を式 (5.1) に代入すると，次のように書き換えることができる。

$$\delta I = \delta \left[\int_A^B n(r) ds \right] = 0 \tag{5.5}$$

式 (5.5) は，屈折率が空間的に変化している媒質で，光線の始点 A と終点 B を任意に定めるとき，2点間を結ぶすべての光線経路のうち，実現される経路は光路長が極値をとることを意味する。式 (5.5) の表現もフェルマーの原理または**最小光路長の原理**と呼ばれる。

式 (5.5) は，固定された AB 間で光路長が極値さえとれば，光線が複数の経路で伝搬し得ることを表す。光路長は特に光学系における結像特性・収差や干渉，回折などを考えるときに有用となる。

図 5.2 で屈折率が空間位置に依存して $n(r)$ で表されているとする。AB 間の最短距離は経路 C_1 であるが，この経路上の屈折率が高いとする。経路 C_2 と C_3 の屈折率が C_1 より低い同程度

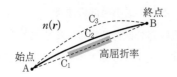

図 5.2 フェルマーの原理の概略

の値であれば，幾何学的距離の長い C_3 の光路長が C_2 より長くなる．経路 C_2 は幾何学的距離が C_1 より長いが，この経路上の屈折率が低ければ光路長が最小となり，これが実現経路となる．

屈折率 n が一様なとき，光路長は（屈折率×幾何学的伝搬距離）で求められる．伝搬による位相変化は，式 (1.4)，(1.5) などから分かるように，媒質中の光の波数 k と伝搬距離の積で得られる．媒質中の波数 k は屈折率 n と真空中の波数 k_0 の積で得られる．したがって，光の伝搬による位相変化は

$$\phi = \varphi k_0 \tag{5.6}$$

のように，光路長 φ と真空中の波数 k_0 の積でも表される．

フェルマーの原理は，屈折率が空間的に変化する不均一媒質だけでなく，平面・曲面における屈折や反射を伴う場合にも適用できるという，光の伝搬経路に関して一般性をもつ原理である．

後述する変分原理に従えば，極値条件が少し緩和され，近傍値に対して 2 次の微小量の範囲内でゼロとなればよい (5.3 節参照)．これは，固定された 2 点間で，複数の経路の光路長が厳密に一致していなくても実現経路となり得ることを意味する．すなわち，固定された 2 点間で，複数の経路の光路長が上記微小量の範囲内で一致するならば，これらの光線経路もまた実現経路となる．これは光学系における結像問題を考える上で重要である（6 章参照）．

フェルマーの原理の意義を次に示し，具体的内容を以下で説明する．

（ⅰ）フェルマーの原理から，光の伝搬で重要な一様媒質中における光の直進性が示せる (5.2.1 項参照)．

（ⅱ）フェルマーの原理からも，スネルの法則を導くことができる (5.2.1 項参照)．これで始点と終点を入れ換えると，光は逆の経路をたどる．このことを光の逆進性という．これはストークスの関係式やブルースターの法則とも関連する．

（ⅲ）フェルマーの原理を光学系の問題に適用すると見方が広がる．このことについては図 6.1 で説明し，実例を 6 章で示す．

（ⅳ）フェルマーの原理に変分法におけるオイラー方程式を適用すると，光線方程式が導かれる (5.4 節参照)．つまり，フェルマーの原理は光線方程式と等価であり，前者が積分表示であるのに対して，後者は微分表示である．

（ⅴ）フェルマーの原理は実際に問題を解くというよりも，上記のように問題に対する見方の多様性を与えたり，他の学問分野との共通性を示したりするのに有用であり，後者では力学における最小作用の原理に対応する．

【例題 5.1】 厚さ 1 cm のフリントガラス（$n = 1.62$）と，厚さ 5 mm のクラウンガラス（$n = 1.52$）の平行平面板が隙間なく重ねられている。これらにヘリウム-ネオンレーザ光（波長 633 nm）を垂直入射させるとき，次の値を求めよ。
（1） 二つのガラス通過による光路長　　（2） 両ガラス全体による位相変化
［解］（1） 光路長は式 (5.4) より $\varphi = 1.62 \times 10 + 1.52 \times 5 = 23.8$ mm。
（2） 位相変化は式 (5.6) を用いて $\phi = \varphi k_0 = 23.8 \times 10^{-3} \cdot [2\pi/(633 \times 10^{-9})] = 2.36 \times 10^5$ rad となる。■

 ## 5.2　幾何光学の三法則とマリュスの定理

本節では，フェルマーの原理で説明できる現象として，幾何光学の三法則および屈折と反射における波面と光線の関係に関するマリュスの定理を紹介する。

5.2.1　幾何光学の三法則（直進性，屈折と反射）

〔1〕 **光 の 直 進 性**　　屈折率 n が一様な空間において，任意の固定された 2 点 A，B がある（**図 5.3**（a））。AB 間を伝搬する光線の経路に沿った光路長は，式 (5.4) を用いて

$$\varphi = \int_A^B n(\boldsymbol{r}) ds = n \int_A^B ds \tag{5.7}$$

で書ける。式 (5.7) の右辺の積分は，2 点 A，B 間を結ぶ光線の幾何学的距離を示す。フェルマーの原理によれば，これの極値，この場合には最小値が実現経路となる。幾何学によれば，2 点間の最小距離は直線だから，一様媒質中では光線は直進する，すなわち**光の直進性**（directivity of light）が成り立つ。

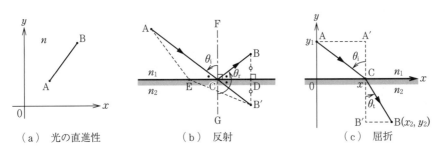

（a） 光の直進性　　　　　（b） 反射　　　　　（c） 屈折

A：光の始点，B：光の終点，n, n_1, n_2：屈折率，図（c）は $n_1 < n_2$ の場合
図 5.3　フェルマーの原理による幾何光学の三法則の説明

〔2〕 **光の反射法則**　　平面鏡が一様媒質（例えば，空気）中にあり，光が固定された点 A から出発して，平面鏡で反射後，固定された点 B に至る光線経路を検討する（図 5.3（b））。点 B の平面鏡に対する対称位置に B′ をとり，AB′ と平面鏡の交点を C とし，BB′ と平面鏡の交点を D とおく。△BCD と △B′CD において，直角を挟む 2 辺の長さが等しいから合同となり，CB′ = CB となる。

52   5. フェルマーの原理から学ぶ反射と屈折特性

ここで，平面鏡上で点 C 以外に点 E をとると，一様媒質中では光線は直進するから，△AEB′ において AB′ の長さは，AE と EB′ の長さの和よりも常に短い。よって，点 C は 2 点 A，B′ を最短距離で結ぶ線上にあり，フェルマーの原理（最小光路長の原理）に従い，点 C が平面鏡での反射点となる。

角度の関係を調べるため，点 C での平面鏡に対する法線上に点 F，G をとると，$\angle$ACE $=$ $\angle$B′CD $=$ $\angle$BCD で $\angle$BCF $+$ $\angle$BCG $= \pi$ となる。入射角を $\theta_i = \angle$ACF，反射角を $\theta_r = \angle$BCG で表すと，これらの角度の関係は

$$\theta_r = \pi - \theta_i \tag{5.8}$$

で表せる。式 (5.8) は光の反射法則であり，式 (3.4) と一致する。

〔3〕 **光の屈折法則**　平面 $y = 0$ を境界面として，$y > 0$ での屈折率を n_1，$y < 0$ での屈折率を n_2 とし，各領域で屈折率が一様とする（図 5.3 (c)）。光の屈折法則を調べるため，光線が上側媒質の固定された始点 A$(0, y_1)$ から下側媒質の固定された終点 B(x_2, y_2) まで伝搬するとき，境界面上での屈折点を C$(x, 0)$ で表す（$0 < x < x_2$）。

伝搬速度は屈折率が低い媒質のほうが速いので，低屈折率媒質での幾何学的距離を長くするのが妥当である。

光線は一様媒質中の AC，CB 間のそれぞれでは直進するから，始点 A から終点 B までに至る光路長は次式で表せる。

$$\varphi = n_1 \text{AC} + n_2 \text{BC} \tag{5.9a}$$

$$\text{AC} = \sqrt{x^2 + y_1^2}, \qquad \text{BC} = \sqrt{(x_2 - x)^2 + y_2^2} \tag{5.9b, c}$$

最小光路長の原理に従い，光路長 φ を最小とする屈折点 C の位置を求めるため，式 (5.9a) の光路長 φ を x で微分した結果をゼロとおく。また，入射角を $\theta_i = \angle$ACA′，屈折角を $\theta_t = \angle$BCB′ で表すと，次式が得られる。

$$\frac{d\varphi}{dx} = \frac{n_1 x}{\sqrt{x^2 + y_1^2}} - \frac{n_2(x_2 - x)}{\sqrt{(x - x_2)^2 + y_2^2}} = n_1 \frac{\text{AA}'}{\text{AC}} - n_2 \frac{\text{BB}'}{\text{BC}} = n_1 \sin \theta_i - n_2 \sin \theta_t = 0 \tag{5.10}$$

これより，次式が得られる。

$$n_1 \sin \theta_i = n_2 \sin \theta_t \tag{5.11}$$

式 (5.11) は式 (3.2) と一致しており，これは光の屈折法則に他ならない。つまり，光路長最小の原理からスネルの法則が導けた。

5.2.2　マリュスの定理

光線の向きは波面に垂直な方向と定義されている（1.1 節参照）。光線は屈折率が異なる境界面で屈折や反射をするが（5.2.1 項〔2〕，〔3〕参照），ある一定の大きさをもつ光線束について，屈折や反射後にも，光線と波面の直交関係が成り立つかは自明のことではない。このことを以下で調べる。

5.2 幾何光学の三法則とマリュスの定理

下準備としてラグランジュの積分不変量を紹介する。これは，屈折率 n と波面法線ベクトル s がともに位置ベクトル r の連続関数であるとき

$$\oint_C n(r)s \cdot dl = 0 \tag{5.12}$$

が成り立つことである。ただし，dl は任意の閉曲線 C 上の線素ベクトルである。式 (5.12) の左辺は，光線の伝搬方向の光路長と dl のスカラー積を閉曲線 C に沿って線積分した値がゼロとなることを意味する。

本題に戻る。図 5.4 のように屈折面があり，屈折前の媒質の屈折率を n_1，波面を Σ_1，屈折後の媒質の屈折率を n_2 で表す。波面 Σ_1 上の任意の点 A_1 から出た光線が，屈折面上の点 C で屈折後に点 A_2 に至るとする。光線の定義により，A_1C と波面 Σ_1 は直交している（1.1 節参照）。

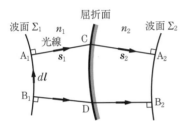

n_1, n_2：屈折面前後の屈折率，Σ_1, Σ_2：屈折前後の波面，
s_i：波面法線ベクトル，dl：波面上の線素ベクトル
A_1CA_2 間と B_1DB_2 間の光路長が等しい。屈折後の光線も波面と直交する（$\Sigma_i \perp s_i$）

図 5.4 マリュスの定理

波面 Σ_1 上の別の点 B_1 から出た光線は，屈折面上の点 D で屈折後に点 B_2 に至るとする。このときフェルマーの原理により，点 A_1 から点 A_2 に至る光路長と，点 B_1 から点 B_2 に至る光路長が等しい（図 6.1（c）参照）。これは

$$\int_{A_1CA_2} n(r)ds = \int_{B_1DB_2} n(r)ds \tag{5.13}$$

で表せる。このとき，点 A_2 と点 B_2 は屈折後の波面 Σ_2 を形成する。

式 (5.12) 左辺の計算を，図の光路に沿った閉曲線で時計回りに行うと

$$\int_{A_1CA_2} n(r)ds + n_2\int_{A_2}^{B_2} s \cdot dl + \int_{B_2DB_1} n(r)ds + n_1\int_{B_1}^{A_1} s \cdot dl = 0 \tag{5.14}$$

で書ける。式 (5.13) の右辺と式 (5.14) 第 3 項の積分の向きが逆だから，式 (5.14) における第 1 項と第 3 項は打ち消し合う。

よって，波面 Σ_1 上と波面 Σ_2 上での積分値，つまり第 2 項と第 4 項の和がゼロとなる。光線の定義により，屈折前の波面 Σ_1 上の線素ベクトル dl と波面法線ベクトル s は，Σ_1 上の位置によらず常に直交しているから，式 (5.14) における第 4 項の積分がゼロとなる。結局，第 2 項のみが残り，次式が導かれる。

$$n_2\int_{A_2}^{B_2} s \cdot dl = 0 \tag{5.15}$$

式 (5.15) は屈折後の波面 Σ_2 上の線素ベクトル dl に含まれる任意の点 A_2, B_2 に対して成り立つから，波面 Σ_2 上で次式が満たされる。

$$s \cdot dl = 0 \tag{5.16}$$

これは屈折後も，波面と光線束が常に直交することを示す。

屈折後も波面と光線束が直交することを**マリュスの定理**（Malus theorem）と呼ぶ。同様なことは反射でも成り立つ。つまり，マリュスの定理は，光線束が屈折や反射を何度繰り返しても，光線束が常に波面と直交することを理論的に保証するものである。この定理があるので，屈折や反射を考える際には，光線と波面の一方を考慮するだけで済む。

5.3 フェルマーの原理と変分原理

フェルマーの原理は，実際に伝搬する光線経路では，伝搬時間や光路長が極値をとることを意味し，このことは変分と密接な関係がある。そこで本節では，極値問題を解く一つの手法である変分法について，その基本的な考え方を独立変数が一つの場合で説明する。

位置や時間などを独立変数 x で表し，x の関数 $f(x)$ を定める。$f(x)$ には長さ，屈折率，エネルギーなどの物理量 F が対応する。変数が $x=a$ から $x=b$ まで変化するとき，x, $f(x)$, $f'(x)$ に依存する物理量 F の定積分

$$I[f(x)] = \int_a^b F[x, f(x), f'(x)] dx \tag{5.17}$$

を，関数の関数として**汎関数**（functional）と呼ぶ。ここで，$'$ は x に対する1次微分を表す。

変分問題では，関数 $f(x)$ の微小変化に対する汎関数の変化量 δI を**変分**（variations）と呼ぶ。汎関数 I が関数 $f(x)$ の微小変化に対して停留値（極値）をとるように（変分が $\delta I = 0$），未知関数 $f(x)$ の停留解を求める解法を**変分法**（variational method）という。

図5.5 に示すように，閉区間 $x = [a, b]$ における停留解 $f(x)$ とは別に，任意のなめらかな関数 $h(x)$ と独立した微小な実数 δ を用いて，停留解の近傍解を

$$f_p(x) = f(x) + \delta h(x) \tag{5.18}$$

で表す。ただし，端点では $f_p(x)$ と $f(x)$ が一致し，$h(a) = h(b) = 0$ とする。

式 (5.18) を式 (5.17) に代入した後，テイラー展開して δ に関する2次の微小量まで考慮すると，汎関数 I の全変分は次式で書ける[15]。

$$\Delta I[f] = \delta P_1 + \frac{\delta^2}{2} P_2 \tag{5.19}$$

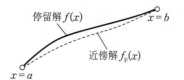

$f_p(x) = f(x) + \delta h(x)$, $h(a) = h(b) = 0$, δ：微小量（実数）

図5.5 変分法における停留解と近傍解

$$P_1 \equiv \int_a^b \left[F_f(x, f, f') h(x) + F_{f'}(x, f, f') \frac{dh}{dx} \right] dx \tag{5.20}$$

$$P_2 \equiv \int_a^b \left[F_{ff} h^2(x) + 2F_{ff'} \frac{dh}{dx} h(x) + F_{f'f'} \left(\frac{dh}{dx} \right)^2 \right] dx \tag{5.21}$$

ただし，F_ξ は偏微分 $F_\xi = \partial F / \partial \xi$，$F_{\xi\eta}$ は 2 次偏微分 $F_{\xi\eta} = \partial^2 F / \partial \eta \partial \xi$ を表す。式 (5.19) の第 1 項を**第 1 変分**，第 2 項を**第 2 変分**と呼ぶ。式 (5.19) で δ を十分小さくすれば，第 2 項は高次の微小量となる。

ここで，汎関数 I の第 1 変分をゼロとする条件を調べる。式 (5.20) を式 (5.19) に適用した後，右辺第 2 項を部分積分すると，次式を得る。

$$\delta I[f] = \lim_{\delta \to 0} \frac{\partial I}{\partial \delta} = [F_{f'}(x, f, f') h(x)]_a^b + \int_a^b \left[F_f(x, f, f') - \frac{d}{dx} F_{f'}(x, f, f') \right] h(x) dx \tag{5.22}$$

端点で $h(a) = h(b) = 0$ としているから，式 (5.22) の右辺第 1 項がゼロとなる。

第 1 変分がゼロとなるとき，式 (5.22) 第 2 項の被積分項で $h(x)$ は任意の関数なので，変分の基本定理により被積分項で $h(x)$ 以外がゼロとなり

$$F_f(x, f, f') - \frac{d}{dx} F_{f'}(x, f, f') = 0 \tag{5.23}$$

が成立する。式 (5.23) は**オイラー方程式**（Euler equation）またはオイラー–ラグランジュ方程式と呼ばれる。これは，汎関数の式 (5.17) を停留値とするための関数 $f(x)$ を求める条件である。

オイラー方程式から得られる微分方程式が厳密に解ける場合は限定され，有限要素法やガラーキン法などを用いて近似的に求められることが多い。

式 (5.19) で第 1 変分がないとき，第 2 変分が意味をもつ。実際，これは球面反射鏡や球面レンズの結像問題を変分で考える場合に重要となる（6 章参照）。

【例題 5.2】　一様媒質の平面上に二つの固定された点 $P(x_1, y_1)$ と $Q(x_2, y_2)$ がある。PQ を結ぶ曲線のうちで長さが最短のものを，オイラー方程式を用いて求めよ。

[解]　2 点を結ぶ曲線の長さは $I = \int_{x_1}^{x_2} \sqrt{1 + y'^2} dx$ で書け，$F(x, y, y') = \sqrt{1 + y'^2}$ とおく。これに対するオイラー方程式は，式 (5.23) を用いて

$$F_y(x, y, y') - \frac{d}{dx} F_{y'}(x, y, y') = 0 - \frac{d}{dx} \left(\frac{y'}{\sqrt{1 + y'^2}} \right) = 0 \quad \cdots \text{①}$$

で書ける。式①より得られる $y' / \sqrt{1 + y'^2} = C$（C：定数）を解いて

$$y' = \frac{dy}{dx} = \pm \frac{C}{\sqrt{1 - C^2}} \equiv a \quad (a：定数) \quad \cdots \text{②}$$

を得る。式②の形式解が

$$y = ax + b \quad (b：定数) \quad \cdots \text{③}$$

で書け，これは直線を表す。形式解③が 2 点 P，Q を通る条件より，定数を $a = (y_2 - y_1) / (x_2 - x_1)$，$b = (x_2 y_1 - x_1 y_2) / (x_2 - x_1)$ で得る。　∎

5.4 フェルマーの原理と光線方程式の関係

本節では,オイラー方程式を利用して,フェルマーの原理と等価な光線方程式が導けることを示す。

屈折率 $n(\boldsymbol{r})$ ($\boldsymbol{r}=(x, y, z)$:位置ベクトル)が空間で変化する媒質中を,光線が固定された始点 A から終点 B まで伝搬するとする。このとき,空間の位置をパラメータ表示するため,時刻 t での光線位置をデカルト座標系で

$$\boldsymbol{r}(t)=(x(t), y(t), z(t)) \tag{5.24}$$

で表す。光線の経路に沿った線素 ds は次式で書ける。

$$ds=\sqrt{(dx)^2+(dy)^2+(dz)^2} \tag{5.25}$$

光線が時刻 t_A に始点 A,時刻 t_B に終点 B にあるとすると,点 A,B 間の光路長 φ が次式で書ける。

$$\varphi=\int_A^B n(x, y, z)ds=\int_{t_A}^{t_B} n(x, y, z)\frac{ds}{dt}dt=\int_{t_A}^{t_B} F(t, \boldsymbol{r}(t), \dot{\boldsymbol{r}}(t))dt \tag{5.26}$$

$$F(t, \boldsymbol{r}(t), \dot{\boldsymbol{r}}(t))=n(x, y, z)\sqrt{\dot{x}^2+\dot{y}^2+\dot{z}^2}, \qquad ds=\sqrt{\dot{x}^2+\dot{y}^2+\dot{z}^2}dt \tag{5.27a, b}$$

ただし,上付きの「・」は時間微分を表す。

式 (5.26) における被積分関数 F をオイラー方程式 (5.23) に適用すると,位置ベクトル $\boldsymbol{r}$ 内の x 成分に関する項が次式で得られる。

$$\frac{\partial n}{\partial x}-\frac{1}{\sqrt{\dot{x}^2+\dot{y}^2+\dot{z}^2}}\frac{d}{dt}\left(n\frac{1}{\sqrt{\dot{x}^2+\dot{y}^2+\dot{z}^2}}\frac{dx}{dt}\right)=0 \tag{5.28}$$

式 (5.28) は式 (5.27b) を用いて,次のように書き直せる。

$$\frac{d}{ds}\left(n\frac{dx}{ds}\right)=\frac{\partial n}{\partial x} \tag{5.29}$$

対称性により,式 (5.29) で x を y,z に置き換えた結果も同様に成り立つ。これらをまとめると,次式で書ける。

$$\frac{d}{ds}\left[n(\boldsymbol{r})\frac{d\boldsymbol{r}}{ds}\right]=\mathrm{grad}[n(\boldsymbol{r})] \tag{5.30}$$

$$\frac{d\boldsymbol{r}}{ds}=\left(\frac{dx}{ds}, \frac{dy}{ds}, \frac{dz}{ds}\right), \qquad \left(\frac{dx}{ds}\right)^2+\left(\frac{dy}{ds}\right)^2+\left(\frac{dz}{ds}\right)^2=1 \tag{5.31a, b}$$

ここで,$d\boldsymbol{r}/ds$ は光線の方向余弦である。

式 (5.30) は**光線方程式** (ray equation) と呼ばれ,屈折率 n が位置に依存する関数のとき,これを用いて光線の伝搬経路を始点から順次求めることができる(演習問題 5.4 参照)。

幾何光学において媒質中における光線の伝搬経路を決定することは重要であり,フェルマーの原理が光線方程式と等価であることが分かった。

光線方程式は次に示す意義をもつ。

（ⅰ） 媒質内の屈折率が空間的に変化している場合でも，光線の伝搬経路を始点から順次求めることができるので実用的である。

（ⅱ） 式 (5.30) の右辺は屈折率の勾配を表すから，$n(r) \neq$ 定数のとき，光線は屈折率の変化の大きいほうへ曲がる。

（ⅲ） 一様媒質中（$n(r)$ が定数）では，光線が直進する。

（ⅳ） 一様媒質中では式 (5.30) の右辺がゼロとなり，屈折率と光線の方向余弦の積が不変量となる。これはレンズを含む光学系における光線の伝搬経路を求める上で有用な性質であり，行列法で利用されている（11.2.1 項参照）。

演 習 問 題

5.1 水（$n = 1.33$）がガラス容器（$n = 1.52$，肉厚 5 mm，内寸 10 cm，断面が正方形）に満たされている。空気中にあるこのガラス容器に波長 633 nm のヘリウム–ネオンレーザ光を側面へ垂直入射させるとき，次の値を求めよ。
　（1） 容器を通過する際の光路長　　（2） 容器通過による位相変化

5.2 屈折率が $n(z) = n_0(1 + 0.05 \sin \xi z)$ で変化する媒質中を，光線が $z = 0$ から $z = 2\pi/\xi$ まで伝搬する場合，光路長を求めよ。ただし，n_0 と ξ は定数とする。

5.3 3 枚の平行平面板からなる層があり，各層の屈折率が上側から順に 1.45，2.0，1.50 である。また，第 1 層の上側が空気層で，第 3 層の下側が水（$n = 1.33$）であるとする。このとき，光線が空気層から入射角 10° で入射するとき，水の層から出射される光線の出射角を求めよ。

5.4 x-z 平面で，屈折率が x のみに依存して $n(x)$ で表せる媒質がある。光線が入射面 $z = 0$ で点 P$(x_0, 0)$ に z 軸と角度 γ_0 をなして入射し，z 軸の正方向に伝搬するとき，任意の点を Q(x, z) で表す。x を独立変数，$z = z(x)$ とすると，光路に沿った線素が $ds = \sqrt{1 + z'^2}dx$，$z' = dz/dx$ で書け，2 点 PQ 間の光路長が次式で表せる。

$$\varphi = \int_{x_{\mathrm{in}}}^{x_2} n(x)ds = \int_{x_{\mathrm{in}}}^{x_2} n(x)\sqrt{1 + z'^2}dx$$

このとき，オイラー方程式を利用して，入射後の光線の経路 z を x の関数として求めよ。

6章 フェルマーの原理から学ぶ非球面・球面光学系による結像特性

本章では，フェルマーの原理およびその変分表現から導くことができる，各種光学系の結像特性を説明する。

6.1節ではフェルマーの原理と結像特性の関係を，6.2節では非球面反射鏡による結像特性を，6.3節では球面反射鏡による結像特性を，6.4節では薄肉レンズによる結像特性を説明する。6.5節では球面レンズの機能を波面変換作用とみなしたときの特性を調べる。

6.1 フェルマーの原理と結像特性の関係

フェルマーの原理によると，屈折率が空間的に変化する媒質も含めて，光は空間の任意の固定された2点間を，伝搬時間や光路長が極値をとるように伝搬する。極値を変分の立場から考えると，複数の光線経路で伝搬時間や光路長が厳密に一致していなくてもよく，実現経路の近傍値に対して2次の微小量の範囲内で一致していればよい（5.3節参照）。このことにより，フェルマーの原理を光学系の結像問題に適用する上で，考え方の幅が広がる。光路長が等しいケースとして次のような状況が考えられる（**図 6.1**）。

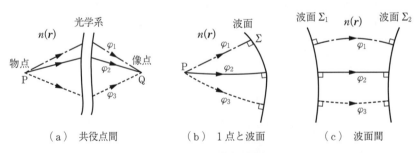

$n(r)$：屈折率，φ_i：光路長，$\varphi_1 = \varphi_2 = \varphi_3$，各曲線は光線経路。図(a)でPとQは共役点

図 6.1 光路長と共役点・波面の関係

図(a)のように，物点Pと像点Qの位置を固定する場合，複数の光線経路の光路長が厳密に等しい場合と上記のフェルマーの原理の変分表現の意味で等しい場合がある。いずれの場合も物点と像点が結像関係を満たし，光学的に共役となる。点Qへの集束光線では点Qに実像が得られる。図(b)のように，点Pから離れた波面Σ上の任意の点までの光路長が等しいとき，点Pからは発散光線が出ているので，波面Σ側からは点Pに虚像を観測できる。

フェルマーの原理に従えば，物点から出てあらゆる方向に伝搬する光線の光学系までの光路

長を φ_{ob}，光学系から像点までの光路長を φ_{im} とすると，次のことがいえる。

（ⅰ）　φ_{ob} と φ_{im} の和が一定値のとき**実像**が得られる。

（ⅱ）　φ_{ob} と φ_{im} の差が一定値のとき**虚像**が得られる。

図（c）のように，入射側の波面 Σ_1 上の点から出る光路長が等しい点を連ねると，出射側で波面 Σ_2 が形成される。この場合，波面上の位置によらず波面に垂直な方向での位相が等しい。

本章の以下では，図（a）が厳密に成り立つ例として，非球面反射鏡の放物面鏡や楕円面鏡による結像を，図（a）が変分表現の意味で成り立つ例として，球面反射鏡や薄肉レンズによる結像を扱う。図（b）が厳密に成り立つ例としては，双曲面鏡がある。図（c）はマリュスの定理で使われる（5.2.2項参照）。

 ## 6.2　非球面反射鏡による結像特性

前節で述べた光路長と実・虚像の関係は，同一屈折率中では，光路長を幾何学的距離に置き換えても差し支えない。幾何学的距離と図形の性質に着目すると，放物面，楕円面，双曲面で無収差の反射鏡が実現できる。

放物面鏡（parabolic mirror）の光軸を含む平面でこの鏡を切断すると，断面が放物線となる。よって，一般性を失うことなく放物線で放物面鏡の振る舞いを知ることができる。**図6.2（a）** に，一様媒質中にある放物線と光軸を示す。無限遠から来た光軸に平行な光線は，光線と波面は常に直交するから，光軸と直交する波面をもつ平面波と等価である。

いま鏡がないとして，本来鏡があるべき場所と準線 l の間にある平面波 Σ を想定する。Σ 上に3点 S_1，S_2，S_3 をとり，各点から光軸に平行線を引き，放物線との交点をそれぞれ A_1，A_2，A_3，準線との交点を B_1，B_2，B_3 とする。

無限遠から準線 l 上の点までの距離はすべて等しい。また，放物線は焦点Fと準線 l からの距離が等しい点の軌跡だから，$A_iB_i = A_iF$（$i = 1\sim3$）が成り立つ。A_iF 上で $A_iS_i = A_iD_i$ を満たす点 D_i を定めると，$D_iF = S_iB_i$ となり，S_iB_i（$i = 1\sim3$）はすべて等しいから，D_iF（$i = 1\sim3$）はすべて等しくなる。つまり，D_i は焦点Fを中心とした球面上にある。このことは，入射平面波が放物面鏡により，焦点Fへ向かう集束球面波に変換されたことを示す。

このときの状況は，図6.1（a）に相当し，図6.2（a）の無限遠にある物体が焦点Fで実像を結ぶ。このことは無限遠と焦点が光学的に共役となることを意味する。光軸に平行でない光線は，放物面鏡で反射後に収差を生じる。

楕円面鏡（ellipsoidal mirror）での振る舞いも，上と同様に，光軸を含む面で切断した楕円で考えることができる。楕円は二つの焦点 F_1 と F_2 からの距離の和 S が一定値となる点の軌跡である（図6.2（b））。これは，楕円を介して2焦点間の光路長が等しいから，2焦点間で結像関係を満たす。

このときも図6.1（a）に相当し，図6.2（b）の一方の焦点 F_1 からあらゆる方向に出て他の

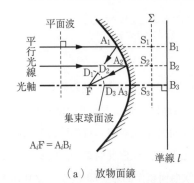

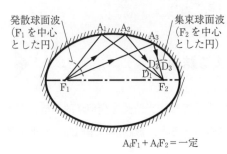

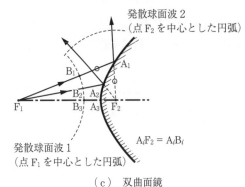

(a) 放物面鏡

(b) 楕円面鏡

(c) 双曲面鏡

F, F_1, F_2：焦点

図6.2 非球面反射鏡での結像と波面の変化

焦点F_2に至る光線は，幾何学的距離つまり光路長が等しい．楕円の第1焦点F_1から出た発散球面波は，楕円で反射後，第2焦点F_2に向かう集束球面波に変換されるから，焦点F_2で実像が得られる．

双曲面鏡（hyperboloidal mirror）も光軸を含む平面で切断すると，断面が双曲線で表される．双曲線は二つの焦点F_1とF_2からの距離の差が一定値となる点の軌跡である（図6.2（c））．

一方の焦点F_1から出た光線の双曲線上の点A_1，A_2，A_3をとる．F_1A_i（$i=1\sim3$）間で$A_iF_2=A_iB_i$を満たす点B_1，B_2，B_3を定める．双曲線は二つの焦点からの距離の差が一定の軌跡だから，F_1B_i（$i=1\sim3$）の長さが等しく，点B_iは第1焦点F_1を中心とする球面上にある．よって，点B_i（$i=1\sim3$）を含む波面は，双曲線で反射後には，第2焦点F_2から出た別の発散球面波2の波面となって伝搬する．この場合は図6.1（b）に相当し，図6.2（c）の点F_2に虚像が形成される．双曲面鏡では，二つの焦点が互いに共役となっている．

上記3種類の非球面反射鏡では，特別な位置どうしが光学的に共役となっている．よってこれらの反射鏡では，共役点どうしの結像では近軸光線以外でも無収差となる．このように収差を完全に除去した反射鏡を**無収差反射鏡**（stigmatic reflecting mirror）という．しかし，共役点から少しでもずれると収差が発生する．放物面鏡はパラボラアンテナとして利用されている．

 ## 6.3 球面反射鏡による結像特性

本節では，フェルマーの原理の変分表現（5.3節参照）に基づく結像として，球面反射鏡による結像特性を求める．

屈折率nの一様媒質中に球面反射鏡（曲率半径R，曲率中心O）があり，球面鏡と光軸との交点をVとおく（**図6.3**）．光軸上の物点Pから出た光波が，球面鏡で反射後に向かう位置を調べる．反射を除いては，光は左から右側に伝搬するものとする．物点と像点の位置は球面鏡

6.3 球面反射鏡による結像特性

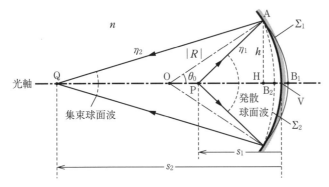

図 6.3 球面反射鏡による像の形成（凹面）

の頂点Vを基準とし，頂点Vより右（左）側を正（負）とし，物点の位置をs_1で表す．曲率半径Rの符号は，曲率中心Oが球面より右（左）側にあるときを正（負）とする．

物点Pからは，ホイヘンスの原理により球面波が発生する．一様媒質中の点Pからの距離が等しい位置では，フェルマーの原理により，位相の等しい発散球面波として伝搬し（図6.1(b)参照），これが球面反射鏡に向かう．球面鏡で反射後には光軸上に像を結ぶことが予測され，その像点Qの位置を頂点Vの前方s_2とする．点Qへ向かうのは，点Qを中心とした集束球面波である[4]．

点Pから出た球面波が，反射鏡到達後も仮に発散球面波Σ_1のままで伝搬し，球面鏡で反射後に点Qへ向かう集束球面波Σ_2になるとする．反射鏡面上で発散・集束球面波の波面（Σ_1とΣ_2）が一致する点をAとし，$\eta_1 = $PA，$\eta_2 = $QAとおく．光軸と点Aを通る球面波$\Sigma_1$，$\Sigma_2$との交点を，それぞれ$B_1$，$B_2$とおく．点Aから光軸に下ろした垂線の足をHとし，$h = $AHとおく．

実像が形成されるためには，フェルマーの原理により，点Pから反射鏡を介して点Qまでに至る光線の光路長の和が等しくなければならない．その代表として，光軸上を伝搬する光線の光路長φ_1と，点Aを通る光線の光路長φ_2を取り上げると，これらは形式的に次式で書ける．

$$\varphi_1 = n\mathrm{PV} + n\mathrm{QV} \tag{6.1a}$$

$$\varphi_2 = n\mathrm{PA} + n\mathrm{QA} = n(\mathrm{PV} + \mathrm{VB}_1) + n(\mathrm{QV} - \mathrm{VB}_2)$$
$$= \varphi_1 + n(\mathrm{VB}_1 - \mathrm{VB}_2) \tag{6.1b}$$

式(6.1b)は，$\varphi_1 = \varphi_2$を満たすには，反射鏡がないと仮定したときの入射・反射波面と頂点Vとの距離が，光軸上で等しくなるべきことを意味する．

以下ではVB_1，VB_2の具体的表現を求める．△PAH，△QAH，△OAHはすべて直角三角形であり，辺AHを共有する．物点が反射鏡に極端に近くない限り，VH，VB_1，VB_2のいずれも$|s_1|$，$|s_2|$，$|R|$に比べて十分小さいとみなせる．よって，三つの直角三角形より次の近似式を得る．

$$h^2 = \eta_1^2 - (-s_1 - \mathrm{VH})^2 = (-s_1 + \mathrm{VB}_1)^2 - (-s_1 - \mathrm{VH})^2$$
$$= \mathrm{B}_1\mathrm{H}(-2s_1 - \mathrm{VH} + \mathrm{VB}_1) \fallingdotseq -2s_1 \mathrm{B}_1\mathrm{H} \tag{6.2a}$$

$$h^2 = \eta_2^2 - (-s_2 - \text{VH})^2 = (-s_2 - \text{VB}_2)^2 - (-s_2 - \text{VH})^2$$
$$= B_2H(-2s_2 - \text{VH} - \text{VB}_2) \fallingdotseq -2s_2 B_2 H \tag{6.2b}$$
$$h^2 = (-R)^2 - (-R - \text{VH})^2 = \text{VH}(-2R - \text{VH}) \fallingdotseq -2R\text{VH} \tag{6.2c}$$

上式を導くにあたり，$\eta_1 = -s_1 + \text{VB}_1$，$\text{VB}_1 + \text{VH} = B_1H$，$\eta_2 = -s_2 - \text{VB}_2$，$\text{VH} - \text{VB}_2 = B_2H$ を用いた．

式 (6.1b) の右辺第 2 項にある値は，式 (6.2) での結果を代入して

$$\text{VB}_1 = B_1H - \text{VH} = \frac{h^2}{2}\left(-\frac{1}{s_1} + \frac{1}{R}\right) \tag{6.3a}$$

$$\text{VB}_2 = \text{VH} - B_2H = \frac{h^2}{2}\left(-\frac{1}{R} + \frac{1}{s_2}\right) \tag{6.3b}$$

で書ける．式 (6.3) を式 (6.1b) に代入して，次式を得る．

$$\varphi_2 = \varphi_1 + n\frac{h^2}{2}\left(-\frac{1}{s_1} - \frac{1}{s_2} + \frac{2}{R}\right) \tag{6.4}$$

異なる経路の光路長が 2 次の微小量の範囲内で等しくなる条件 $\varphi_1 = \varphi_2$ を式 (6.4) に適用して

$$-\frac{1}{s_1} - \frac{1}{s_2} = \frac{1}{f}, \qquad f = -\frac{R}{2} \tag{6.5a, b}$$

を得る．上式での f は球面反射鏡の焦点距離であり，球面の曲率半径の半分の値で得られる．式 (6.5a) は**球面反射鏡による結像式**であり，ホイヘンスの原理を用いて求めた式 (4.14) と同じである．球面反射鏡での横倍率はすでに示した式 (4.15) で求められる．

虚像が形成される場合，図 6.3 で像点 Q は球面鏡内にでき，点 B_2 が点 H より左にくる．この場合，物点 P から球面までの光路長と，球面から点 Q までの光路長の差が等しくなる（6.1 節参照）．光軸上を伝搬する光線の光路長を φ'_1，点 A を通る光線の光路長を φ'_2 とすると，式 (6.1b) は形式的に同じとなる．式 (6.2b) で s_2 の符号が反転し，また $\text{VB}_2 = \text{VH} + B_2H$ となるから，式 (6.3b) の右辺は形式的に同じとなる．よって，虚像ができる場合も式 (6.5) が成立する．

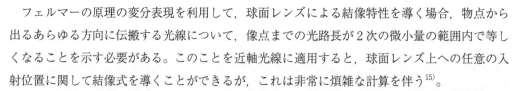

6.4 薄肉レンズによる結像特性

フェルマーの原理の変分表現を利用して，球面レンズによる結像特性を導く場合，物点から出るあらゆる方向に伝搬する光線について，像点までの光路長が 2 次の微小量の範囲内で等しくなることを示す必要がある．このことを近軸光線に適用すると，球面レンズ上への任意の入射位置に関して結像式を導くことができるが，これは非常に煩雑な計算を伴う[15]．

ここでは本質を失わない範囲内で，数式変形を少なくして，かつ考え方が分かりやすくなるように，議論を簡略化する．そのため，①屈折面の曲率半径など球面レンズに関する情報を残しつつ薄肉レンズに限定し，②レンズの大きさを小さくして，レンズ端と物点を結ぶ光線と光軸がなす角度を微小とする．

図 6.4 で，薄肉レンズ（屈折率 n_L）を第 1・第 2 屈折面に分け，それぞれの曲率半径を R_1，R_2 として，R_1（R_2）の曲率中心を点 O_1（O_2）とおく．レンズ前方（後方）の屈折率を n_1（n_2）

6.4 薄肉レンズによる結像特性　63

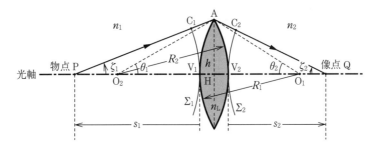

R_1, R_2：第1・第2屈折面の曲率半径，O_1, O_2：球面の曲率中心，V_1, V_2：レンズ頂点，n_L：レンズの屈折率，$n_1 \cdot n_2$：レンズより左・右側の媒質の屈折率，$h = AH$，各角度は微小値，Σ_1, Σ_2：点P，Qを中心としV_1, V_2を通る波面，レンズ厚は無視するが分かりやすさのため厚く示している

図6.4 フェルマーの原理を用いた薄肉レンズでの像形成

とする．第1・第2屈折面と光軸との交点をV_1, V_2とする．レンズの端点Aから光軸へ下ろした垂線の足をHとおく．

頂点V_1より前方s_1にある物点Pから出た光は，ホイヘンスの原理により球面波として伝搬する．波面と光線は直交しており，物点からはあらゆる方向に伝搬する光線が発生し，実像の場合，レンズ透過後に頂点V_2より後方s_2にある像点Qに至るとする．

物点Pから像点Qに至る多数の光線のうちで，光軸上の点Hを通る直進光線の光路長φ_1と，レンズの端点Aを通る光線の光路長φ_2は形式的に次式で書ける．

$$\varphi_1 = n_1 PV_1 + n_L(V_1H + V_2H) + n_2 QV_2 \tag{6.6a}$$
$$\varphi_2 = n_1 PA + n_2 QA \tag{6.6b}$$

光線PA（QA）と光軸のなす角度をζ_1（ζ_2），O_1A（O_2A）と光軸のなす角度をθ_2（θ_1）とおくと，$h = AH$は直角三角形の関係より次式で表せる．

$$h = (-s_1)\tan\zeta_1 = s_2\tan\zeta_2 = R_1\sin\theta_2 = R_2\sin\theta_1 \tag{6.7}$$

近軸光線だから$h \ll |R_1|$, $|R_2|$として，各角度は微小として扱える．以下のいずれの場合も，hに関する2次の微小量まで考慮して求める．

まず，V_1Hは式(6.7)を利用して次の近似式で書ける．

$$V_1H = V_1O_1 - HO_1 = R_1 - R_1\cos\theta_2 = 2R_1\sin^2\left(\frac{\theta_2}{2}\right) \fallingdotseq 2R_1\left(\frac{h}{2R_1}\right)^2 = \frac{h^2}{2R_1} \tag{6.8a}$$

V_2Hは，V_1Hの結果でR_1を$-R_2$に置き換えて，次式で得られる．

$$V_2H = -\frac{h^2}{2R_2} \tag{6.8b}$$

他の線分について，式(6.8a, b)を利用して

$$PA = \sqrt{(PV_1 + V_1H)^2 + h^2} \fallingdotseq -\left[s_1 + \frac{h^2}{2}\left(\frac{1}{s_1} - \frac{1}{R_1}\right)\right] \tag{6.9a}$$

を得る．PAの結果で$-s_1$をs_2，R_1を$-R_2$に置き換えて，次式を得る．

$$QA = \sqrt{(QV_2 + V_2H)^2 + h^2} \fallingdotseq s_2 + \frac{h^2}{2}\left(\frac{1}{s_2} - \frac{1}{R_2}\right) \tag{6.9b}$$

64　　6.　フェルマーの原理から学ぶ非球面・球面光学系による結像特性

以上で求めた各値を光路長の式 (6.6) に代入し，これらを h^2 の範囲まで求めて整理すると，次のように書ける。

$$\varphi_1 = -n_1 s_1 + n_2 s_2 + \frac{h^2}{2}\, n_{\mathrm{L}}\left(\frac{1}{R_1} - \frac{1}{R_2}\right) \tag{6.10a}$$

$$\varphi_2 = -n_1 s_1 + n_2 s_2 + \frac{h^2}{2}\left(-\frac{n_1}{s_1} + \frac{n_2}{s_2} + \frac{n_1}{R_1} - \frac{n_2}{R_2}\right) \tag{6.10b}$$

式 (6.10a, b) における第 1 項と第 2 項の和は，光軸上における物体から像までのレンズ部分を除いた光路長を表す。式 (6.10a) 第 3 項はレンズの曲率による光路長の変化分を，式 (6.10b) 第 3 項はレンズ端を通過する光線の伝搬による光路長の変化分を表す。

フェルマーの原理の変分表現では，光路長差 $\varphi_2 - \varphi_1$ が 2 次の微小量の範囲内でゼロとなる経路が実現光路となる。よって，式 (6.10) より次式を得る。

$$\varphi_2 - \varphi_1 = \frac{h^2}{2}\left[-\frac{n_1}{s_1} + \frac{n_2}{s_2} + \frac{n_1}{R_1} - \frac{n_2}{R_2} - n_{\mathrm{L}}\left(\frac{1}{R_1} - \frac{1}{R_2}\right)\right] = 0 \tag{6.11}$$

式 (6.11) を整理し，式 (4.25) の導出と同様に考えて，次式が導ける。

$$-\frac{n_1}{s_1} + \frac{n_2}{s_2} = \frac{n_2}{f'} = -\frac{n_1}{f} \tag{6.12}$$

$$\frac{n_2}{f'} = -\frac{n_1}{f} = \frac{n_{\mathrm{L}} - n_1}{R_1} + \frac{n_2 - n_{\mathrm{L}}}{R_2} \tag{6.13}$$

上式で，$f\ (f')$ は前側（後側）焦点距離である（図 4.5 参照）。式 (6.12) は**薄肉レンズによる結像式**であり，式 (4.25) と一致している。この結果は，上記 2 光線の光路長が 2 次の微小量の範囲内で一致するには，レンズ面が湾曲し，かつレンズとその両側の屈折率が異なっている必要があることを示している。

したがって，フェルマーの原理に関する変分表現とホイヘンス–フレネルの原理のいずれからでも，薄肉レンズによる結像式に対して同一の表現式を導けた。本節の手法では，単一球面による結像特性を介することなく結像式が導ける。横倍率は式 (4.27)，角倍率は式 (4.28) で求めることができる。

式 (6.12) は波面の立場からも導くことができる。図 6.4 で物点 P を中心としてレンズ頂点 V_1 を通る球面 Σ_1 と，像点 Q を中心としてレンズ頂点 V_2 を通る球面 Σ_2 を考え，PA と Σ_1 の交点を C_1，QA と Σ_2 の交点を C_2 とする。

このとき，光軸上を直進する光線の光路長 φ_1 は式 (6.6a) をそのまま使う。レンズ端点 A を通る光線の光路長 φ_2 の式 (6.6b) は，次のように書き換えられる。

$$\varphi_2 = n_1(\mathrm{PC_1} + \mathrm{C_1A}) + n_2(\mathrm{AC_2} + \mathrm{QC_2}) = n_1(\mathrm{PV_1} + \mathrm{C_1A}) + n_2(\mathrm{AC_2} + \mathrm{QV_2})$$
$$= \varphi_1 - n_{\mathrm{L}}(\mathrm{V_1H} + \mathrm{V_2H}) + n_1 \mathrm{C_1A} + n_2 \mathrm{AC_2} \tag{6.14}$$

ここで，結像条件より $\varphi_1 = \varphi_2$ とすると，次式が導ける。

$$n_{\mathrm{L}}(\mathrm{V_1H} + \mathrm{V_2H}) = n_1 \mathrm{C_1A} + n_2 \mathrm{AC_2} \tag{6.15}$$

式 (6.15) の左辺は式 (6.10a) の第 3 項，右辺は式 (6.10b) の第 3 項に対応する。これは，光

軸上における V_1V_2 間つまりレンズ厚による光路長と，C_1A+AC_2 間つまりレンズを通過しない部分の光路長が等しくなるべきことを示す．

光線と波面のいずれで考えても，同じ式 (6.11) が導けるということは，レンズで屈折後も光線と波面が直交していることを意味する．これはマリュスの定理が成り立つことの一例である．

図 6.4 で物点 P からレンズの第 1 屈折面までは発散球面波であり，第 2 屈折面から像点 Q までは集束球面波である．これは，凸レンズが物点 P から出た発散球面波を，像点 Q へ向かう集束球面波に変換していることを示している．

 ## 6.5 球面レンズの波面変換作用

前節の最後の議論により，球面凸レンズは，物点から出る発散球面波を，レンズ透過後，像点への集束球面波に変える波面変換作用をもつ．本節では，この波面変換作用を複素振幅透過率の位相因子の形で記述する方法を述べる．

光軸と平行に伝搬する光線が凸レンズ（焦点距離 $f'>0$）に入射すると，レンズ透過後，後側焦点 F_2 を通過する（**図 6.5**（a））．これを波面の立場からみると，凸レンズは光軸に沿って伝搬する平面波を，後側焦点 F_2 に集束する球面波に変換する素子と解釈できる．平面波の複素振幅を式 (1.5) で考えると，レンズに入射する直前の平面波の複素振幅は，レンズの後側焦点 F_2 を基準にして，$u_{\mathrm{in}} = \exp(ikf')$ で記述できる．ただし，$k=2\pi/\lambda$ は光波の波数，λ は波長を表す．

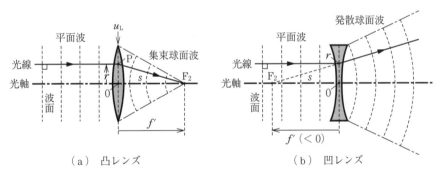

u_L：レンズの複素振幅透過率，$s^2 = f'^2 + r^2$，f'：焦点距離，
r：レンズ上の光軸からの距離，F_2：後側焦点
図 6.5 球面レンズの波面変換作用

レンズ面の座標を，光軸を原点として (ξ, η) で表す．レンズ中心から距離 r にあるレンズ面上の点 P と後側焦点 F_2 との距離を s で表すと，$s^2 = f'^2 + r^2$，$r^2 = \xi^2 + \eta^2$ の 2 式を得る．近軸光線を想定して $r \ll f'$ とすると，s が

$$s = \sqrt{f'^2 + r^2} = f'\left[1+\left(\frac{r}{f'}\right)^2\right]^{1/2} \simeq f' + \frac{r^2}{2f'} \tag{6.16}$$

で近似できる．これより，レンズ透過直後の複素振幅が $u_{\text{out}} = \exp(iks)$ で表せる．

凸レンズの結像作用を位相因子 u_L で表すと，$u_{\text{in}} u_L = u_{\text{out}}$ と書ける．したがって，球面レンズの波面変換作用が複素振幅透過率の形で

$$u_L = \frac{u_{\text{out}}}{u_{\text{in}}} = \exp\left(ik\frac{r^2}{2f'}\right) = \exp\left(i\frac{\pi}{\lambda f'}r^2\right) \tag{6.17}$$

で書ける．式 (6.17) は，結像作用を複素振幅透過率の形で表す場合，位相項にレンズ中心からの距離 r の 2 乗に比例する項が含まれることを表す．これは，複素振幅透過率の位相項に r^2 に比例する因子を含むものは，球面レンズ以外の光学素子でも結像作用をもつことを意味する．

式 (6.17) は，凹レンズ（焦点距離 $f'<0$，光軸に沿って進んできた平面波を，後側（像側）焦点 F_2 から出る発散球面波に変換する作用をもつ）でも形式的に成り立ち，そのときは焦点距離の符号を反転させる（図（b））．

レンズの結像作用を複素振幅透過率に置換するという考え方は，ホログラフィや後述するフレネルの輪帯板の解釈で重要となる．

演 習 問 題

6.1 屈折率 n の一様媒質中に凹面反射鏡（曲率半径 R，曲率中心 O）があり，反射鏡と光軸との交点を V とする（図 6.6）．無限遠から光軸と平行に伝搬する光線が，反射鏡の点 A で反射後に光軸と交わる点を Q とし，$s = \text{VQ}$ とおく．点 A から光軸に垂線を下ろし，その足を H，$h = \text{AH}$ とする．光軸上を無限遠から来た光線が点 V で反射後，点 Q までに至る光路長を φ_1 とする．また，無限遠から光軸に平行に伝搬する光線が，点 A で反射後に点 Q までに至る光路長を φ_2 とする．曲率半径 R の符号は本文と同様に定めるものとし，$|R|$ は h に比べて十分大きいとする．このとき，次の各問に答えよ．

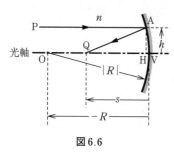

図 6.6

（1） 線分 VH の長さが $-h^2/2R$ で近似できることを示せ．
（2） 光路長差 $\varphi_2 - \varphi_1$ を s, R, h, n の関数として求めよ．
（3） 焦点距離 f を求めよ．

6.2 曲率半径 $R_1 = 50$, $R_2 = -50$, 屈折率 $n_L = 1.5$ のレンズがある．これを空気中と水中で使用する場合について焦点距離を求めよ．ただし，水の屈折率を 1.33 とせよ．

6.3 薄肉両凸レンズを水面と空気層の間に設置する．レンズの屈折率を 1.5，水中側の曲率半径を R_1，空気側の曲率半径を R_2 とする．このとき，次の問に答えよ．ただし，水の屈折率を 1.33 とせよ．また，横倍率には式 (4.27) を利用せよ．

（1） R_1 と R_2 を用いて，レンズの後側焦点距離 f' を表せ．
（2） 水中側の曲率半径が 80 cm，空気側の曲率半径が 60 cm のとき，後側焦点距離と前側焦点距離を求めよ．
（3） 水底にある円板をこのレンズで観測したところ，地上 626 cm で半径 55.5 cm の円板像が得られた．円板の深さと半径を求めよ．また，角倍率を求めよ．

7章 重ね合わせの原理から学ぶ光学現象の基礎

複数の波動が空間の同じ位置に存在する場合，それらを合成した振幅が個々の振幅の和，つまり重ね合わせで求めることができる，という考え方を重ね合わせの原理と呼ぶ。この原理は，光を波動的立場で扱う現象である，干渉や回折，偏光などを説明するのに有用である。本章では重ね合わせの原理の意義および数学的手段を明確にして，基本的な光学現象についてのみ言及する。

7.1 節では波動方程式の線形性と重ね合わせの原理の関係を述べた後，光波の基本的な性質を説明する。7.2 節では重ね合わせを幾何学的に理解するため，複素数やベクトル，フェーザ表示，フーリエ変換を用いる方法を説明する。重ね合わせの原理の適用例として，7.3 節では多色光を用いて群速度を，7.4 節では反射による定在波を説明する。重ね合わせの原理の干渉，回折，偏光への適用は，後続する 8〜10 章で述べる。

7.1 重ね合わせの原理と波動方程式の線形性との関連

本節では，波動方程式そのものがもつ線形性が重ね合わせの原理の源になっていることを示す。

光波における電界 $\boldsymbol{E}$ や磁界 $\boldsymbol{H}$ の振る舞いは，マクスウェル方程式から導かれる波動方程式を解いて調べることができる。媒質が等方性で電流も電荷も存在せず，屈折率 n が波長程度の距離で緩やかに変化するとき，波動方程式は

$$\nabla^2 \boldsymbol{\Psi}(\boldsymbol{r},t) - \frac{n^2}{c^2}\frac{\partial^2 \boldsymbol{\Psi}(\boldsymbol{r},t)}{\partial t^2} = 0 \qquad (\boldsymbol{\Psi}(\boldsymbol{r},t) = \boldsymbol{E} \text{ または } \boldsymbol{H}) \tag{7.1}$$

で表せる（式 (13.11) 参照）。ただし，$\boldsymbol{r}$ は位置ベクトル，c は真空中の光速を表す。

式 (7.1) を題材に応じた適切な座標系を用いることにより，電磁界の一般解を求めることができる。さらに，初期条件や境界条件を課すことにより光波の様々な特性を表せる。

光波表現の例として，z 軸方向に伝搬する光波は，複素関数表示では

$$\psi_f = \exp[i(\omega t - kz)], \qquad \psi_b = \exp[i(\omega t + kz)] \tag{7.2a, b}$$

で，三角関数表示では

$$\psi_c = \cos(\omega t \mp kz), \qquad \psi_s = \sin(\omega t \mp kz) \tag{7.3a, b}$$

で表せる（付録 C 参照）。ここで，ω は角周波数，k は光の波数である。

波動方程式やそれから導かれる電磁界に関して，次の性質がある。

（ⅰ）上記のように，波動方程式は独立した複数の解をもち，線形性のため，解の 1 次結合（定数倍した値の和と差）もまた元の微分方程式を満たす。

(ii) 前項の（i）は，波動方程式から導かれた解は，重ね合わせることができることを示している。つまり，これは光波について**重ね合わせの原理**（principle of superposition）が成り立つことを示す。重ね合わせの原理は，媒質のある位置に複数の光波が存在する場合，他の光波の影響を受けることなく，それぞれが独立して存在することを意味する。

(iii) 上記の重ね合わせの原理は，元をたどればマクスウェル方程式が電界 E と磁界 H に関して線形であることに由来している。

7.2　重ね合わせと関係する数学的手法

光学で重ね合わせの原理を具体的な問題に適用する場合，重ね合わせは一般的には三角関数に対する直接的な加算で行われる。上述のように，重ね合わせでは各光波が独立して扱えることに着目すれば，複素数やベクトルでの加・減算を利用でき，干渉，回折，偏光などへの応用に際して，物理的あるいは幾何学的意味が明確になる場合がある。重ね合わせを，連続量に対して適用すればフーリエ変換が利用でき，成分の組み合わせと考えれば行列が利用できる。

本節では，このような目的に合致する数学的手法を説明し，実例を以降の適切な箇所で示す。

7.2.1　複素数とベクトル表示での演算

光波の電磁界は式 (7.2) の複素関数または式 (7.3) の三角関数で表示される。議論を分かりやすくするため，z 方向に伝搬する光波に絞って説明する。この光波に対する複素関数表示を

$$\psi = A\exp(i\phi) = \psi_R + i\psi_I, \qquad \phi \equiv \omega t - kz \tag{7.4a, b}$$

$$\psi_R = A\cos\phi, \qquad\qquad \psi_I = A\sin\phi \tag{7.5a, b}$$

で示す。ここで，A は振幅，ϕ は位相，ψ_R は ψ の実部，ψ_I は虚部である。数学用語では，A は絶対値，ϕ は偏角という。式 (7.4) に対する共役複素数は次式で表される。

$$\psi^* = A\exp(-i\phi) = A(\cos\phi - i\sin\phi) \tag{7.6}$$

図 7.1（a）の複素平面 (x, y) で原点を O とし，式 (7.4) での ψ の位置を点 P で表す。このとき，絶対値 $|\psi|$ は線分 OP の長さ，偏角 ϕ は線分 OP が x 軸となす角度，実部 ψ_R は線分 OP の x 軸への射影，虚部 ψ_I は線分 OP の y 軸への射影を表す。共役複素数 ψ^* は元の複素数 ψ を x 軸に関して反転させた位置 P' になる。複素数表示ではその実部が物理的に意味をもつ。

図 (b) のように，複素数 ψ に対応するベクトルを $\overrightarrow{OP}$ で表すと次式で書ける。

$$\overrightarrow{OP} = (A\cos\phi, A\sin\phi) \tag{7.7}$$

ベクトルは有向線分，つまり大きさを一定にして平行移動しても同じ値となる。$\overrightarrow{OP}$ と $\overrightarrow{OP_2}$ の和は，$\overrightarrow{OP}$ と $\overrightarrow{OP_2}$ を 2 辺とした平行四辺形の他の点を A として，ベクトル $\overrightarrow{OA}$ で得られる。また，$\overrightarrow{OP}$ の先端 P に $\overrightarrow{OP_2}$ を平行移動させた $\overrightarrow{PA}$ を接続し，原点 O と点 A を結んでも $\overrightarrow{OA}$ が求められる。後者のほうが三つ以上の和に拡張する上では便利である。

式 (1.13a) や式 (7.3) の三角関数での表現は，式 (7.4) の実部または虚部を表したものに相

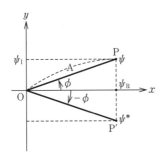
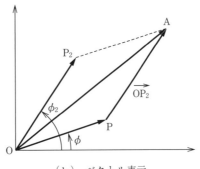

（a） 複素数表示　　　　　　　（b） ベクトル表示

$\psi = A\exp(i\phi) = A(\cos\phi + i\sin\phi)$，$\psi^*$：共役複素数，$A = |\psi| = |\overrightarrow{OP}|$：振幅または絶対値，
ϕ：位相または偏角，$\overrightarrow{OA} = \overrightarrow{OP} + \overrightarrow{OP_2}$

図7.1 光波の複素数表示とベクトル表示

当し，三角関数での表現と複素関数あるいはベクトルでの表現が1：1に対応する．光波に関する理論計算では式 (7.4) の複素関数表示を使用することが多い．

7.2.2 フェーザ表示による扱い

本項では，電気回路における交流理論で使用されているフェーザ法（phasor method）を説明する．**フェーザ**（phasor）とは，複素数を複素平面で対応するベクトルに置き換えて扱う方法である．電気回路におけるフェーザでは，周波数成分を除外して実効値と位相で扱う．しかし，光学では周波数成分も含め，実効値ではなく振幅と位相を対象とする．

重ね合わせの原理を用いて干渉や回折を解析する場合，合成波の特性が

$$\psi = \sum_{m=1}^{N} A_m \exp[i(m-1)\Theta] \tag{7.8}$$

の形式で表されることがある．ここで，A_m は一般には m に依存する振幅，Θ は m に依存しない定数である．A_m が m に依存しない定数 A の場合，上式は

$$\psi = A\sum_{m=1}^{N} \exp[i(m-1)\Theta] \tag{7.9}$$

と書け，これは初項 A，公比 $\exp(i\Theta)$，項数 N の等比数列の和となる．

以下では，式 (7.9) をフェーザで扱い，その幾何学的意味を説明する．このとき，式 (7.9) における複素数は，個別波の絶対値が A で，位相が一定値 Θ ずつ増加している．**図7.2**の複素平面で，式 (7.9) の初項を原点 O から実軸上で長さ A の端点 P_1 にとる．以降，端点 P_{m-1} の先に式 (7.9) の第 m 項に対応するベクトルを付加して端点を P_m として，順にベクトルを端点 P_m（$m=1\sim N$）で接続する．

このとき，式 (7.9) に対応する上記ベクトルの和は次式で書ける．

$$\overrightarrow{OP_N} = \overrightarrow{OP_1} + \overrightarrow{P_1P_2} + \cdots + \overrightarrow{P_{m-1}P_m} + \cdots + \overrightarrow{P_{N-1}P_N} \tag{7.10}$$

個々のベクトルの大きさが一定のとき，原点 O と点 P_m（$m=1\sim N$）は，点 O' を中心とした円弧上に分布する．ベクトル $\overrightarrow{OP_N}$ の絶対値は，原点 O と最終端点 P_N を直接結んだ線分 OP_N の長さで得られる．円弧の半径を r で表すと，合成波の絶対値は，$\triangle O'OP_N$ が二等辺三角形であ

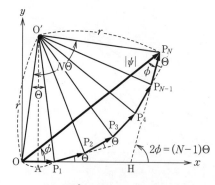

図 7.2 フェーザ表示による等比数列の和の計算

$|\psi| = \overrightarrow{OP_N}$：合成波の絶対値，
$\phi = \angle P_N OP_1$：合成波の位相，
Θ：一定値の個別位相，N：項数

ることを利用して形式的に次式で書ける[7,18]。

$$|\psi| = 2r\sin\frac{N\Theta}{2} \tag{7.11}$$

円の半径 r を求めるため $\triangle O'OP_1$ に着目すると，半径は個別振幅 A と個別位相 Θ に依存して

$$r = \frac{A/2}{\sin(\Theta/2)} \tag{7.12}$$

で求められる。円の半径が式 (7.12) で与えられるとき，合成波の絶対値が次式で求められる。

$$\begin{aligned}|\psi| &= A\frac{\sin(N\Theta/2)}{\sin(\Theta/2)} \\ &= AN\frac{\sin(N\Theta/2)}{N\Theta/2}\frac{\Theta/2}{\sin(\Theta/2)} \\ &= AN\frac{\mathrm{sinc}(N\Theta/2\pi)}{\mathrm{sinc}(\Theta/2\pi)}\end{aligned} \tag{7.13}$$

$$\mathrm{sinc}\,x \equiv \frac{\sin\pi x}{\pi x} \tag{7.14}$$

式 (7.14) で定義した sinc x は **sinc 関数**（sinc function）と呼ばれる。sinc 関数は $x=0$ で最大値 1 をとり，$|x|$ の増加とともに減衰振動する関数であり，ゼロ点は $|x|=m$（m：0 以外の整数）で得られる。sinc 関数は干渉や回折でよく出てくるものであり，その具体例を後の図 9.5 で示す。

式 (7.9) に対応するベクトル全体の位相 ϕ は，図 7.2 において $\phi = \angle P_N OP_1$ で得られる。$P_N P_{N-1}$ の延長線と x 軸との交点を H とする。$\triangle HOP_N$ は二等辺三角形だから，$P_N H$ と x 軸のなす角度は 2ϕ に等しい。また，$P_1, P_2, \cdots, P_N$ が角度 Θ ずつ増加しているから，$P_N H$ と x 軸のなす角度は $(N-1)\Theta$ でも表せる。よって，式 (7.9) での合成波の位相 ϕ が次式で求められる。

$$\phi = \frac{(N-1)\Theta}{2} \tag{7.15}$$

以上をまとめると，等比数列をなす式 (7.9) において，合成波の絶対値が式 (7.13) で，位相が式 (7.15) で表されるから，合成波の複素振幅が次式で表せる。

$$\psi = AN\frac{\mathrm{sinc}(N\Theta/2\pi)}{\mathrm{sinc}(\Theta/2\pi)}\exp\left(i\frac{N-1}{2}\Theta\right) \tag{7.16}$$

重ね合わせの原理を光波の特性解析に利用する場合の利点は次の通りである。

（ⅰ）単純な場合はスカラー量で考え，複素数の演算で求めることができる。

（ⅱ）光波の特性を知る上で位相はとりわけ重要であり，複素数やベクトル，フェーザも取り入れると，多様な特性を物理的あるいは幾何学的に捉えることができる。その結果，色々な条件を複雑な計算をすることなく，物理的な考察と簡単な計算で示せることがある。

フェーザを用いた上記（ⅱ）の具体例を 8, 9 章のいくつかの題材で示す。また，振幅 A_m が

m に依存する式 (7.8) の例を 8.5, 8.6 節と 9.4.2 項で示す。

7.2.3 フーリエ級数・変換

光波が多くの周波数成分を含むスカラー量の場合，これらを重ね合わせるには，離散値であればフーリエ級数，連続量であればフーリエ変換を使える。

フーリエ変換の考え方によると，時間領域の関数 $f(t)$ は，周波数 ν に関する多くのフーリエ成分 $\tilde{f}(\nu)$ の重ね合わせで表すことができ，また逆の変換もできる。これらは

$$\mathcal{F}[f(t)] = \tilde{f}(\nu) \equiv \int_{-\infty}^{\infty} f(t)\exp(-i2\pi\nu t)dt \tag{7.17}$$

$$\mathcal{F}^{-1}[\tilde{f}(\nu)] = f(t) \equiv \int_{-\infty}^{\infty} \tilde{f}(\nu)\exp(i2\pi\nu t)d\nu \tag{7.18}$$

で関係づけられる。上式で $\mathcal{F}$ ($\mathcal{F}^{-1}$) はフーリエ変換（逆変換）を施すことを表し，$\tilde{f}(\nu)$ を関数 $f(t)$ のフーリエ変換と呼ぶ。記号の上の〜はフーリエ変換を表すものとする。

 ## 7.3　群速度と位相速度

式 (1.2) で示した光速は，光波が単一の周波数からなる単色光に対するものであり，この伝搬速度は位相速度と呼ばれる。現実の光波は多くの周波数成分からなり，これを**多色光**という。屈折率は一般に角周波数に依存し，このことを**分散**という。多色光が分散のある媒質中を伝搬すると，その伝搬速度は一般には位相速度と異なる。

本節では，分散を考慮に入れて，多色光での伝搬速度を重ね合わせの原理に属するフーリエ変換で扱う。最後に，位相速度と群速度の関係式を示す。

7.3.1　多色光に対する時空間波形：フーリエ変換の利用

光波が十分多くの周波数成分を含み，角周波数成分が連続的に分布しているとする。これは多くの周波数成分の重ね合わせと考え，フーリエ変換を用いて求めることができる。このとき，媒質中の光の波数 k は一般に角周波数 ω に依存する，いい換えれば，屈折率 n が角周波数 ω に依存することを考慮に入れることが重要である。以下で時空間波形の一般式を説明する。

多くの周波数成分の重ね合わせを，中心角周波数 ω_0，角周波数分布を $A(\omega-\omega_0)$ で表す。光波が z 軸方向に伝搬するとき，媒質中での電界は

$$\Psi(z,t) = \int_{-\infty}^{\infty} A(\omega-\omega_0)\exp[i(\omega t - kz)]d\omega \tag{7.19}$$

のように，重ね合わせを積分で表せる。媒質中の光の波数 k は角周波数に依存するから，これを中心角周波数 ω_0 の回りでテイラー展開して次式で書ける。

$$k = k(\omega_0) + \frac{dk}{d\omega}\bigg|_{\omega_0}(\omega-\omega_0) + \frac{1}{2}\frac{d^2k}{d\omega^2}\bigg|_{\omega_0}(\omega-\omega_0)^2 + \cdots \tag{7.20}$$

大抵の場合，角周波数幅 $\delta\omega \equiv \omega - \omega_0$ が中心角周波数 ω_0 に比べて十分狭く（$\delta\omega \ll \omega_0$），このような光波を**準単色光**（quasi-monochromatic light）と呼ぶ。

準単色光では，ω_0 に対して角周波数幅 $\delta\omega$ を1次の微小量まで考慮すれば十分である。式 (7.20) を式 (7.19) に代入して，合成波の振幅を次式で得る。

$$\Psi = \exp\{i[\omega_0 t - k(\omega_0)z]\}\int_{-\infty}^{\infty} A(\delta\omega)\exp\left[i\delta\omega\left(t - z\left.\frac{dk}{d\omega}\right|_{\omega_0}\right)\right]d\omega \tag{7.21}$$

式 (7.21) で被積分項の指数関数内は，個別周波数と中心角周波数における位相差である。

個別波よりも緩やかに変化する合成波の振幅が，別の時空間でも同じ波形となるには，上記位相項が時空間 $(t+\delta t)$，$(z+\delta z)$ でも保存されればよく

$$\delta\omega\left(t - z\left.\frac{dk}{d\omega}\right|_{\omega_0}\right) = \delta\omega\left[(t+\delta t) - (z+\delta z)\left.\frac{dk}{d\omega}\right|_{\omega_0}\right]$$

の条件を満たせばよい。この条件を整理して次式を得る。

$$\frac{\delta t}{\delta z} = \left.\frac{dk}{d\omega}\right|_{\omega_0} = \frac{1}{v_g} \tag{7.22}$$

式 (7.22) の中辺は個々の角周波数 ω に依存しない値である。この逆数 v_g は個別角周波数に依存しない伝搬速度であり，**群速度**（group velocity）と呼ばれる。よって，式 (7.21) は次のように書き直せる。

$$\Psi = \exp\{i[\omega_0 t - k(\omega_0)z]\}\int_{-\infty}^{\infty} A(\omega - \omega_0)\exp\left[i(\omega - \omega_0)\left(t - \frac{z}{v_g}\right)\right]d\omega \tag{7.23}$$

ここで式 (7.19) について，角周波数分布 $A(\omega - \omega_0)$ に対する時間領域のフーリエ逆変換を $F(t)$ とおくと，式 (7.17)，(7.18) より次式を得る。

$$A(\omega - \omega_0) = \int_{-\infty}^{\infty} F(t)\exp[-i(\omega - \omega_0)t]dt \tag{7.24a}$$

$$F(t) = \int_{-\infty}^{\infty} A(\omega - \omega_0)\exp[i(\omega - \omega_0)t]d\omega \tag{7.24b}$$

これを利用すると，準単色光の電界に対する式 (7.23) が次式に書き換えられる。

$$\Psi(z, t) = \exp\left\{i\left[\omega_0\left(t - \frac{z}{v_p}\right)\right]\right\}F\left(t - \frac{z}{v_g}\right) \tag{7.25}$$

ただし，上式の第1項では位相速度を式 (1.11) より $v_p = \omega_0/k(\omega_0)$ とした。

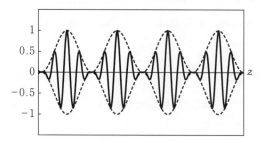

破線：包絡線，実線：搬送波

図7.3 多色光に対する波形

式 (7.25) 第2項の $F(t-z/v_g)$ は，すべての角周波数成分に共通で，一定の群速度 v_g で伝搬することを表す。これは，第1項に比べて緩やかに変動する包絡線を表し，**波連**（wave train）または**波束**（wave packet）と呼ばれる。第1項は一定の位相速度 v_p で移動する波連内部の搬送波を表す。

式 (7.25) における包絡線を表す関数 $F(t)$

は，具体的な時間波形を示していない。このことは，どのような時空間波形でも，距離 z 伝搬後には，z と群速度 v_g で決まる時間 z/v_g に応じた分だけ包絡線の波形がずれることを意味する。群速度は光エネルギーの伝搬速度でもある。

図 7.3 に多色光に対する波形例を示す。通常 $v_g < v_p$ なので（7.3.2項参照），包絡線が群速度 v_g で移動し，搬送波が伝搬とともに包絡線内部で流れるように位相速度 v_p で移動する。光波を形成する周波数成分が多くなるほど，孤立波に近づく。

7.3.2 群速度と位相速度の関係

屈折率が角周波数に依存する物質を**分散性物質**（dispersive material）という。物質中の波数を $k = n(\omega)\omega/c = \omega/v_p$ で表すとき，群速度 v_g は次に示すように，位相速度 $v_p = c/n$ と様々な表現で関連づけることができる。

$$v_g = v_p \left(1 + \frac{\lambda}{n}\frac{dn}{d\lambda}\right) = v_p - \lambda\frac{dv_p}{d\lambda} = \frac{v_p}{1 - [\lambda/n(\lambda)][dn(\lambda)/d\lambda]}$$

$$= \frac{v_p}{1 + [\omega/n(\omega)][dn(\omega)/d\omega]} = \frac{c}{n(\nu) + \nu[dn(\nu)/d\nu]} \tag{7.26}$$

屈折率が角周波数とともに増加（減少）することを**正常分散**（**異常分散**）という。可視域近傍で透明な物質は正常分散を示すことが多い。正常分散領域では式（7.26）2行目第1式での分母 >1 より $v_g < v_p$ となり，群速度は常に位相速度よりも小さい。位相速度が真空中の光速 c を超えることがあるが，群速度は光エネルギーの伝搬速度で，これは c を超えない。屈折率が角周波数に依存しない物質を非分散性物質と呼び，これでは群速度と位相速度が一致する。

【例題 7.1】 あるガラスの屈折率がコーシーの分散曲線 $n = C_1 + C_2/\lambda^2$ で表されている。ただし，係数が $C_1 = 1.42$，$C_2 = 1.6 \times 10^4 \text{nm}^2$ である。このとき，次の問に答えよ。
（1） 式（7.26）の最初の2式より，v_g/v_p を C_1 と C_2 を用いて表せ。また，この結果から何が分かるか。
（2） $\lambda = 500\,\text{nm}$ と $600\,\text{nm}$ の光に対する屈折率，および位相速度と群速度を求めよ。
［解］（1） $v_g/v_p = 1 + (\lambda/n)(dn/d\lambda)$ に $dn/d\lambda = -2C_2/\lambda^3$ を代入して $v_g/v_p = 1 - 2C_2/(C_1\lambda^2 + C_2)$ を得る。C_1 と C_2 は正だから $v_g/v_p < 1$ となり，群速度のほうが位相速度よりも常に遅い。
（2） 与式を用いて $\lambda = 500\,\text{nm}$ での屈折率は $n = 1.484$。位相速度は式（1.2）より $v_p = c/n = 3.0 \times 10^8/1.484 = 2.02 \times 10^8\,\text{m/s}$ となる。群速度は式（7.26）より $v_g = v_p[1 + (\lambda/n)(dn/d\lambda)] = v_p[1 - (2C_2/n\lambda^2)]$ $= 1.85 \times 10^8\,\text{m/s}$ となる。$\lambda = 600\,\text{nm}$ での屈折率は $n = 1.464$，位相速度は $v_p = 2.05 \times 10^8\,\text{m/s}$，群速度は $v_g = 1.93 \times 10^8\,\text{m/s}$ となり，確かに $v_g < v_p$ となっている。∎

  ## 7.4 反射による定在波

2光波が反対方向から伝搬する成分を含む場合，合成波がどのように振る舞うかを，本節では1次元の場合で検討する。光波が屈折率 n_1 の媒質中を左側から右側へ伝搬し，屈折率 n_2 の

74   7. 重ね合わせの原理から学ぶ光学現象の基礎

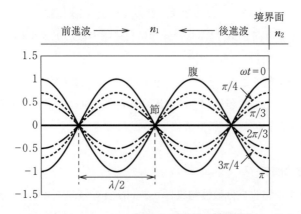

図7.4 定在波の時間変化

媒質に到達するとする（**図7.4**）。屈折率が異なる境界では光波が反射されるから，この部分で左側へ伝搬する光波を生じる。その結果，屈折率 n_1 の媒質内では前進波と後進波が同時に存在し，これらの光波が重ね合わされる。

光電界の表現として式 (7.2a, b) を利用すると，前進波と後進波がそれぞれ

$$\psi_\mathrm{f} = A_\mathrm{f} \exp[i(\omega t - kz)], \qquad \psi_\mathrm{b} = A_\mathrm{b} \exp[i(\omega t + kz)] \tag{7.27a, b}$$

で表せる。ここで，A は振幅，ω は角周波数，k は媒質中での光の波数，添え字 f は前進波，b は後進波を表す。境界面での振幅反射率は次式で書ける。

$$r \equiv \frac{A_\mathrm{b}}{A_\mathrm{f}} \tag{7.28}$$

振幅反射率は，金属ではほぼ $r = 1$ となるが，誘電体では屈折率に依存する式 (3.18), (3.20) を用いる。

屈折率 n_1 の媒質内での光波は，重ね合わせの原理により次式で書ける。

$$\psi = \psi_\mathrm{f} + \psi_\mathrm{b} = A_\mathrm{f} \exp[i(\omega t - kz)] + A_\mathrm{b} \exp[i(\omega t + kz)] \tag{7.29}$$

式 (7.28) より得られる後進波の振幅 A_b を式 (7.29) に代入すると，第1媒質における合成波の振幅が次式で書ける。

$$\begin{aligned}\psi &= A_\mathrm{f} \exp[i(\omega t - kz)] + rA_\mathrm{f} \exp[i(\omega t + kz)] \\ &= A_\mathrm{f} \{[(1-r) + r] \exp[i(\omega t - kz)] + r \exp[i(\omega t + kz)]\} \\ &= A_\mathrm{f} \{(1-r) \exp[i(\omega t - kz)] + 2r \exp(i\omega t) \cos(kz)\}\end{aligned} \tag{7.30}$$

上式の3行目への変形ではオイラーの公式（$\exp(\pm i\phi) = \cos\phi \pm i\sin\phi$：複号同順）を用いた。

式 (7.30) 第1項は前進波を表す。第2項では時間項と位置に依存する項が分離されており，これを**定在波**（standing wave）と呼ぶ。これは図7.4下側に示した式 (7.30) の第2項の実部のように，時間経過とともに振幅が変化するだけで，振幅がゼロとなる位置は変わらない。

振幅反射率が $r = 0$ のときには，前進波が境界を感じることなくそのまま第2媒質に進行するから，第1媒質内には前進波のみが存在する。一方，振幅反射率が $r = 1$ のときには，境界

演 習 問 題　　75

で光波がすべて反射するので，屈折率 n_1 の媒質内では定在波のみとなる。$0<r<1$ のときには前進波と定在波が混在する。

　定在波では，一定の距離ごとに振幅がゼロとなる位置があり，その位置を**節**（node）と呼ぶ。また，隣接する節の中間では振幅が最大となり，この位置を**腹**（antinode）と呼ぶ。式（7.30）の場合，節の位置 z_n と腹の位置 z_a は次式で表せる。

$$z_n = \left(m + \frac{1}{2}\right)\frac{\lambda}{2}, \qquad z_a = m\frac{\lambda}{2} \qquad (m：整数) \tag{7.31a, b}$$

これらは距離 $\lambda/2$ ごとに現れる。

演 習 問 題

7.1　ベクトル表示を用いて，次の値を求めよ。
$$\psi = A_1\cos(\omega_c + \omega_m)t + A_1\cos(\omega_c - \omega_m)t + A_2\cos\omega_c t$$
7.2　次式で表される合成波の振幅 A と位相 ϕ を，フェーザ表示を用いて求めよ。
$$\psi = \frac{A_0}{4}\sum_{m=1}^{4}\cos[\omega t + (m-1)\phi_0] \qquad (A_0, \phi_0：定数)$$
7.3　準単色光の光波が角周波数 ω_0 を中心として幅 ω_p で，一様な振幅 A で分布し，z 方向に伝搬しているとき，時空間波形を求めよ。
7.4　媒質中の波数が $k = A\omega^p$（A：定数，p：有理数，ω：角波数）で表されるとき，次の各問に答えよ。必要があれば，真空中の光速 c を用いよ。
　（1）　位相速度 v_p を求めよ。
　（2）　屈折率 n を，ω を含む形で表せ。
　（3）　位相速度と群速度 v_g の関係を調べよ。
　（4）　群速度と位相速度が一致するときの p を求め，このときの屈折率を示せ。
7.5　屈折率 n の媒質中で z 軸上を伝搬する等振幅の 2 光波の電界が
$$\psi_i(z, t) = A\sin(\omega_i t \mp k_i z) \qquad (i = 1, 2)$$
で表されている。これらに対する定在波が SI（国際単位系）において
$$\psi = 2A\sin\left(\frac{6\pi}{5}\times 10^{15}t\right)\cos\left(\frac{3\pi}{5}\times 10^7 z\right) \text{〔V/m〕}$$
で表されるとき，次の問に答えよ。
　（1）　元の 2 光波の具体的な表現を求めよ。
　（2）　屈折率 n と真空中の波長 λ_0 を求めよ。

8章

重ね合わせの原理から学ぶ干渉

　光源から出た光波が複数の経路に分岐後，再び合波されるとき，合波後の光強度が元の個々の光強度の和よりも強められたり，弱められたりする現象を干渉といい，これは波動固有の現象である。光の干渉現象は重ね合わせの原理に基づいて解析できる。干渉の身近な例としてシャボン玉や油膜の色づきがある。

　干渉では位相変化が重要であり，光波伝搬のみによる位相変化から始めて，反射による位相変化も考慮する方向で議論を進める。8.1 節では干渉の基礎として二つのピンホールによる干渉を，8.2 節では多重ピンホールによる干渉を説明する。8.2 節では干渉を複数の手法で扱い，光強度の極大・極小条件の幾何学的・物理的意味を吟味する。反射を伴う二光波干渉として，8.3 節では平行平面板による干渉を，8.4 節では等厚干渉を述べる。8.5 節では 3 層構造における多重反射の一般理論を平行平面板で展開し，8.6 節では前節の具体的な応用例を紹介する。8.2，8.5，8.6 節ではフェーザ表示も利用する。8.1〜8.6 節では可干渉性が十分あるとして解析しているが，8.7 節では可干渉性を考慮した干渉を説明する。

▷ 8.1　二光波干渉：反射がない場合 ◀

　光源から出た光波が複数の経路に分かれた後，再び同一空間で合波されるとき，光強度が元より強め合ったり弱め合ったりする現象を**干渉**（interference）と呼ぶ。異なる光源から出た光波の間では相関がないので，干渉させるためには，少なくとも同一光源から出た光波を利用することが必須である。

　干渉を理解する上で位相の変化は重要であり，これは光波伝搬と反射で生じる。本節では，干渉の考え方が理解しやすくなるように，光波伝搬のみによる位相変化で，2 光路の場合を取り上げる。前半では二つの扱い方を説明し，後半では歴史的に有名なヤングの干渉実験を説明する。議論を分かりやすくするため，当面，光源の可干渉性が十分あるとして扱う。

8.1.1　二光波干渉の基礎

〔1〕　**三角関数による扱い**　　図 8.1 に示すように，単色光の光源 S（空気中の波長 λ_0）から出た光波が，分波後に別々の光路を伝搬した後に再び合波され，点 Q で観測される二光波干渉を考える。屈折率が空間で変化している場合には光路長で考える必要があるが，2 光路がともに空気中にある場合には幾何学的距離で考えればよい。

　各光路に沿って測った光源から観測点までの伝搬距離を ℓ_i，観測点での光電界の複素振幅を

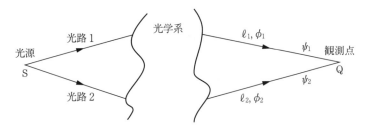

$\ell_i\ (i=1,2)$：光源から観測点までの幾何学的距離（空気中），
ϕ_i：光源から観測点までの位相変化

図 8.1 二光波干渉の概略

ψ_i で表すと，この光電界は，式 (1.13d) を用いて

$$\psi_i = A_i \cos\left[2\pi\left(\frac{t}{T} - \frac{\ell_i}{\lambda}\right)\right] \qquad (i=1,2) \tag{8.1}$$

で表せる。ただし，A_i は観測点での振幅，T は光の周期，λ は伝搬媒質中の光の波長を表す。この段階では，様々な場合があることを想定して，伝搬距離による振幅の違いを考慮しておく。初期位相は最終結果に影響しないので省く。

異なる光路を伝搬した光電界に関して，観測点 Q で重ね合わせの原理が適用できる。この光波の点 Q での光強度を 1.3.2 項にならって定義すると，光強度 I が形式的に次式で書ける。

$$I = \langle(\psi_1+\psi_2)^2\rangle = \langle\psi_1^2+\psi_2^2+2\psi_1\psi_2\rangle \tag{8.2}$$

ただし，$\langle\cdot\rangle$ は長時間平均を表す。

式 (8.2) 右辺に式 (8.1) を代入した結果を，長時間平均の式 (1.14) に適用すると，1.3.2 項と同様にして，観測点 Q における光強度が次式で求められる。

$$I \fallingdotseq \frac{1}{2}(A_1^2+A_2^2) + A_1 A_2 \cos\left[\frac{2\pi}{\lambda}(\ell_1-\ell_2)\right] = I_1 + I_2 + 2\sqrt{I_1 I_2}\cos\left[\frac{2\pi}{\lambda}(\ell_1-\ell_2)\right] \tag{8.3}$$

$$I_i = \frac{A_i^2}{2} \qquad (i=1,2) \tag{8.4}$$

ここで，I_i は一方の光路のみを通過した光波による光強度を表す。

式 (8.3) の物理的な意味は次の通りである。

（ⅰ）第 1・第 2 項は，別の光路を通った光波がそれぞれ単独で伝搬したことによる光強度であり，空間的に一定値を示す。第 3 項は別々の光路を通った 2 光波が同じ位置に存在することによって生じる変動項であり，これが**干渉**を表す。干渉項は明暗が空間的に交互に現れる縞を形成し，この縞を**干渉縞**（interference fringes）と呼ぶ。

（ⅱ）干渉縞は，2 光路の光源からの相対距離差 $\ell_1 - \ell_2$ に依存し，光源からの絶対距離には依存しない。

（ⅲ）干渉縞は，相対距離差と波長の相対比で決まり，波長程度の光路長差で変化する。この性質は光計測に応用されている。

（ⅳ）光の周波数が非常に高く，光検出器の応答速度が電磁界の時間変化に追随できないた

78   8. 重ね合わせの原理から学ぶ干渉

め, 光領域での可測量は光強度である。

(v)　干渉をより厳密に議論するには, 光源の可干渉性（コヒーレンス）を考慮する必要がある（8.7節参照）。干渉するためには, 対象となる光波が同一光源から出ていることが必須である。また, 異なる波長の光波の間では干渉しない。

〔2〕　**複素関数表示による計算**　ここでは, 直前と同じ題材を, 7.2.1項で示した複素関数表示を用いて考える（図8.1）。式（1.13a）を複素関数で表した光電界 ψ_j を次式で示す。

$$\psi_j = A_j \exp[i(\omega t - k\ell_j)] = A_j \exp[i(\omega t + \phi_j)] \qquad (j=1,2) \tag{8.5a}$$

$$\phi_j \equiv -k\ell_j = -\frac{2\pi}{\lambda}\ell_j \tag{8.5b}$$

ただし, ϕ_j は光波伝搬による位相変化, k は波数である。

観測点 Q における光強度 I の形式解は, 上記2光電界を重ね合わせて, 次式で示せる。

$$I = |\psi_1 + \psi_2|^2 \tag{8.6}$$

本章のここ以降では, 光強度における係数 $1/2$ を省略する。式（8.5a）を式（8.6）に代入し, オイラーの公式を用いて, 光強度が

$$I = A_1^2 + A_2^2 + A_1 A_2 \{\exp[i(\phi_1 - \phi_2)] + \exp[-i(\phi_1 - \phi_2)]\} = A_1^2 + A_2^2 + 2A_1 A_2 \cos\phi \tag{8.7a}$$

$$\phi \equiv \phi_1 - \phi_2 = \frac{2\pi}{\lambda}(\ell_1 - \ell_2) \tag{8.7b}$$

となり, 式（8.3）と定数分を除いて同じ結果が得られる。そのため, 干渉の理論計算では, 複素関数表示が用いられることが多い。

8.1.2　ヤングの干渉実験（二光波干渉）

ここでは, 1802年に発表され, 光が波動性をもつことの直接的証拠となった, ヤングの干渉実験を紹介する。

図 8.2 に示すように, 空気中に点光源 S（波長 λ_0）, 無限小の二つのピンホール P_1, P_2 が間隔 d であり, ピンホール面の後方の距離 L に像面がある。ピンホールの中間における垂直2等分線を光軸にとる。光軸上に点光源があり, 光軸を原点として, 像面における観測点 Q の座標 x を定める。間隔 L は, ピンホールと像の分布領域に比べて十分長いとする（$d, |x| \ll L$）。

点光源 S から出た球面波がピンホールに達すると, ホイヘンスの原理により, ピンホール P_1, P_2 を波源として新たな球面波が発生する。そのため, SP_1 と SP_2 の延長線上以外の像面にも光波が届き, それらが重ね合わさって干渉する。

点光源 S から観測点 Q までの光路長をそれぞれ φ_1, φ_2 で表す。空気中では光路長は伝搬距離と実質的に等しいので, ここでは光路長を伝搬距離で評価する。伝搬距離の違いによる振幅の変化が複素振幅に及ぼす影響は, 位相の変化に比べて微小なので, 振幅の変化は無視できる。このとき, 各光波の観測点での複素振幅が形式的に次式で表せる。

$$\psi_1 = A \exp(-ik_0\varphi_1), \qquad \varphi_1 = SP_1 + P_1Q \tag{8.8a}$$

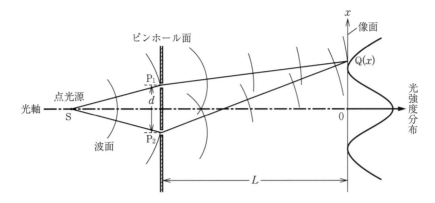

P₁, P₂：ピンホール，d：ピンホール間隔，L：ピンホール面と像面の間隔，
Q：像面上の位置，$d \ll L$，$|x| \ll L$

図 8.2 二つのピンホールによる二光波干渉（ヤングの干渉実験）

$$\psi_2 = A\exp(-ik_0\varphi_2), \qquad \varphi_2 = \mathrm{SP}_2 + \mathrm{P}_2\mathrm{Q} \tag{8.8b}$$

ここで，A は振幅，$k_0 = 2\pi/\lambda_0$ は真空中の光の波数，λ_0 は真空中の光の波長である。式 (8.8) では，複素振幅として式 (1.5b) を利用しているが，時間項 $\exp(i\omega t)$ は干渉に関係しないので省略している。

対称なので $\mathrm{SP}_1 = \mathrm{SP}_2$ であり，$\mathrm{P}_i\mathrm{Q}$（$i=1, 2$）の長さは次式で近似できる。

$$\mathrm{P}_i\mathrm{Q} = \sqrt{L^2 + \left(x \mp \frac{d}{2}\right)^2} = L\left[1 + \frac{(x \mp d/2)^2}{L^2}\right]^{1/2} \fallingdotseq L + \frac{(x \mp d/2)^2}{2L} \tag{8.9}$$

上式での複号は，$i = 1$ (2) のとき上（下）側をとるものとする。

観測点 Q での光強度 I は，式 (8.8)，(8.9) を用いて次式で表せる。

$$I = |\psi_1 + \psi_2|^2 = 2A^2(1 + \cos\phi) = 4A^2\cos^2\frac{\phi}{2} = 4A^2\cos^2\left(\frac{\pi d}{\lambda_0 L}x\right) \tag{8.10a}$$

$$\phi \equiv k_0\delta\varphi = k_0\frac{d}{L}x = \frac{2\pi d}{\lambda_0 L}x \tag{8.10b}$$

$$\delta\varphi \equiv \varphi_2 - \varphi_1 = \mathrm{P}_2\mathrm{Q} - \mathrm{P}_1\mathrm{Q} = \frac{d}{L}x \tag{8.10c}$$

ここで，ϕ は 2 光路の位相差，$\delta\varphi$ は 2 光路の光路長差を表す。

式 (8.10a) の左から 3 番目の辺における 1 は，光波が一方のピンホールのみを通過したことによる光強度であり，空間的に一様である。$\cos\phi$ は干渉項を表し，これにより空間上で濃淡の干渉縞ができる。ヤングの実験での光強度分布は特に**ヤングの干渉縞**（Young's interference fringes）とも呼ばれる。

式 (8.10a) の干渉縞が最大値をとるのは $\pi dx/\lambda_0 L = m\pi$（$m$：整数），つまり

$$\frac{d}{L}x = m\lambda_0 \quad (m：整数) \tag{8.11}$$

のときである。式 (8.11) は，2 光路の光路長差が波長の整数倍になることを表し，2 光路に分

かれた光波が観測点で同相となるべきことを意味する．一方，干渉縞が最小値（具体的にはゼロ）をとるのは $\pi dx/\lambda_0 L = (m'+1/2)\pi$（$m'$：整数），つまり

$$\frac{d}{L}x = \left(m'+\frac{1}{2}\right)\lambda_0 \qquad (m'：整数) \tag{8.12}$$

のときである．これは，2光路の光路長差が波長の半整数倍，つまり2光路の光波が観測点で逆相となるべきことを意味する．このように，干渉に光路長差のみが関係するときは，図1.3と同じ状況となる．

像面における干渉縞の間隔は次式で表せる．

$$\Lambda = \frac{\lambda_0 L}{d} \tag{8.13}$$

ピンホールから出た光波はホイヘンスの原理により球面波となるが，ピンホール面と像面の距離 L が十分に長いので，像面近傍では近似的に平面波となる．そのため，式 (8.13) が平面波どうしでの干渉縞の周期と一致する．

 ## 8.2　多重ピンホールによる干渉

本節では重ね合わせの原理の適用例として，多数のピンホールが周期的に配置された，多重ピンホールによる干渉を説明する．標準的解法とフェーザ表示による結果を示し，結果の物理的意味などを説明する．本節の扱いは，単スリットや方形・円形開口による回折像の解析へ拡張できる（9.3～9.5節参照）．

8.2.1　多重ピンホールによる干渉：標準的解法による扱い

本項では，空気中で多数のピンホールが等間隔で並んでいる場合，像面での干渉光強度を標準的解法で求めた後，その極大・極小条件を示す．

〔1〕**干渉光強度の導出**　図8.3のように，無限小のピンホールが同一平面上に等間隔 d で N 個あり，このピンホール面の後方の距離 L に像面があるとする．単色の平面波（波長 λ）がピンホール面に垂直に入射すると，ホイヘンスの原理により，各ピンホールを中心とした球面波が発生して，あらゆる方向に伝搬する成分を生み出す．

ピンホールを上から順に $P_1 \sim P_N$ とする．ピンホール面に垂直で，ピンホール P_N の延長線と像面の交点を原点にとり，観測点 Q の座標を x で表す．ピンホール面と像面の間隔 L は，ピンホールの分布範囲に比べて十分大きい（$d(N-1) \ll L$）とする．この設定により，各ピンホールから出る光波は像面近傍では近似的に平面波となっている．波面と光線は直交するから，光線がピンホール面の法線と角度 θ をなして伝搬していると考えることができる．

ピンホール P_N から出る光線に対して，ピンホール P_1 から下ろした垂線の足を H とする．P_1H 面以降の平面波の像面までの距離は平面波では等しいから，各ピンホールから出る光波の

8.2 多重ピンホールによる干渉

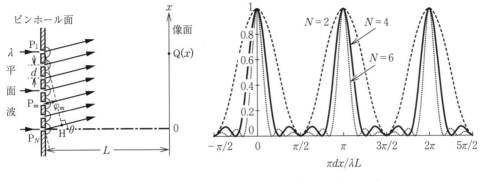

(a) 光学系　　　　　　　(b) 干渉光強度分布

d：ピンホール間隔，L：ピンホール面と像面の間隔，N：ピンホール数，θ：光線が光軸となす角度，λ：波長，$d(N-1) \ll L$，$\varphi_m = (m-1)d\sin\theta$：$m$番目のピンホール$P_m$から出る光の$P_1$に対する光路長差

図 8.3 多重ピンホールによる干渉

距離の違いは，各ピンホールとP_1H面までの距離となる。ピンホールP_mから出る光線のP_1Hまでの距離は

$$\varphi_m = (m-1)d\sin\theta \tag{8.14}$$

で書ける。角度θは回折で生じるものであり，光波では微小値であるから（9.3.2項参照），式(8.14)での正弦関数は

$$\sin\theta \simeq \tan\theta = \frac{x}{L} \tag{8.15}$$

で近似できる。これを式(8.14)に代入して次式を得る。

$$\varphi_m = (m-1)\frac{d}{L}x \tag{8.16}$$

位相計算の基準位置をピンホールP_1とすると，ピンホールP_mから出る光波との位相差は

$$\phi_m \equiv k\varphi_m = k(m-1)d\sin\theta \simeq (m-1)\frac{2\pi d}{\lambda L}x \tag{8.17}$$

で表せる。ただし，$k = 2\pi/\lambda$は真空中の光の波数，λは真空中の光の波長である。各ピンホールを通過する光波の振幅を全体で等分してA/Nとする。複素振幅に対する伝搬の影響では，振幅の変化を無視し，位相変化のみ考慮する。

各ピンホールから出る光波は像面上で平面波となっているから，観測点Qにおいて重ね合わせることができる。その合成波の複素振幅は，形式的に

$$\psi_N(x) = \frac{A}{N}\sum_{m=1}^{N}\exp(-i\phi_m) = \frac{A}{N}\sum_{m=1}^{N}\exp[-i(m-1)\Theta] \tag{8.18}$$

$$\Theta \equiv \frac{2\pi d}{\lambda L}x = 2\pi d\mu_x, \qquad \mu_x \equiv \frac{x}{\lambda L} \tag{8.19a, b}$$

で書ける。ただし，Θは隣接するピンホールから出る光波の位相差であり，μ_xは規格化した像面座標で空間周波数に対応する。

82　　8. 重ね合わせの原理から学ぶ干渉

式 (8.18) は初項 A/N，公比 $\exp(-i\Theta)$，項数 N の等比数列の和である。これを標準的解法で計算すると，合成波の複素振幅は次式で書ける。

$$\psi_N(x) = \frac{A}{N}\frac{1-\exp(-iN\Theta)}{1-\exp(-i\Theta)} = \frac{A}{N}\frac{\exp(-iN\Theta/2)[\exp(iN\Theta/2)-\exp(-iN\Theta/2)]}{\exp(-i\Theta/2)[\exp(i\Theta/2)-\exp(-i\Theta/2)]}$$

$$= \frac{A}{N}\exp\left(-i\frac{N-1}{2}\Theta\right)\frac{\sin(N\Theta/2)}{\sin(\Theta/2)} = A\exp\left(-i\frac{N-1}{2}\Theta\right)\frac{\mathrm{sinc}(N\Theta/2\pi)}{\mathrm{sinc}(\Theta/2\pi)} \tag{8.20}$$

$$\mathrm{sinc}\,q \equiv \frac{\sin\pi q}{\pi q} \tag{8.21}$$

式 (8.20) の1行目のように，分母と分子を指数関数の位相項の半分の値でくくり出すのがコツであり，この際にオイラーの公式を用いた。式 (8.21) で定義した関数は式 (7.14) と同じ**sinc 関数**であり，干渉や回折でしばしば出てくる。

式 (8.20) に式 (8.19) を代入すると，無限小のピンホールが等間隔 d で N 個並んでいるとき，像面での複素振幅が

$$\psi_N(x) = A\frac{\mathrm{sinc}(Nd\mu_x)}{\mathrm{sinc}(d\mu_x)}\exp[-i\pi(N-1)d\mu_x] \tag{8.22}$$

で表せる。また，像面での干渉光強度は次式で求められる。

$$I_N(x) = |\psi_N(x)|^2 = \frac{A^2}{N^2}\left[\frac{\sin(\pi Nd\mu_x)}{\sin(\pi d\mu_x)}\right]^2 = A^2\left[\frac{\mathrm{sinc}(Nd\mu_x)}{\mathrm{sinc}(d\mu_x)}\right]^2 \tag{8.23}$$

式 (8.23) は sinc 関数に関係する関数の2乗が光強度となり，周期が $\pi d\mu_x = \pi$ の周期関数となっている。式 (8.23) の最大値は $\mu_x \to 0$ つまり $x \to 0$ で得られ，そのとき A^2 となる。

多重ピンホールによる干渉光強度を $I_N(x)/A^2$ で，いくつかの N について図 8.3（b）に示す。これは $\pi d\mu_x = \pi/2$ に関して対称となっている。ピンホール数 N が増加するほど，各プロファイルの幅が狭くなっている。これは N の増加に伴って各ピンホールからの位相のずれが増加し，干渉領域が狭まるためである。

〔2〕　**干渉光強度の極大・極小条件**　　干渉光強度の式 (8.23) で，主極大条件は分母 $\sin(\pi d\mu_x)=0$ かつ $\sin(\pi Nd\mu_x)\neq 0$ で得られ，極小条件は分子 $\sin(\pi Nd\mu_x)=0$ かつ $\sin(\pi d\mu_x)\neq 0$ で得られる。両者を整理すると，次式で書ける。

$$主極大位置：x_{\mathrm{M}} = m\frac{\lambda L}{d} \quad (m：整数) \quad かつ \quad x \neq m'\frac{\lambda L}{Nd} \quad (m'：整数) \tag{8.24}$$

$$極小位置　：x_0 = m'\frac{\lambda L}{Nd} \quad (m'：整数) \quad かつ \quad x \neq m\frac{\lambda L}{d} \quad (m：整数) \tag{8.25}$$

副極大を得る条件は，$\partial I_N(x)/\partial x = 0$ より

$$N\tan(\pi d\mu_x) = \tan(\pi Nd\mu_x) \tag{8.26}$$

で得られる。干渉光強度の式 (8.23) で，分母のほうが分子よりも緩やかに変化するから，粗い近似の下では，副極大は分子が極大値をとる場合と考えることができる。$\sin^2(\pi Nd\mu_x)=1$ より，$0 < \pi d\mu_x \leq \pi$ での粗い近似解が次式で表せる。

$$\pi d\mu_x = \pi d \frac{x}{\lambda L} \fallingdotseq \left(m + \frac{1}{2}\right)\frac{\pi}{N} \qquad (m = 1, 2, \cdots, N-2) \tag{8.27}$$

副極大の $\pi d\mu_x = \pi dx/\lambda L$ に対する粗い近似解と，その直後の（）内に式 (8.26) の数値解を次に示す。$N=3$ のとき $\pi/2$（$\pi/2$），$N=4$ のとき $3\pi/8 = 1.178$（1.150）と $5\pi/8 = 1.963$ (1.991)，$N=5$ のとき $3\pi/10 = 0.942$（0.912），$\pi/2$（$\pi/2$）と $7\pi/10 = 2.199$（2.230），$N=6$ のとき $\pi/4 = 0.785$（0.756），$5\pi/12 = 1.309$（1.301），$7\pi/12 = 1.833$（1.840）と $3\pi/4 = 2.356$ (2.385) となる。

隣接する主極大間にある副極大の数は $N-2$，極小（暗線）の数は $N-1$ である。測定では暗線位置のほうが観測しやすいので，通常これが利用される。

表 8.1 に多重ピンホールによる干渉光強度の極大・極小条件を，比較のため後述する場合も含めてここに示す。同じ条件を得るのに，代数的，幾何学的，物理的という異なる観点から考えることができる（8.2.3，8.2.4 項参照）。

表 8.1 多重ピンホールによる干渉光強度の極大・極小条件

	標準的解法	フェーザ表示	物理的意味
主極大	$d\dfrac{x}{\lambda L} = m$	すべてのピンホールから出る光波の位相角が同一方向を向くとき $\Theta = 2\pi m$	隣接するピンホールから出る光波がすべて同相 $d\sin\theta = m\lambda$
極小	$Nd\dfrac{x}{\lambda L} = m'$	最終端点 P_N が原点 O に一致し，各端点が閉じた円周上に分布するとき $N\Theta = 2\pi m'$	隣接するピンホールから出る光波の位相差を積算した位相が 2π の整数倍 $Nkd\sin\theta = 2m'\pi$
副極大	$N\tan(\pi d\mu_x)$ $= \tan(\pi Nd\mu_x)$	端点 P_N と原点 O が円の直径になるとき $N\Theta = (2m''+1)\pi$	上記位相が 2π の半整数倍 $Nkd\sin\theta = (2m''+1)\pi$

d：ピンホール間隔，L：ピンホール面と像面の間隔，k：波数，λ：波長，x：像面座標，$\mu_x = x/\lambda L$，N：ピンホール数，θ：光線がピンホール面の法線となす角度，m, m', m''：整数

8.2.2 多重ピンホールによる干渉：フェーザ表示による扱い

本項では，前項と同じ多重ピンホールによる干渉に関する複素振幅を，フェーザ表示を用いて求める。

式 (8.18) の複素関数は等比数列の和であり，フェーザ表示が利用できる。式 (8.18) は式 (7.9) と形式的に一致しており，振幅が A/N で，個別位相が

$$\Theta \equiv \frac{2\pi d}{\lambda L}\,x = 2\pi d\mu_x = \frac{2\pi d}{\lambda}\sin\theta, \qquad \mu_x \equiv \frac{x}{\lambda L} \tag{8.28a, b}$$

の一定値ずつ減少している。

複素振幅の和の絶対値は，フェーザ表示での式 (7.13) で A を A/N に入れ換え，Θ として式 (8.28a) を代入して

$$|\psi_N| = A\frac{\mathrm{sinc}(Nd\mu_x)}{\mathrm{sinc}(d\mu_x)} = A\frac{\sin(\pi Nd\mu_x)}{\sin(\pi d\mu_x)}\frac{\pi d\mu_x}{\pi Nd\mu_x} \tag{8.29}$$

で得られる．式 (8.29) は式 (8.22) の振幅項に一致している．全体の位相項は同じく式 (7.15) を利用して次式で表せる．

$$\exp(-i\phi) = \exp[-i\pi(N-1)d\mu_x] \tag{8.30}$$

式 (8.30) は式 (8.22) の位相項と一致している．したがって，合成波の複素振幅は標準解法での式 (8.22) と一致する．

8.2.3　フェーザ表示による干渉光強度の極大・極小条件の解釈

8.2.1 項〔2〕で，干渉光強度に対する極大・極小条件を代数的に求めた．本項と次項では，その結果のベクトル的解釈と物理的意味を説明する．

〔1〕**主極大条件**　多重ピンホールによる像面上の複素振幅を式 (8.18) で示した．この式では，すべての成分の絶対値が等しく，各成分の位相角が $-(m-1)\Theta$ で表されている．合成波が主極大値をとるには，すべての位相角が同一方向に揃えばよい（**図 8.4**（a））．この条件は Θ が 2π の整数倍になることであり，式 (8.19) を用いて次式で書ける．

$$\Theta \equiv \frac{2\pi d}{\lambda L}x = 2\pi d\mu_x = 2\pi m \quad \left(\mu_x \equiv \frac{x}{\lambda L},\ m:整数\right) \tag{8.31}$$

式 (8.31) はフェーザによる絶対値の式 (7.13) で，分母がゼロとなる条件からも導ける．

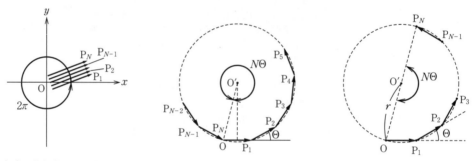

（a）位相角による主極大条件　　（b）フェーザによる極小条件　　（c）フェーザによる副極大条件

$P_1, P_2, \cdots P_N$：個別光波の複素数表示やフェーザ表示，
図 (a) ではすべての P_m が原点 O から出て同一方向を向いている

図 8.4　多重ピンホールによる干渉光強度の極大・極小条件

式 (8.31) を整理して，像面での光強度の主極大位置が

$$x_\mathrm{M} = m\frac{\lambda L}{d} \quad (m:整数) \tag{8.32}$$

で得られる．式 (8.32) は代数的に求めた式 (8.24) と一致している．

〔2〕**極小（暗線）条件**　フェーザ表示で合成波の振幅がゼロになるのは，最終端点 P_N が原点 O に一致し，すべての端点が閉じた円周上にある場合となる（図 8.4（b））．また，フェーザ表示での絶対値の式 (7.13) で，この値がゼロとなるのは $\sin(N\Theta/2) = 0$，つまり

$$N\Theta = 2\pi m' \quad (m':整数) \tag{8.33}$$

を満たすときでもある。この式をフェーザの図形で解釈すると，外角 Θ の和が 2π の整数倍になることで，上記の閉じた円周と同じことを意味する。

式 (8.33) に式 (8.28a) を代入して整理すると，暗線位置が次式で得られる。

$$x_0 = m' \frac{\lambda L}{Nd} \quad (m': \text{整数}) \tag{8.34}$$

これは式 (8.25) に一致している。

〔3〕 **副極大条件**　副極大は最終端点 P_N が原点 O から最も遠くなる場合である（図 8.4 (c)）。それは点 P_N が円の中心 O' に対して原点 O と反対側にくるときで，位相角が

$$N\Theta = (2m'' + 1)\pi \quad (m'': \text{整数}) \tag{8.35}$$

を満たせばよい。これに式 (8.28a) を代入した結果は，式 (8.27) と一致する。

8.2.4　物理的意味による干渉光強度の極大・極小条件の解釈

前項と同じく多重ピンホールによる干渉光強度における極大・極小条件について，本項では物理的な観点から調べる。

〔1〕 **主極大条件**　ホイヘンスの原理によると，各ピンホールから出た光波は各ピンホールを中心とした球面波となり，それらの包絡面が 2 次波面を形成する。各ピンホールから出る光波の光路長が等しい素波面で形成される 2 次波面は，ピンホール面に垂直に伝搬するほぼ平面波となり，これは 0 次光に相当する（**図 8.5** (a)）。

次に，ピンホール面の法線方向と一定の角度 θ をなす方向に伝搬する光波を考える。隣接するピンホールから出る光波の光路長が，波長の整数倍分だけ異なっているとき，これらの位相が揃って光波は強め合う。この同相条件は

$$d\sin\theta = m\lambda \quad (m: \text{整数}) \tag{8.36}$$

で書ける（図 (b)）。既述のように，ピンホール面と像面の間隔は，像の分布領域に比べて十分大きい（$|x| \ll L$）。よって，θ は微小となり $\sin\theta \fallingdotseq \theta \fallingdotseq \tan\theta = x/L$ で近似できる。そのため，同相条件は $\theta \fallingdotseq m\lambda/d \fallingdotseq x_{\mathrm{M}}/L$ で書ける。これを整理して，干渉光強度が主極大となる像面での位置が次式で得られ，これは式 (8.24) と一致していることが分かる。

$$x_{\mathrm{M}} = m \frac{\lambda L}{d} \quad (m: \text{整数}) \tag{8.37}$$

〔2〕 **極小（暗線）条件**　各ピンホールから出る光波の振幅は等しい。よって，ピンホール面の法線と角度 θ をなす方向に伝搬する，隣接するピンホールからの光波の位相が少しずつずれて，その積算値が 2π の整数倍になれば，像面での合成波の振幅が総合的にはゼロとなるはずである。これは，各ピンホールからの位相が原点の回りに均等に分布して，合成した位相が相殺する条件でもある（図 8.5 (c)）。

隣接するピンホールからの光波の距離差が $d\sin\theta$ であり，位相差が $\phi_1 = kd\sin\theta$（$k = 2\pi/\lambda$：波数）となる。積算された位相が $N\phi_1$ となり，極小（暗線）条件が

86   8. 重ね合わせの原理から学ぶ干渉

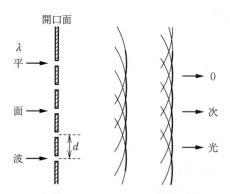

(a) 各ピンホールからの光路長が等しいときの合成波面（0次光）

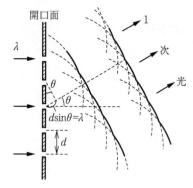

(b) 隣接するピンホールからの光路長差が1波長のときの合成波面（1次光）

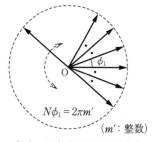

(c) N光波による暗線条件

d：ピンホール間隔，N：ピンホール数，
ϕ_1：隣接するピンホールでの位相差

図 8.5 多重ピンホールによる干渉光強度の極大・極小条件（物理的解釈）

$$Nkd\sin\theta = 2\pi m' \quad (m'：整数) \quad (8.38)$$

で書ける。式 (8.38) で θ が微小だから $\sin\theta \simeq x/L$ を用いて整理すると，干渉光強度が極小値をとる像面での位置が

$$x_0 = m'\frac{\lambda L}{Nd} \quad (m'：整数) \quad (8.39)$$

で得られ，式 (8.25) と一致する。

〔3〕**副極大条件**   全ピンホールからの積算された位相が $Nkd\sin\theta = (2m''+1)\pi$（$m''$：整数）を満たす場合，$2m''\pi$ 部分は極小条件と同じように相殺する。しかし，残りの π 部分（図 8.5（c）の上半分）の合成ベクトルは打ち消し合うことなく，特定方向への伝搬成分となって副極大を形成する。この条件を整理すると式 (8.27) に一致する。

【例題 8.1】 ナトリウムのD線（波長 589.3 nm）からの光波を，ピンホールが四つ等間隔で並んだピンホール面に垂直入射させる。ピンホール面の後方 1.0 m にある像面で光強度分布を観測したところ，干渉縞の主極大間隔が 1.0 mm となった。このとき，次の問に答えよ。

（1） ピンホール間隔を求めよ。
（2） 主極大間にある暗線位置を，主極大位置を基準として求めよ。
（3） 主極大間にある副極大位置を，主極大位置を基準として求めよ。

［解］（1） 式 (8.24) より間隔は
$d = \lambda_0 L/x_M = (589.3\times10^{-9}\cdot1.0)/(1.0\times10^{-3})$
$= 589.3\times10^{-6}$ m $= 589.3$ μm

（2） 式 (8.25) より暗線位置は
$x_{d1} = \lambda_0 L/Nd$
$= (589.3\times10^{-9}\cdot1.0)/(4\cdot589.3\times10^{-6})$
$= 10^{-3}/4$ m $= 0.25$ mm
$x_{d2} = 2x_{d1} = 0.50$ mm, $x_{d3} = 3x_{d1} = 0.75$ mm

（3） 式 (8.27) の後にある数値解を用いて，$\pi dx/\lambda_0 L = 1.150, 1.991$ より
$x = 1.150\lambda_0 L/\pi d = 1.150\cdot\dfrac{589.3\times10^{-9}\cdot1.0}{\pi\cdot589.3\times10^{-6}} = 0.366\times10^{-3}$ m $= 0.366$ mm
$x = 1.991\lambda_0 L/\pi d = 0.634\times10^{-3}$ m $= 0.634$ mm   ■

8.3 二光波干渉：反射を伴う場合

本節では応用上重要な，透過と反射を含む場合の干渉を扱う。これは反射率が低い場合には，2光路による干渉で考えることができ，これを二光波干渉と呼ぶ。反射を伴う二光波干渉の基礎として，平行平面板による透過光と反射光に伴う干渉光強度を説明した後，この極大・極小条件を検討する。

8.3.1 平行平面板による二光波干渉

図 8.6 に示すように，空気中に屈折率 n，厚さ d の平行平面板がある。単位振幅の単色平面波（波長 λ_0）が上方から角度 θ_i で平行平面板に斜め入射し，平面板内に角度 θ_t で屈折し，一部は下方から透過し，残りは平面板で反射して上方へ向かう。このとき，光の屈折法則により，次式が成立している。

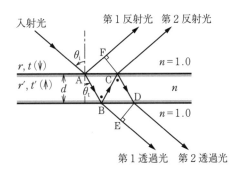

d：媒質厚，n：媒質の屈折率，
●：反射による位相変化が π であることを表す
図 8.6 平行平面板による二光波干渉

$$1.0 \sin\theta_i = n \sin\theta_t \tag{8.40}$$

上・下媒質から平行平面板へ入射するときの振幅透過率と振幅反射率を t, r （r：実数）とし，逆に，平面板側から他の媒質へ同一角度で向かうときの振幅透過率・反射率の値には，上記記号に ′ を付して表す。r と r' の間ではストークスの関係式 (3.27) が成り立っている。

平行平面板から十分離れた位置あるいは凸レンズの焦点面を平行平面板の表面に合わせて観測すると，透過光と反射光はともに平面波とみなせ，透過光どうし，また反射光どうしが同一方向に伝搬し，重ね合わせにより干渉する。

〔1〕 **透過光による干渉光強度** 第2透過光の点 D から第1透過光へ下ろした垂線の足を点 E とおく。二つの透過光で，点 A の入射直前までと面 DE 以降が共通なので，この間の位相差が干渉に関係する。複素振幅を求める際の基準位置を点 A 直前とし，ここでの振幅を 1 として，面 DE での各透過光の複素振幅を求める。

第1透過光は2面を透過して，振幅が tt'，光波伝搬による位相変化が $\phi_{t1} = k_0(n\mathrm{AB} + \mathrm{BE})$ となる（k_0：真空中の光の波数）。第2透過光は2面を透過し，点 B，C で内部反射するから振幅が $tt'r'^2$，光波伝搬による位相変化が $\phi_{t2} = k_0 n(\mathrm{AB} + \mathrm{BC} + \mathrm{CD})$ となる。面 DE での両透過光の複素振幅が

$$\psi_{tI} = tt' \exp(-i\phi_{t1}) \tag{8.41a}$$

$$\psi_{tII} = tt'r'^2 \exp(-i\phi_{t2}) = tt'r^2 \exp(-i\phi_{t2}) \tag{8.41b}$$

で書ける。ストークスの関係式 (3.27) より得られる $r' = r\exp(\pm i\pi)$ を用いると，ψ_{tII} での2回の内部反射による位相変化 2π は実質的な影響を及ぼさない。また，$k_0 = 2\pi/\lambda_0$，λ_0 は真空中の光の波長である。

第1・第2透過光を重ね合わせると，その光強度は次式で求められる。

$$I_{\mathrm{t}} = |\psi_{\mathrm{tI}} + \psi_{\mathrm{tII}}|^2 = |tt'|^2(1 + r^4 + 2r^2\cos\phi) \tag{8.42a}$$

$$\phi \equiv \phi_{\mathrm{t2}} - \phi_{\mathrm{t1}} = k_0\,\delta\varphi_{\mathrm{t}} = 2k_0 nd\cos\theta_{\mathrm{t}} = \frac{4\pi nd}{\lambda_0}\cos\theta_{\mathrm{t}} \tag{8.42b}$$

$$\delta\varphi_{\mathrm{t}} \equiv n(\mathrm{BC} + \mathrm{CD}) - \mathrm{BE} = \frac{2nd}{\cos\theta_{\mathrm{t}}} - 2d\tan\theta_{\mathrm{t}}\sin\theta_{\mathrm{i}} = 2nd\cos\theta_{\mathrm{t}} = 2d\sqrt{n^2 - \sin^2\theta_{\mathrm{i}}} \tag{8.42c}$$

ここで，ϕ は干渉に関与する二つの透過光の位相差，$\delta\varphi_{\mathrm{t}}$ は二つの透過光の光路長差を表し，$\mathrm{BC} = \mathrm{CD} = d/\cos\theta_{\mathrm{t}}$，$\mathrm{BE} = 2d\tan\theta_{\mathrm{t}}\sin\theta_{\mathrm{i}}$，式 (8.40) を用いた。式 (8.42a) に位相差 ϕ の具体値を代入すると，2透過光の干渉による光強度が次式で表せる。

$$I_{\mathrm{t}} = |tt'|^2\left[1 + r^4 + 2r^2\cos\left(\frac{4\pi nd\cos\theta_{\mathrm{t}}}{\lambda_0}\right)\right] \tag{8.43}$$

　二つの透過光の光路長差 $\delta\varphi_{\mathrm{t}}$ の式 (8.42c) は，光路長差が平行平面板の屈折率 n，厚さ d，および平面板内部での屈折角 θ_{t} のみに依存して，上下媒質に関係がないことを示している。これと同じことは次に示す反射光でもあてはまり，後述する等厚干渉（8.4節参照）を考える上で重要である。

　ところで，通常よく利用される光学ガラスの屈折率は $n = 1.5$ 程度であり，垂直入射時の光強度反射率は，式 (3.43a) を用いて $\mathcal{R} = r^2 = 0.04$ で約4％となり，反射率が微小である。そこで，平行平面板の境界での振幅反射率 r が微小な場合につき，式 (8.43) の近似式を求める。

　光強度反射率 $\mathcal{R} = r^2$ に関する1次の微小量まで考慮すると，式 (8.43) で r^4 が無視できる。また，ストークスの関係式 (3.26) より $(tt')^2 = (1 - r^2)^2 \fallingdotseq 1 - 2r^2$ と近似できる。さらに，三角関数に関する半角の公式や式 (8.40) を用いると，二つの透過光による干渉光強度が

$$I_{\mathrm{t}} \fallingdotseq 1 - 2r^2(1 - \cos\phi) = 1 - 4r^2\sin^2\frac{\phi}{2} = 1 - 4r^2\sin^2\left(\frac{2\pi nd}{\lambda_0}\cos\theta_{\mathrm{t}}\right)$$

$$= 1 - 4r^2\sin^2\left(\frac{2\pi d}{\lambda_0}\sqrt{n^2 - \sin^2\theta_{\mathrm{i}}}\right) \tag{8.44}$$

で近似できる。

〔2〕 **反射光による干渉光強度**　　図8.6における二つの反射光についても，透過光と同様にして，重ね合わせにより干渉する。第2反射光の点Cから第1反射光へ下ろした垂線の足を点Fとおく。二つの反射光で，点Aの入射直前までと面CF以降が共通なので，この間の位相変化を求める。点Aの反射直前での振幅を1とすると，透過光と同様に考えて，面CFでの各反射光の複素振幅が

$$\psi_{\mathrm{rI}} = r\exp(-i\phi_{\mathrm{r1}}), \qquad \phi_{\mathrm{r1}} = k_0\mathrm{AF} \tag{8.45a}$$

$$\psi_{\mathrm{rII}} = tt'r'\exp(-i\phi_{\mathrm{r2}}) = -tt'r\exp(-i\phi_{\mathrm{r2}}), \qquad \phi_{\mathrm{r2}} = k_0 n(\mathrm{AB} + \mathrm{BC}) \tag{8.45b}$$

で書ける。ψ_{rII} では点 B での内部反射による位相変化 π の効果を反映している。

二つの反射光を重ね合わせると，その光強度は次式で書ける。

$$I_{\mathrm{r}} = |\psi_{\mathrm{rI}} + \psi_{\mathrm{rII}}|^2 = r^2[1 + (tt')^2 - 2tt'\cos\phi] \tag{8.46a}$$

$$\phi \equiv \phi_{\mathrm{r}2} - \phi_{\mathrm{r}1} = k_0\delta\phi_{\mathrm{r}} = 2k_0 nd\cos\theta_{\mathrm{t}} \tag{8.46b}$$

$$\delta\varphi_{\mathrm{r}} \equiv n(\mathrm{AB} + \mathrm{BC}) - \mathrm{AF} = 2nd\cos\theta_{\mathrm{t}} \tag{8.46c}$$

ここで，$\delta\varphi_{\mathrm{r}}$ は干渉に関与する二つの反射光の光路長差を表し，$\mathrm{AB} = \mathrm{BC} = d/\cos\theta_{\mathrm{t}}$，$\mathrm{AF} = 2d\tan\theta_{\mathrm{t}}\sin\theta_{\mathrm{i}}$，式 (8.40) を用いた。式 (8.46c) での $\delta\varphi_{\mathrm{r}}$ は，形式的に透過光での光路長差 $\delta\varphi_{\mathrm{t}}$ と同じなので，位相差に同じ記号 ϕ を用いた。

透過光の場合と同様に，媒質での振幅反射率 r が微小なとき，光強度反射率 $\mathcal{R} = r^2$ に関する 1 次の微小量まで考慮すると，$(tt')^2 \fallingdotseq 1 - 2r^2$ を用いて，二つの反射光による干渉光強度が次式で近似できる。

$$I_{\mathrm{r}} \fallingdotseq 2r^2(1 - \cos\phi) = 4r^2\sin^2\left(\frac{2\pi nd}{\lambda_0}\cos\theta_{\mathrm{t}}\right) = 4r^2\sin^2\left(\frac{2\pi d}{\lambda_0}\sqrt{n^2 - \sin^2\theta_{\mathrm{i}}}\right) \tag{8.47}$$

平行平面板の両側の媒質の屈折率が等しい場合，平面板での吸収を無視すると，透過光の光強度 I_{t} と反射光の光強度 I_{r} の和は，r^2 の範囲では入射光の光強度と等しくなり，光エネルギーが保存される。このとき式 (8.44)，(8.47) が使える。

8.3.2 平行平面板による干渉光強度の極大・極小条件

透過光と反射光の光強度の和が保存されているから，透過光による干渉光強度が極大となるときは，反射光による干渉光強度が極小となるときである。これは，透過光の位相差 ϕ が 2π の整数倍，すなわち

$$\delta\varphi_{\mathrm{t}} = 2nd\cos\theta_{\mathrm{t}} = 2d\sqrt{n^2 - \sin^2\theta_{\mathrm{i}}} = m\lambda_0 \quad (m：整数) \tag{8.48a}$$

$$d\cos\theta_{\mathrm{t}} = m\frac{\lambda_0}{2n} = m\frac{\lambda}{2} \tag{8.48b}$$

で得られる。式 (8.48b) で λ は媒質中の光の波長である。

透過光による干渉では，一方の透過光の内部反射が 2 回となって反射による位相変化が打ち消される。そのため，透過光強度の極大条件は 2 透過光の光路長差 $\delta\varphi_{\mathrm{t}}$ が真空中の波長の整数倍，つまり 2 透過光が同相のときである（図 1.3 参照）。式 (8.48b) は，$d\cos\theta_{\mathrm{t}}$ が媒質中の半波長の整数倍となるべきことを表す。

逆に，透過光による干渉光強度が極小となるのは，反射光による干渉光強度が極大となるときである。これは，反射光の位相差 ϕ が 2π の半整数倍，すなわち

$$\delta\varphi_{\mathrm{r}} = 2nd\cos\theta_{\mathrm{t}} = 2d\sqrt{n^2 - \sin^2\theta_{\mathrm{i}}} = \left(m' + \frac{1}{2}\right)\lambda_0 \quad (m'：整数) \tag{8.49a}$$

$$d\cos\theta_{\mathrm{t}} = \left(m' + \frac{1}{2}\right)\frac{\lambda_0}{2n} = \left(m' + \frac{1}{2}\right)\frac{\lambda}{2} \tag{8.49b}$$

で得られる．反射光による干渉の極大条件は，一方の反射光の内部反射が1回となるため，2反射光の光路長差が真空中の光の波長の半整数倍，つまり2反射光が同相になるときとなる．

本節で扱った干渉では，平行平面板の屈折率 n と厚さ d が既知ならば，傾角 θ_t が一定の方向に光強度の等しい干渉縞が生じる．これを**等傾角干渉縞**または**Haidinger の干渉縞**と呼ぶ．

式 (8.48b)，(8.49b) において，$|\cos\theta_t| \leq 1$ であり，屈折率の値はせいぜい4程度であるから，反射光による干渉が極大・極小となるのは，媒質の厚さ d が波長 λ_0 と同程度の大きさのときに生じ得ることが分かる．

式 (8.48b)，(8.49b) で表される極大・極小条件には，平行平面板に関するパラメータ（厚さ，光線角度，波長）のみが関係し，振幅透過率や振幅反射率が関係しない．これは，後述する等厚干渉に関係する各種応用で重要となる．

【例題 8.2】 シャボン玉の色づきは，石けん水の薄膜（厚さ：$d = 4.5 \times 10^{-4}$ mm，屈折率：1.33）に太陽などの白色光が入射するとき，表面・裏面反射光による干渉に基づいて，強められた光が眼に見えた結果として説明できる．このとき，次の問に答えよ．ただし，屈折率の波長に対する変化を無視せよ．

（1） 光が薄膜に垂直入射するとき，境界での光強度反射率を求めよ．

（2） 垂直入射するとき，可視域で反射光強度が極大となる波長を求めよ．

［解］（1） 垂直入射時の光強度反射率は，式 (3.43) を用いて $\mathcal{R} = [(1-1.33)/(1+1.33)]^2 = 0.020$ で約2%となる．

（2） 反射光強度の極大条件は式 (8.49) で与えられる．垂直入射時では

$$2nd = 2 \cdot 1.33 \cdot 4.5 \times 10^2 \text{ nm} = 1197 \text{ nm} = \left(m + \frac{1}{2}\right)\lambda_0$$

を満たす波長 λ_0 が 380 nm と 780 nm の間にあればよい．$m=0, 1$ のとき不適．$m=2$ のとき $\lambda_0 = 478.8$ nm．$m=3$ 以上も不適．つまり，薄膜の厚さが可視光の波長と同程度のときに干渉縞が観測される．■

 ## 8.4 等 厚 干 渉

前節では，光波が空気中にある平行平面板に入射する場合の二光波干渉を説明した．本節では，この考え方が薄膜の厚さが緩やかに変化している場合の透過光や反射光による干渉にも適用できることを示す．

8.4.1 等厚干渉での考え方

図 8.7 に示すように，厚さ d が緩やかに変化している薄膜（一様屈折率 n）が空気中にあり，これに上方から光波が入射する場合，透過光と反射光による干渉を考える．

平行平面板による2光波の干渉光強度は，前節の結果から分かるように，干渉に関与する媒質における2光波の光路長差 $\delta\varphi$，つまり位相差 ϕ だけで決まり，前後の媒質のパラメータに

は依存しない．薄膜内での光波の傾角が θ_t の場合，透過光と反射光のいずれでも，式 (8.42), (8.46) から分かるように，2光波の光路長差は $\delta\varphi \fallingdotseq 2nd\cos\theta_t$, 位相差は $\phi = k_0\delta\varphi$ ($k_0 = 2\pi/\lambda_0$: 真空中の光の波数，λ_0: 真空中の光の波長) で書ける．

このことより，光波の傾角 θ_t の変化の影響が微小な状況，具体的には垂直入射近傍 ($\theta_t \approx 0$) に保持すると，干渉縞は局所的な厚さ d が一定の軌跡を与える．このような干渉を**等厚干渉** (interference of equal thickness)，得られる干渉縞を**等厚干渉縞**または **Fizeau の干渉縞**と呼ぶ．

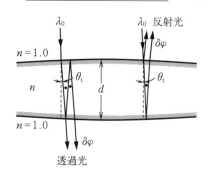

$\delta\varphi = 2nd\cos\theta_t$: 2光波の光路長差，
● : 反射による位相変化が π であることを表す

図 8.7 等厚干渉

透過光と反射光の光強度の和が保存されるから，一方の極大あるいは極小条件のみを知ればよい．反射光による干渉光強度での暗線条件，すなわち透過光による干渉光強度での極大条件を満たす媒質厚 d_m は，式 (8.48b) より

$$d_m = \frac{m\lambda_0}{2n\cos\theta_t} = m\frac{\lambda}{2\cos\theta_t} \quad (m: 正の整数) \tag{8.50}$$

で書ける．ただし，λ は媒質中での光の波長である．

等厚干渉に関する要点は，式 (8.50) より，次のようにまとめられる．

（ⅰ）薄膜の表面と裏面での反射光の光路長差が，薄膜の両側の媒質の屈折率に関係なく，薄膜の屈折率 n と局所的な厚さ d, および薄膜内での光波の傾角 θ_t だけで決まる．

（ⅱ）傾角 θ_t の値がゼロ近傍ならば，厚さ d の等しい箇所の等高線を与える．

（ⅲ）干渉縞の暗線は厚さが $\lambda/2$ 変化するごとに現れる．

等厚干渉の例に，ニュートン環やくさび形干渉（演習問題 8.4 参照）がある．

8.4.2 ニュートンリング

曲率半径 R の球体の一部を平面で切り取った凸球面の薄い透明試料が，空気中に置かれた同一材料からできた平面板に載せられている（**図 8.8**）．この試料の上方から空気中で波長 λ_0 の光波を垂直に入射させる．試料は自重のため平面板と一部面で接するが，両面が点 C で接触しているものとする．

上方からの光波は凸球面の点 A で内部反射する光と，平面板上部の点 B で反射する光が上方で干渉する．点 B の接触点 C からの距離を x, この位置における両物体間の空気層での厚さを d とすると $x^2 = R^2 - (R-d)^2 = 2Rd - d^2$ を満たす．曲率半径が厚さに比べて十分大 ($d \ll R$) とすると，空気層での厚さが次式で近似できる．

$$d \fallingdotseq \frac{x^2}{2R} \tag{8.51}$$

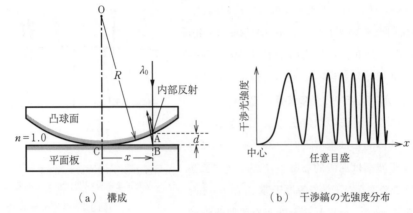

（a）構成　　　　　　　　（b）干渉縞の光強度分布

図 8.8　ニュートンリング（平面と球面による等厚干渉）

このとき，点Bでの反射光と点Aでの内部反射光は，反射に伴う位相変化が π だけ異なる。よって，このときの反射光による干渉光強度は，式（8.47）で光路長差 $\delta\varphi_r = 2nd\cos\theta_t$ の部分を $2d = x^2/R$ に置き換えて，次式で得られる。

$$I_r = 4r^2 \sin^2\left(\frac{\pi x^2}{\lambda_0 R}\right) \tag{8.52}$$

ただし，r は空気から試料に向かうときの振幅反射率を表す。式（8.52）で形成される干渉縞を**ニュートンリング**（Newton ring）またはニュートン環という。図 8.8（b）にニュートンリングの例を示す。干渉縞が同心円となるので，リングと呼ばれる。式（8.52）で位相が中心からの距離 x の2乗に比例しているから，干渉縞は周辺ほど間隔が狭くなる。

中心から距離 x_m の位置に暗環があるとすると，式（8.52）より $\pi x_m^2/\lambda_0 R = m\pi$（$m$：整数）を満たす。これより，試料の曲率半径 R が

$$R = \frac{x_m^2}{m\lambda_0} \tag{8.53}$$

で求められる。これは曲率半径が大きい球面の測定に利用されている。

反射型で得られたニュートン環を写真などで記録した後，この像を反転させれば，後述するフレネルの輪帯板となる（9.7.1項参照）。

【例題 8.3】　空気中にある平凸レンズの凸側を平面板に載せ，レンズの平面側から波長 550 nm の光を垂直入射させてニュートン環を観測した。このとき，次の各問に答えよ。
（1）20番目の暗環の半径が 10 mm となった。このレンズの曲率半径 R を求めよ。
（2）前問の暗環位置での空気層の間隙の厚さ d を求め，$d \ll R$ を確認せよ。
（3）平凸レンズの平面側の直径が 30 mm のとき，暗環は何本観測されるか。

［解］（1）式（8.53）を利用して，曲率半径が次式で求められる。
$R = x_m^2/m\lambda_0 = (10\times10^{-3})^2/(20\cdot550\times10^{-9}) = 9.09$ m
（2）式（8.51）より
$d = x^2/2R = (10\times10^{-3})^2/(2\cdot9.09) = 5.5\times10^{-6}$ m $= 5.5$ μm

となり，明らかに $d \ll R$ を満たす。
（3） 式 (8.53) より
$m = x_m^2 / R\lambda_0 = (15 \times 10^{-3})^2 / (9.09 \cdot 550 \times 10^{-9}) = 45$ 本

8.5　3層構造での多重反射による干渉

8.3節では媒質が低反射率の場合の干渉を扱った。高反射率の場合には，反射が平行平面板内で無限に繰り返されることを考慮する必要があり，このような干渉を**多重反射による干渉**（interference by multiple reflection）と呼ぶ。

本節では，平行平面板による多重反射を考慮した3層構造での干渉を説明する。この理論に基づいて解析できる具体的な応用を8.6節で説明する。

8.5.1　平行平面板の透過光による干渉

図8.9に示すように，真ん中の層に屈折率 n_2，厚さ d の平行平面板があり，その上（下）方媒質の屈折率を n_1（n_3）とする。単色の平面波（真空中での波長 λ_0）が上方媒質から角度 θ_1 で平面板に入射し，平面板内に角度 θ_2 で屈折し，下方媒質へ角度 θ_3 で透過するとする。光の屈折法則により次式が成立する。

$$n_1 \sin\theta_1 = n_2 \sin\theta_2 = n_3 \sin\theta_3 \tag{8.54}$$

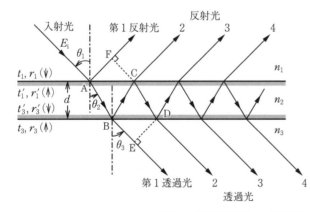

図8.9　平行平面板内の多重反射による干渉

上方媒質から平面板へ向かうときの振幅透過率と振幅反射率を t_1, r_1，下方媒質から平面板への振幅透過率と振幅反射率を t_3, r_3（本節では r_1, r_3：実数）とする。平面板側から他方の媒質へ同一角度で向かうときの振幅透過率・反射率の値には，上記記号に $'$ を付す。ストークスの関係式 (3.27) により，$r_j' = -r_j = r_j \exp(i\pi)$（$j=1,3$）が成り立つ。

電界振幅 E_i の光波が上方媒質から平行平面板へ入射するとき，平面板内で反射が無限に繰り返される多重反射がある場合の特性を，以下で考える。

凸レンズを用いて透過光あるいは反射光を集束させると，レンズの後側焦点面に像を結ぶか

94　　8.　重ね合わせの原理から学ぶ干渉

ら，すべての透過光あるいは反射光は平行光とみなして差し支えない。

図 8.9 で下方媒質から透過するすべての光波に関して，点 B の直前までと下方媒質からの透過は共通であり，隣接する透過光間での反射と光波伝搬特性は規則正しく変化している。

第 2 透過光の点 D から第 1 透過光へ下ろした垂線の足を点 E とする。BE 間の光路長は $\varphi_2 = n_3 \text{BE}$，点 B で反射した後に点 C を経由して点 D に至る光路長は $\varphi_1 \equiv n_2(\text{BC} + \text{CD})$ で表せる。これより，隣接する透過光間での光路長差は

$$\delta\varphi_t \equiv \varphi_1 - \varphi_2 = \frac{2n_2 d}{\cos\theta_2} - 2n_3 d\tan\theta_2\sin\theta_3 = 2n_2 d\cos\theta_2 \tag{8.55}$$

で求められる。ここで，$\text{BC} = \text{CD} = d / \cos\theta_2$，$\text{BE} = \text{BD}\sin\theta_3$，$\text{BD} = 2d\tan\theta_2$ および式 (8.54) を用いた。光波伝搬による隣接透過光間での位相差は $\phi \equiv k_0 \delta\varphi_t = 2k_0 n_2 d\cos\theta_2$（$k_0 = 2\pi/\lambda_0$：真空中での光の波数）で記述できる。

式 (8.55) は，二光波干渉での式 (8.42c) と同じく，光路長差が上下媒質に関係なく，平行平面板の屈折率 n_2，厚さ d，平行平面板内での屈折角 θ_2 のみで決まることを示す。

多重反射による透過光の電界では，境界での透過・反射による振幅の減衰，光波伝搬と反射による位相変化を含める。これらを考慮して重ね合わせの原理を用いると，すべての透過光による電界 E_t が次の無限等比級数で記述できる。

$$E_t = A_0 \sum_{m=1}^{\infty} (r_1 r_3)^{m-1} \exp[-i(m-1)\phi] \tag{8.56}$$

初項：$A_0 \equiv E_i t_1 t_3' \exp(-ik_0 n_2 \text{AB}) = E_i t_1 t_3' \exp\left(-ik_0 n_2 \dfrac{d}{\cos\theta_2}\right)$

公比：$r \equiv r_1' r_3' \exp(-ik_0 \delta\varphi_t) = r_1 r_3 \exp[-i(k_0\delta\varphi_t - 2\pi)] = r_1 r_3 \exp(-i\phi)$

$\phi \equiv k_0 \delta\varphi_t = 2k_0 n_2 d\cos\theta_2$

初項は点 B の直前までと下方媒質への透過の効果を含む。公比では，隣接する透過光間での位相差 ϕ と振幅反射率の積 $r_1' r_3' = r_1 r_3 \exp(i2\pi)$ の効果が含まれている。振幅反射率が $|r_1 r_3| < 1$ を満たすから，すべての透過光による合成電界は次式で書ける。

$$E_t = E_i \frac{t_1 t_3' \exp(-ik_0 n_2 d / \cos\theta_2)}{1 - r_1 r_3 \exp(-i\phi)} \tag{8.57}$$

図 8.10 (a) に式 (8.56) の級数和のフェーザ表示の概略を示す。点 P_m は第 1 項から第 m 項までの積算値の位置である。$\text{P}_{m+1}\text{P}_{m+2}$ の大きさが P_mP_{m+1} の $r_1 r_3$（<1）倍となり，偏角が ϕ ずつ減少する。m の増加とともに一定値 P_∞，つまり合成電界 E_t に収束する様子が視覚的に分かる。計算には代数のほうが便利だが，幾何学的な理解にはフェーザ表示が有用である (8.6 節参照)。

すべての透過光による光強度透過率，つまりすべての透過光の強度の入射光強度に対する比は，式 (8.57) より次のようにして求められる。

$$\mathcal{T}_T \equiv \frac{n_3 \cos\theta_3}{n_1 \cos\theta_1} \frac{|E_t|^2}{|E_i|^2} = \frac{n_3 \cos\theta_3}{n_1 \cos\theta_1} \frac{|t_1 t_3'|^2}{1 + R_1 R_3 - 2r_1 r_3 \cos\phi} \tag{8.58}$$

ここで，$R_i \equiv r_i^2$（$i = 1, 3$）は上・下媒質から平面板へ入射する際の光強度反射率を表す。式

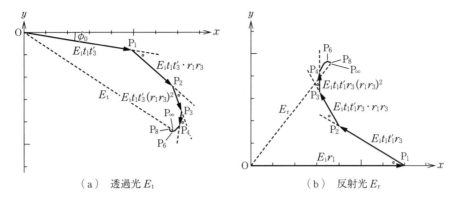

(a) 透過光 E_t　　(b) 反射光 E_r

$\phi_0 \equiv k_0 n_2 d / \cos\theta_2$, $\phi \equiv 2k_0 n_2 d \cos\theta_2$
○：ϕ を表す，P_∞：収束値，図は $r_1 > 0$, $r_3 > 0$ の場合

図 8.10 3層構造における合成電界のフェーザ表示の概略

(8.58) の分母では，r_1 と r_3 が異符号の場合にも適用できるように振幅反射率のままにしており，同符号ならば $r_1 r_3 = \sqrt{R_1 R_3}$ に置き換えればよい。

特に，平行平面板の上下の媒質の屈折率が等しい（$n_3 = n_1$）とき，ストークスの関係式 (3.26) を用いて，式 (8.58) の分子が $(t_1 t_1')^2 = (1 - r_1^2)^2 = (1 - R_1)^2$ と書き直せる。このとき，すべての透過光による光強度透過率が次式で書ける。

$$\mathcal{T}_T = \frac{1}{1 + \frac{4R_1}{(1-R_1)^2}\sin^2\frac{\phi}{2}} = \frac{1}{1 + \frac{4R_1}{(1-R_1)^2}\sin^2(k_0 n_2 d \cos\theta_2)} \tag{8.59}$$

8.5.2 平行平面板の反射光による干渉

次に，平行平面板内での多重反射を考慮した反射特性を求める（図 8.9）。複素振幅の計算の基準位置を点 A への入射直前にとり，入射電界の振幅を E_i とする。1 回目の反射光 I_r は平行平面板での表面反射だけなので，これは別に扱う必要があり，複素振幅が $E_i r_1$ で表せる。

2 回目以降の反射光では規則性がある。点 C から第 1 反射光へ下ろした垂線の足を点 F とおく。隣接する反射光の光路長差は，透過光と同様に考えて

$$\delta\varphi_r \equiv n_2(\mathrm{AB} + \mathrm{BC}) - n_1 \mathrm{AF} = \frac{2n_2 d}{\cos\theta_2} - 2n_1 d \tan\theta_2 \sin\theta_1 = 2n_2 d \cos\theta_2 \tag{8.60}$$

となる。これは透過光での式 (8.55) と同じ値となっている。2 回目以降の反射光は，次に示す無限等比級数で表される。

初項：$E_i t_1 t_1' r_3 \exp(-i\phi) = E_i t_1 t_1' r_3 \exp[-i(\phi - \pi)] = -E_i t_1 t_1' r_3 \exp(-i\phi)$
公比：$r_1' r_3' \exp(-i\phi) = r_1 r_3 \exp[-i(\phi - 2\pi)] = r_1 r_3 \exp(-i\phi)$
$\phi \equiv k_0 \delta\varphi_r = 2k_0 n_2 d \cos\theta_2$ (8.61)

ただし，ϕ は隣接する反射光の位相差であり，透過光と同じ表現である。

図 8.10 (b) に反射光に対するフェーザ表示を示す。OP_1 と $\mathrm{P}_1 \mathrm{P}_2$ は第 1・第 2 反射光を表す。

m の増加とともに収束する点 $P_∞$ が合成電界 E_r である．すべての反射光を重ね合わせ，振幅反射率が $|r_1r_3|<1$ であることを考慮すると，これらによる合成電界 E_r は次式で表せる．

$$E_r = E_i r_1 - E_i \frac{t_1 t_1' r_3 \exp(-i\phi)}{1 - r_1 r_3 \exp(-i\phi)} \tag{8.62}$$

式 (8.62) より，すべての反射光による光強度反射率（すべての反射光の光強度の入射光強度に対する比）が次式で得られる．

$$\mathcal{R}_T \equiv \frac{|E_r|^2}{|E_i|^2} = \frac{|r_1 - (t_1 t_1' + r_1^2) r_3 \exp(-i\phi)|^2}{|1 - r_1 r_3 \exp(-i\phi)|^2} = \frac{|r_1 - r_3 \exp(-i\phi)|^2}{|1 - r_1 r_3 \exp(-i\phi)|^2}$$
$$= \frac{R_1 + R_3 - 2r_1 r_3 \cos\phi}{1 + R_1 R_3 - 2r_1 r_3 \cos\phi} = 1 - \frac{(1-R_1)(1-R_3)}{1 + R_1 R_3 - 2r_1 r_3 \cos\phi} \tag{8.63}$$

上式を導く際には，ストークスの関係式 (3.26) とオイラーの公式を用いた．$R_i \equiv r_i^2$ ($i=1,3$) は上・下媒質から平面板へ入射する際の光強度反射率で，積 $r_1 r_3$ は各値が異符号の場合にも適用できるようにそのままにしている．

上下媒質の屈折率が異なるときでも，すべての透過光と反射光の和でエネルギー保存則（$\mathcal{T}_T + \mathcal{R}_T = 1$）が，S・P偏光ともに厳密に成り立つ．

特に，平行平面板の上下媒質の屈折率が等しい（$n_3 = n_1$）場合，振幅反射率が $r_3 = r_1$ となり，光強度反射率の式 (8.63) は次のように書き直せる．

$$\mathcal{R}_T = \frac{2R_1 - 2R_1 \cos\phi}{1 + R_1^2 - 2R_1 \cos\phi} = \frac{4R_1 \sin^2(\phi/2)}{(1-R_1)^2 + 4R_1 \sin^2(\phi/2)} \tag{8.64}$$

 ## 8.6　3層構造に対する干渉理論の応用

本節では応用上重要なファブリ-ペロー干渉計と反射防止膜の特性を，前節で述べた3層構造での干渉理論を利用して説明する．

8.6.1　ファブリ-ペロー干渉計

2枚の高反射率の平面鏡を対向して配置し，その間に特定の媒質を挟み込んだ干渉装置を**ファブリ-ペロー干渉計**（Fabry-Pérot interferometer）という．屈折率 n_2，厚さ d の媒質を挟み込んだ，一対の高反射率の平行平面板を**エタロン**（ethalon）という．一方の鏡の外部から光をエタロンに入射させると，エタロン内部で多重反射した後，一部の光が他方の鏡から出る．これは 8.5.1 項で述べた3層構造で解析できる（各パラメータは図 8.9 参照）．

ファブリ-ペロー干渉計の光強度透過率の位相変化 $\phi = 2k_0 n_2 d \cos\theta_2$ に対する特性を**図 8.11**に示す．これは式 (8.59) で，端面の光強度反射率を $R_1 = R_3$ ($\equiv R$)，外部を空気（$n_1 = n_3 = 1.0$）としている．図から次の性質が読み取れる．

（ⅰ）透過域が位相変化 $\phi = 2k_0 n_2 d \cos\theta_2$ に対して周期的に現れる．

（ⅱ）間隙媒質の屈折率 n_2 や媒質厚 d を変化させることにより，透過波長を選択できる．

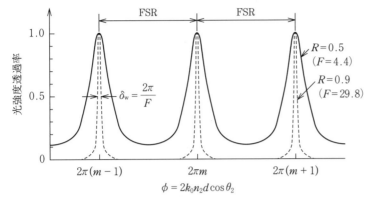

図8.11 ファブリ-ペロー干渉計による全透過光の光強度透過率

(iii) 透過ピークは端面の光強度反射率 R を大きくすると鋭くなる。

上記 (i) より，隣接ピークを越えた範囲を区別できない．隣接ピーク間の間隔を**自由スペクトル領域**（**FSR**：free spectral range）と呼ぶ．FSR は次式で求められる．

$$\Delta\lambda_{\text{FSR}} = \frac{\lambda_0^2}{2n_2 d\cos\theta_2} = \frac{\lambda_0^2}{2d\sqrt{n_2^2 - \sin^2\theta_1}} \quad \text{(波長単位)} \tag{8.65}$$

上記 (ii) に関して，光強度透過率 $\mathcal{T}_T$ を最大とするには，媒質から出る隣接する透過光がすべて同相となるようにすればよい．透過率が最大となる波長は，式 (8.59) における共振条件 $\phi \equiv k_0 \delta\varphi_t = 2k_0 n_2 d\cos\theta_2 = 2\pi m$ より

$$\lambda_{0m} = \frac{2n_2 d\cos\theta_2}{m} = \frac{2d\sqrt{n_2^2 - \sin^2\theta_1}}{m} \quad (m：次数) \tag{8.66}$$

で表せる．この共振条件は，図8.10 (a) で収束点 P_∞ が原点 O から最も遠くなる条件，つまり点 P_∞ が OP_1 の延長線上にあるとしても導ける．このとき，光強度透過率は式 (8.58) に $t_1 t_1' = 1 - r_1^2$ を適用して，$\mathcal{T}_T = 1$ となる．

透過光強度が最大値の半値となる位置を次式で表す．

$$\phi = 2k_0 n_2 d\cos\theta_2 = 2\pi m + \delta_h \tag{8.67}$$

これを式 (8.59) に代入すると $4R\sin^2(\pi m + \delta_h/2)/(1-R)^2 = 1$ を満たす．透過幅が狭いとき $\sin(\delta_h/2) \doteqdot \delta_h/2$ で近似でき，$\delta_{h\pm} = \pm(1-R)/\sqrt{R}$ （複号同順）を得る．これを (8.67) に戻した結果を，波長 λ_{0m} での半値全幅に変換すると

$$\delta\lambda_h = \frac{\lambda_{0m}^2}{2\pi n_2 d\cos\theta_2}\frac{1-R}{\sqrt{R}} = \frac{\lambda_{0m}}{mF} \tag{8.68}$$

が得られる．ここで，式 (8.66)，(8.69) を用いた．図8.11 における半値全幅は $\delta_w = \delta_{h+} - \delta_{h-} = 2\pi/F$ で表せる．

上記 (iii) に関係する透過帯域の鋭さは，FSR の透過帯域半値全幅に対する比で定義され，**フィネス**（finesse）と呼ばれる．フィネス F は重要なパラメータであり，式 (8.65)，(8.68) を用いて次式で表される．

98   8. 重ね合わせの原理から学ぶ干渉

$$F \equiv \frac{\Delta\lambda_{\mathrm{FSR}}}{\delta\lambda_{\mathrm{h}}} = \pi\frac{\sqrt{R}}{1-R} \tag{8.69}$$

フィネス F は端面の光強度反射率 R が大きくなるほど増大する。

ファブリ-ペロー干渉計の分解能は

$$\mathcal{R}_{\mathrm{FP}} \equiv \frac{\lambda_0}{\delta\lambda_{\mathrm{h}}} = \frac{2n_2 d\cos\theta_2}{\lambda_0}\pi\frac{\sqrt{R}}{1-R} = \frac{\lambda_0}{\Delta\lambda_{\mathrm{FSR}}}F = mF \tag{8.70}$$

で表せる。ただし，式 (8.65) ～ (8.69) を用いた。式 (8.70) より，ファブリ-ペロー干渉計の分解能は次数 m とフィネス F の積で決まる。

式 (8.66) は波長選択性を意味し，これは高分解能の分光器や光フィルタ，レーザ共振器などに利用できる。間隙媒質が気体の場合，濃度を変化させることにより，屈折率 n_2 を細かく変化させることができる。

8.6.2 反射防止膜

媒質表面に屈折率の異なる薄膜を単層または多層塗布し，膜の屈折率や厚さを制御して，特定の機能を果たすものを**光学薄膜**という。例として，特定波長の光だけを取り出す干渉フィルタや，不都合な表面反射（例題 3.5 参照）を抑える**反射防止膜**（anti-reflection coating）がある。ここでは後者を説明する。

本項では，基板表面に単層薄膜を塗布する 3 層構造（入射側媒質 n_1，薄膜 n_2，基板 n_3，$n_1 \neq n_3$）で，表面反射を抑える方法を示す（8.5.2 項参照）。単層薄膜で多重反射するすべての反射光をゼロとするには，薄膜で反射して入射側へ戻る，隣接する光波が逆相となるようにし，薄膜表面および裏面から入射方向へ向かう光量を等しくする必要がある。

図 8.9 で第 1・第 2 反射光の振幅は $E_i r_1$ と $-E_i t_1 t'_1 r_3$ で書ける。振幅反射率 r_i が小さいとき，振幅に関して r_i の 1 次の微小量まで考慮すると，ストークスの関係式より $t_1 t'_1 = 1 - r_1^2 \fallingdotseq 1$ で近似でき，また第 3 反射光以降を無視できる。よって，上記ゼロ条件を満たすには振幅反射率を $r_1 = -r_3$ にすればよい。

各振幅反射率は，垂直入射（$\theta_1 = 0$）のとき式 (3.24a) より，次式で書ける。

$$r_1 = \frac{n_1 - n_2}{n_1 + n_2}, \qquad r_3 = \frac{n_3 - n_2}{n_3 + n_2} \tag{8.71a, b}$$

これを $r_1 = -r_3$ に適用して，薄膜の屈折率 n_2 を次のように設定すればよい。

$$n_2 = \sqrt{n_1 n_3} \tag{8.72}$$

多重反射に伴うすべての反射光の光強度反射率の式 (8.63) の値を極小にする条件は $\cos\phi = -1$，つまり $\phi = 2k_0 n_2 d\cos\theta_2 = (2m+1)\pi$（$m$：整数）である。この条件は，上述のように，隣接する反射光が膜の往復分で逆相となる条件でもある。これより，垂直入射では，膜厚を

$$d = \frac{1}{2}\left(m + \frac{1}{2}\right)\frac{\lambda_0}{n_2} = \frac{1}{2}\left(m + \frac{1}{2}\right)\lambda \quad （m：整数） \tag{8.73}$$

とすればよい。ただし，λ は薄膜中での光の波長である。

式 (8.72) を反射防止膜における**振幅条件**，式 (8.73) を**位相条件**という。これらは，無反射とするためには，薄膜の屈折率を基板と周囲媒質の屈折率の相乗平均にし，膜厚を最小で薄膜中の光の波長 λ の 1/4 にすべきことを示す。

無反射条件をフェーザ表示の図 8.10 (b) で考える場合，収束点 P_∞ を原点 O に一致させればよい。隣接する反射光による位相変化が $\phi = (2m+1)\pi$，つまり逆相のとき，式 (8.62) は $E_r = E_i(r_1+r_3)/(1+r_1r_3)$ で書ける。$E_r = 0$ となるには $r_1 = -r_3$ を満たす必要があり，これは上で求めた条件に合致する。一方，$\phi = 2m\pi$ のときは $n_1 = n_3$ となり不適となる。

振幅条件を満たす適切な屈折率の材料がない場合がある。このような場合，式 (8.63) より，反射防止膜の垂直入射での光強度反射率は

$$\mathcal{R}_\mathrm{T} = 1 - \frac{(1-r_1^2)(1-r_3^2)}{(1+r_1r_3)^2} = \frac{(r_1+r_3)^2}{(1+r_1r_3)^2} = \left(\frac{n_1n_3 - n_2^2}{n_1n_3 + n_2^2}\right)^2 \tag{8.74}$$

で書ける。式 (8.72) の振幅条件が満たされるとき確かに $\mathcal{R}_\mathrm{T} = 0$ となる。

単層薄膜で反射防止膜を形成する適切な材料がない場合がある。そのような場合は，単層薄膜での考え方を応用して，基板表面に多層の薄膜を塗布することにより表面反射が抑制される。

【例題 8.4】 空気中で使用するガラス基板（$n_3 = 1.5$）について，誘電体の単層薄膜で反射防止膜を作製するとき，次の問に答えよ。
（1） 単層薄膜の最適屈折率 n_2 を求めよ。
（2） 真空中で波長 500 nm の光波を入射させる場合，垂直入射時の最適屈折率での最小膜厚 d を求めよ。
（3） 通常，低屈折率の誘電体薄膜としてフッ化マグネシウム（MgF_2, $n = 1.38$）が用いられる。垂直入射で最適膜厚のとき，表面での光強度反射率を求めよ。
［解］（1） 無反射の振幅条件の式 (8.72) を用いて，$n_2 = \sqrt{1.0 \cdot 1.5} = 1.22$ を得る。
（2） 位相条件の式 (8.73) を用いて，$d = 500/(4 \cdot 1.22)$ nm $= 102$ nm を得る。
（3） 各屈折率の値を式 (8.74) に代入して，光強度反射率が $\mathcal{R}_\mathrm{T} = [(1.0 \cdot 1.5 - 1.38^2)/(1.0 \cdot 1.5 + 1.38^2)]^2 = 0.0141$ で約 1.4 ％ となり，反射がわずかに残存する。 ■

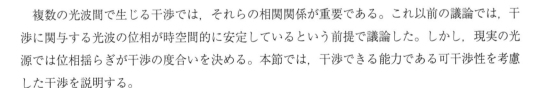

複数の光波間で生じる干渉では，それらの相関関係が重要である。これ以前の議論では，干渉に関与する光波の位相が時空間的に安定しているという前提で議論した。しかし，現実の光源では位相揺らぎが干渉の度合いを決める。本節では，干渉できる能力である可干渉性を考慮した干渉を説明する。

干渉の観測系として**マイケルソン干渉計**（Michelson interferometer）を利用する（**図 8.12**）。これでは，光源から出た光波はビームスプリッタ（BS）で 2 光路に分岐され，固定および可動反射鏡で反射された後に，再び BS で合波されて光検出器に導かれる。可動反射鏡は

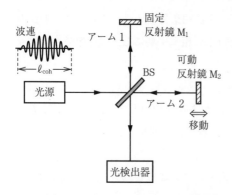

BS：ビームスプリッタ，ℓ_{coh}：可干渉距離
図 8.12 マイケルソン干渉計を用いた干渉

光路長差を与えるためである。

干渉計の光源から光検出器までの距離がアーム1，2でℓ_1，ℓ_2とする。このとき各光路での光電界を，式 (2.3b) の表現を用いて次式で表す。

$$\psi_j = A_j \exp\{i[\omega t - k\ell_j + \phi_j(t)]\} \quad (j=1,2) \quad (8.75)$$

ただし，位相項は，光源には時間 t に対して不規則な変化をする位相揺らぎがあるとして，$\phi_j(t)$ で表す。A_j は振幅，k は媒質中の光の波数である。

可干渉性を考慮すると，光検出器における光強度 I は次式で書ける。

$$I = \langle|\psi_1 + \psi_2|^2\rangle = |A_1|^2 + |A_2|^2 + 2\mathrm{Re}\{A_1 A_2^*\}|\gamma_{12}(\tau)|\cos\phi$$
$$= I_1 + I_2 + 2\sqrt{I_1 I_2}|\gamma_{12}(\tau)|\cos\phi \tag{8.76}$$

$$\gamma_{12}(\tau) = \langle \exp\{i[\phi_1(t) - \phi_2(t)]\}\rangle = \exp\left(-\frac{|\tau|}{\tau_{\mathrm{coh}}}\right) = \exp\left(-\frac{|\varphi_1 - \varphi_2|/n}{\ell_{\mathrm{coh}}}\right) \tag{8.77}$$

$$I_j = |A_j|^2, \quad \tau \equiv \frac{\varphi_1 - \varphi_2}{c}, \quad \phi = k(\ell_1 - \ell_2), \quad \ell_{\mathrm{coh}} = \frac{c}{n}\tau_{\mathrm{coh}} \tag{8.78}$$

ここで，$\langle \cdot \rangle$ は長時間平均，I_j は光強度，τ は2アームでの光の遅延時間差，ϕ は2アームでの位相差，φ_j は各アームの光源から光検出器までの光路長，n は伝搬媒質の屈折率，c は真空中の光速を表す。Re は $\{\}$ 内の実部をとることを意味する。

式 (8.76) における第1・第2項の I_1 と I_2 は，それぞれアーム1，2のみを通過した光波による光強度を表す (8.1.1項〔2〕参照)。

第3項が干渉項であり，これは振幅と2光波による位相差 ϕ 以外に，**複素干渉度** $\gamma_{12}(\tau)$ にも依存している。$\gamma_{12}(\tau)$ は，同一光源から出る光電界の位相揺らぎが光子放出の不規則な確率過程で生じていることによる，光電界の相関関数であり，これが**可干渉性**（コヒーレンス：coherence）の起源である。光源から出る光波は位相揺らぎがあるため，厳密には有限距離または有限時間だけ振幅をもつ**波連**または波束になり，これらの重なり部分が干渉に寄与する。

ℓ_{coh} は光源の**可干渉距離**（coherence length）または**コヒーレンス長**，τ_{coh} は**可干渉時間**（coherence time）または**コヒーレンス時間**と呼ばれる。$\gamma_{12}(\tau)$ は可干渉性と2アーム間での距離差の相対比で決まる。コヒーレンス長やコヒーレンス時間が長いほど，2アームでの距離差や時間差が長くても干渉しやすい。

特に複素干渉度が $|\gamma_{12}(\tau)| = 1$ ($\ell_{\mathrm{coh}} = \tau_{\mathrm{coh}} = \infty$) を満たすとき，式 (8.76) は式 (8.7a) に一致する。つまり，式 (8.7a) は可干渉性が無限に続く，理想的な光源による干渉であると分かる。

可干渉性のある光を**コヒーレント光**（coherent light）と呼ぶ。可干渉距離 ℓ_{coh} が長い実用的な光源はレーザであり，ℓ_{coh} が km を超えるものもある。白熱灯や蛍光灯から出る光，あるいは自然光は可干渉性がほとんどない。このような光を**インコヒーレント光**（incoherent light）

と呼ぶ。ℓ_{coh} が有限値の光を**部分的コヒーレント光**といい，例としてナトリウムや水銀ランプの光がある。

　干渉縞は濃淡の縞であり，その鮮明さは明暗のコントラストで評価される。干渉縞における光強度 I の最大・最小値を $I_{\max}$, $I_{\min}$ で表すとき，コントラストは平均光強度に対する干渉項の比，つまり次式で定義される。

$$V = \frac{I_{\max} - I_{\min}}{I_{\max} + I_{\min}} \tag{8.79}$$

この V は**可視度**（visibility）または**鮮明度**，明瞭度ともいわれる。

　式 (8.76) を式 (8.79) に代入すると，可視度が次式で書ける。

$$V = \frac{2\sqrt{I_1 I_2}}{I_1 + I_2} |\gamma_{12}(\tau)| \leq |\gamma_{12}(\tau)| \tag{8.80}$$

この式で等号が成立するのは，2 アームからの個別光強度が等しい（$I_1 = I_2$）ときである。等強度のとき，可視度が複素干渉度の絶対値と一致している。式 (8.80) は，干渉縞を見やすくするには，光検出器での光強度をできる限り等しくするほうがよいことを示す。

　可視度は $0 \leq V \leq 1$ であり，$I_{\min} = 0$ かつ $I_{\max} \neq 0$ のとき $V = 1$, $I_{\max} = I_{\min}$ のとき $V = 0$ となる。現実の光源では干渉縞の V は一定値ではなく，干渉縞が光路長差や時間差の増加とともに不鮮明となり，$V = 0$ となる。

　干渉の要点は次のようにまとめられる。

（ⅰ）　光波伝搬と反射による位相変化を求めることが重要である。

（ⅱ）　逆進性を満たす光波の間では，反射による位相変化が向きにより π 異なる。また，振幅透過率と反射率の間ではストークスの関係式が成り立つ。

（ⅲ）　2 光波の場合の干渉による光強度は，位相差が 2π の整数倍のとき強め合い，半整数倍のとき弱め合う。

演 習 問 題

8.1　白色光をシャボン玉に垂直入射させるときについて，次の各問に答えよ。ただし，薄膜の屈折率を 1.33 とせよ。

（1）　可視域で反射光強度が極大と極小になる波長がそれぞれ 600 nm と 500 nm で観測された。この結果から薄膜の厚さ d を推定せよ。

（2）　この薄膜で，反射光強度が極大と極小となる可視域の他の波長があれば示せ。

8.2　紙面内に x-z 平面をとり，水平（垂直）方向を x (z) 軸とする。等振幅 A の 2 光波（平面波で角周波数 ω，波長 λ_0）が，空気中で z 軸に対して同一角度 θ で対称に，z 軸の正方向に伝搬している。このとき，次の各問に答えよ。

（1）　2 光波の複素振幅が次式で書けることを説明せよ（$k_0 = 2\pi/\lambda_0$ は真空中の光の波数）。

$$\psi_1 = A\exp\{i[\omega t - k_0(x\sin\theta + z\cos\theta)]\} \quad \cdots ①$$
$$\psi_2 = A\exp\{i[\omega t - k_0(-x\sin\theta + z\cos\theta)]\} \quad \cdots ②$$

（2）　これらが $z = 0$ につくる合成波の複素振幅 ψ を求めよ。

（3） 前問で求めた結果が定在波であることを説明せよ。
（4） 光強度分布における x 方向の周期 Λ を求めよ。

8.3 平凹レンズ（曲率半径 R_1）の球面側と両凸レンズ（曲率半径 R_2（$<R_1$））が，レンズ中心で接して空気中にある（図8.13）。平凹レンズの平面側から波長 λ_0 の光波を垂直に入射させ，ニュートン環を観測する。このとき，次の問に答えよ。ただし，レンズ間の間隙 d は球面の曲率半径に比べて十分小さいものとし，空気側からレンズへの振幅反射率を r，入射光は単位振幅とする。

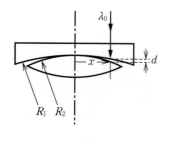

図8.13

（1） レンズ中心から距離 x の位置におけるレンズ間の間隙の厚さ d を，これらのパラメータとして求めよ。
（2） レンズ間の間隙が空気層であるとき，反射による光強度の表式を求めよ。
（3） レンズ間の間隙を水（屈折率 n_w）で満たすとき，反射による光強度の表式を求めよ。
（4） 間隙が空気層および水のときについて，中心から m 番目の暗環の位置 x_m を求めよ。
（5） 間隙が空気層で平凹レンズの曲率半径が $R_1=1.5\,\mathrm{m}$，入射光の波長が $500\,\mathrm{nm}$ のとき，10番目の暗環の直径が $7.8\,\mathrm{mm}$ となった。このとき，両凸レンズの曲率半径を求めよ。

8.4 屈折率 n が一様な正方形の透明物質がある。その厚さは一辺に沿ってわずかに一様に変化し，一方の端が d_1，他方の端が d_2（$>d_1$）とする。上方から波長 λ_0 の光波を面に対して垂直に均一に照射したところ，反射光による干渉縞の暗線が N 本観測された。このくさび形干渉について，下記の問に答えよ。
（1） d_2-d_1 をこれらのパラメータで表せ。
（2） $\lambda_0=500\,\mathrm{nm}$，$n=1.5$ のとき，干渉縞の数が 15 本となった。このとき，d_2-d_1 を求めよ。

8.5 エタロンの間隔が $25\,\mathrm{mm}$ のファブリ-ペロー干渉計について，次の問に答えよ。
（1） 波長 $589\,\mathrm{nm}$ の単色光で観測できる最大次数 m を求めよ。
（2） エタロンでの振幅反射率が 0.975 のとき，フィネス F を求めよ。
（3） 垂直入射させるとき，透過域波長に対する半値全幅を求めよ。
（4） これを分光に用いるとき，分解能は最大いくらになるか。

8.6 空気中でサファイア基板（Al_2O_3，$n_3=1.77$）を使用する際，誘電体単層薄膜による反射防止膜について，次の問に答えよ。
（1） 単層薄膜の最適屈折率 n_2 を求めよ。
（2） 真空中で波長 $500\,\mathrm{nm}$ の光波を入射させる場合，垂直入射時の最適屈折率での最小膜厚 d を求めよ。
（3） 通常，低屈折率の誘電体薄膜としてフッ化マグネシウム（MgF_2，$n=1.38$）が用いられる。垂直入射で最適膜厚のとき，表面での光強度反射率を求めよ。

8.7 空気中にあるマイケルソン干渉計で，波長 $633\,\mathrm{nm}$，コヒーレンス長 $2.0\,\mathrm{m}$ の光源を用い，アーム長が $50\,\mathrm{cm}$ と $75\,\mathrm{cm}$，ビームスプリッタ（BS）の光強度透過率が T であるとき，次の問に答えよ。
（1） 複素干渉度を求めよ。
（2） 光検出器での光強度分布の表式を求めよ。位相差は ϕ のままで用いよ。
（3） 光検出器での可視度を求めよ。
（4） 光検出器で受ける光強度を最大にするための，BS の光強度透過率 T に対する条件を求めよ。
（5） （4）の結果から，BS に対してどのような結論が引き出せるか。

9章 重ね合わせの原理から学ぶ回折

　光波の伝搬方向に伝搬を妨げる遮蔽物があっても，光波がその裏側まで回り込む現象を回折と呼び，これは波動固有の現象である。波長が短い光波では回折を日常生活で経験することは稀で，身近な例では光ディスクがある。

　9.1節では回折の基礎であるキルヒホッフ近似を説明し，ホイヘンス-フレネルの原理との関連も述べる。9.2節ではフラウンホーファー回折とフレネル回折の区別を説明する。9.3～9.5節では，ホイヘンスの原理に基づいて開口をピンホールの集合体とみなし，多重ピンホールによる干渉に重ね合わせの原理を用いてフラウンホーファー回折を扱う。9.3節では単一開口での回折として単スリットによる回折を複数の手法で扱い，回折像光強度の極大・極小条件を幾何学的・物理的意味でも調べる。9.4節では方形開口・円形開口による回折を，9.5節では周期的開口による回折を説明する。9.3～9.5節ではフェーザ表示も用いる。9.6節では一般領域でのフレネル回折を，9.7節では回折を利用した結像作用を，9.8節では反射型回折格子を説明する。

9.1　回折の基礎：キルヒホッフの理論

　回折理論はホイヘンス-フレネルの原理を端緒として発展した（2.4節参照）。本節では，応用上有用なキルヒホッフ近似を波動方程式から出発して示した後，フレネルの考え方との関係を明確にする。また，後半でバビネの原理を説明する。

9.1.1　キルヒホッフ近似

　単色光（波長 λ）が一様媒質中を伝搬するとき，位置ベクトル $\boldsymbol{r}$ に依存する複素振幅 $u(\boldsymbol{r})$ は，ヘルムホルツの方程式

$$\nabla^2 u(\boldsymbol{r}) + |\boldsymbol{k}|^2 u(\boldsymbol{r}) = 0 \tag{9.1}$$

を満たす（13.2節参照）。ただし，$\boldsymbol{k}$ は媒質中の波数ベクトル，$k = |\boldsymbol{k}| = 2\pi/\lambda$ は媒質中の光の波数，λ は媒質中の光の波長である。

　内部に光源を含まない閉曲面 S を考え，グリーンの定理（付録の式 (B.6)）における関数として式 (9.1) を満たす任意の関数 u, v をとると，次式が導ける。

$$\iint_S \left(u \frac{\partial v}{\partial n} - v \frac{\partial u}{\partial n} \right) dS = 0 \tag{9.2}$$

ただし，$\partial/\partial n$ は面 S 上での外向き法線方向の微分で，積分は面 S 上で行う。

　式 (9.2) での v として，閉曲面 S 内における任意の点 Q を中心とした外向き球面波を考え，

点Qと閉曲面との距離をsとして，その複素振幅を$v=\exp(-iks)/s$で表す（式(2.10)参照）。$s=0$は特異点となるから，これを除外するため$s=0$を中心とした微小球を考えて積分を行う。その結果，点Qにおける複素振幅が

$$u(Q) = \frac{1}{4\pi}\iint_S \left\{ \frac{\partial u}{\partial n}\frac{\exp(-iks)}{s} - u\frac{\partial}{\partial n}\left[\frac{\exp(-iks)}{s}\right]\right\}dS \tag{9.3}$$

で書ける。式(9.3)は**ヘルムホルツ-キルヒホッフの積分定理**と呼ばれる。

キルヒホッフは，**図9.1**に示すように，点光源Pと観測点Qを開口（aperture, 一部の光だけを通過させるための孔）の前後におき，式(9.3)における積分領域Sを開口部S_1，遮光部S_2，観測点Qを含む曲面S_3の三つに分けた。また，次の二つの仮定，①開口の大きさが波長に比べて十分大きく，開口を通過する光束は開口の大きさに比例する，②開口から点P，Qまでの距離がともに開口の大きさよりも十分大きい，ということを設けた。さらに，③光軸近傍の波面だけを考慮した。

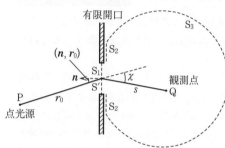

S_1：開口部，S_2：遮光部，S_3：観測点Qを含む曲面上，S'：S_1上の任意の点，$\boldsymbol{n}$：S'における外向き単位法線ベクトル，$(\boldsymbol{n}, \boldsymbol{r}_0)$：線分$PS'$と$\boldsymbol{n}$のなす角度，$r_0 \gg \lambda$

図9.1 回折に関するキルヒホッフ近似

上記領域の積分で，S_2への影響は数波長程度であり，仮定①により遮光部S_2の積分への寄与は無視できる。十分大きい曲面S_3では光波が十分減衰し，S_3の積分への影響も無視できる。結局，積分には開口部S_1のみが寄与する。

領域S_1上の任意の点をS'として，距離PS'をr_0，距離$S'Q$をs，開口へ入射する光線と開口から観測点へ向かう光線のなす角度をχとおく。こうして，観測点Qでの光波の複素振幅が，次の実用的な近似式で得られる。

$$u(Q) \doteqdot Aa\frac{\exp(-ikr_0)}{r_0}\iint_{S_1}\frac{\exp(-iks)}{s}K(\chi)dS \tag{9.4}$$

$$K(\chi) \equiv \frac{\cos(\boldsymbol{n}, \boldsymbol{r}_0) - \cos(\boldsymbol{n}, \boldsymbol{s})}{2}, \qquad a \equiv \frac{i}{\lambda} \tag{9.5a, b}$$

ここで，Aは点光源Pでの振幅，aは振幅比，$(\boldsymbol{n}, \boldsymbol{r}_0)$は点$S'$における外向き単位法線ベクトル$\boldsymbol{n}$と$PS'$方向のベクトル$\boldsymbol{r}_0$がなす角度，$(\boldsymbol{n}, \boldsymbol{s})$は$\boldsymbol{n}$と$S'Q$方向のベクトル$\boldsymbol{s}$がなす角度であり，積分は領域$S_1$で行う。式(9.5a)で示した$K(\chi)$は**傾斜因子**（inclination factor）と呼ばれ，上記仮定②，③を考慮すると，次式で表せる。

$$K(\chi) \equiv \frac{1+\cos\chi}{2} \tag{9.6}$$

式(9.4)は**キルヒホッフ近似**（Kirchhoff approximation）または**フレネル-キルヒホッフの回折公式**と呼ばれる。$K(\chi)$として式(9.6)を利用した式(9.4)は，回折現象全般の解析に使える基本式である。

式(9.4)〜(9.6)に現れている因子は，次のような意義をもつ。

（ⅰ） 式 (9.5a, b) における傾斜因子 $K(\chi)$ と振幅比 a は，2.4.1項で示したフレネルの傾斜因子 $q(\chi)$ と $q(\chi)=aK(\chi)$ で関係づけられる。

（ⅱ） 傾斜因子 $K(\chi)$ は，1次波と2次波がなす角度の変化量 χ の効果を表す。フレネルは $q(\chi=\pi/2)=0$ と仮定していたが，厳密には $K(\chi=\pm\pi)=0$ である。

（ⅲ） 振幅比 $a=i/\lambda=\exp(i\pi/2)/\lambda$ は，フレネルが示した式 (2.21) における q_1 に一致する。これは，2次波の1次波に対する振幅の比が波長に反比例し，2次波の位相が1次波に対して $\pi/2$ だけ進むことを示す。フレネルの q_1 では1次波と2次波がなす角度の変化量を $\chi=0$ としており，傾斜因子が $K(\chi=0)=1$ となるため，見掛け上 χ の効果が消えていた。

（ⅳ） 2次波の観測点 Q への影響は，その伝搬距離 s に依存し，開口後の振幅が伝搬距離 s に反比例し，位相項が $\exp(-iks)$ の形で変化する。

（ⅴ） 式 (9.6) はカージオイド（cardioid：心臓形）曲線と呼ばれる。これは短波長の光波では回折角が微小なのであまり重要視されないが，長波長の電波領域では重要となる。

式 (9.4) は光源と観測点に関して対称であり，図9.1で点 P と Q を入れ換えても同じ結果が得られる。これは**ヘルムホルツの相反定理**と呼ばれる。

9.1.2 バビネの原理

図9.2に示すように，一つの開口 S があるとき，この開口を複数の開口，例えば S_A と S_B に分けたとする。開口 S に対する回折による観測点 Q における複素振幅を $\psi_0(Q)$ とすると，式 (9.4) での複素振幅は次式で書ける。

$$\psi_0(Q) = Aa \iint_S \frac{\exp[-ik(r_0+s)]}{r_0 s} K(\chi) dS$$
$$= Aa \iint_{S_A} \frac{\exp[-ik(r_0+s)]}{r_0 s} K(\chi) dS + Aa \iint_{S_B} \frac{\exp[-ik(r_0+s)]}{r_0 s} K(\chi) dS$$
$$= \psi_A(Q) + \psi_B(Q) \tag{9.7}$$

ここで，$\psi_A(Q)$ と $\psi_B(Q)$ は開口 S_A と S_B が単独で存在するときの点 Q における複素振幅を表す。式 (9.7) は**バビネ（Babinet）の原理**と呼ばれ，複素振幅の段階で用いるものである。式

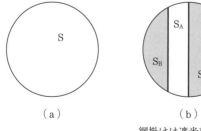

網掛けは遮光部を表す

図9.2 バビネの原理

(9.7) は $\psi_B(Q) = \psi_0(Q) - \psi_A(Q)$ とも書ける。

バビネの原理の意義は次の通りである（演習問題9.1，9.6，9.8参照）。

（ⅰ）与えられた開口の形状を求めやすい複数の開口形状に分けて，それらに対する複素振幅を求めた後，それらの和あるいは差をとればよい。

（ⅱ）観測点 Q_0 で $\psi_0(Q_0) = 0$ となれば $\psi_B(Q_0) = -\psi_A(Q_0)$ が成り立ち，その点 Q_0 で開口 S_A と S_B に対する複素振幅の位相が π だけ異なるが，光強度は等しい。

 ## 9.2　回折の分類と概要

本節では回折を開口面と像面の距離により分類した後，フラウンホーファー回折とフレネル回折の概要を述べる。

9.2.1　回折の分類

回折を解析する場合に，式 (9.4) が数学的に扱いやすくなるように，回折が分類されていることを次に説明する。

光源，開口面，像面が順にある光学系で，光軸を基準とした開口面の座標を (ξ, η, ζ)，像面座標を (x, y)，開口と像面の間隔を L とする。L が開口や像面の分布領域に比べて十分大きいとし，光源から出た球面波の開口部での形状を考慮に入れる。下記式で $\zeta \simeq -(\xi^2+\eta^2)/2r_0$ を用いて，開口面の点 (ξ, η) と像面の点 (x, y) の距離 s は次式で近似できる。

$$s = \sqrt{(\xi-x)^2 + (\eta-y)^2 + (\zeta-L)^2} \simeq L + \frac{x^2+y^2}{2L} - \frac{x\xi+y\eta}{L} + \frac{\xi^2+\eta^2}{2L_h} + \cdots \tag{9.8}$$

$$\frac{1}{L_h} \equiv \frac{1}{r_0} + \frac{1}{L} \tag{9.9}$$

式 (9.4) での複素振幅を式 (9.8) で近似する際，振幅への影響は位相に比べて小さいから，振幅では第1項の L のみを用いる。位相項の計算では開口部で積分するから，この式の最終項を無視できれば計算が楽になる。間隔 L が十分に大きい場合，最終項が無視できる目安は，この項が波長 λ に比べて十分微小となることで，$(\xi^2+\eta^2)_{max}/2L_h \ll \lambda$ で表せる。この条件は，両辺に波数 k を掛けて

$$k\frac{(\xi^2+\eta^2)_{max}}{2L_h} \ll 2\pi \tag{9.10}$$

に書き換えられる。この式はフラウンホーファー回折の成立条件である。

以上の考察により，回折は開口の大きさ D，開口面と像面の間隔 L，波長 λ に応じて次のように分類されている。

（ⅰ）ニアフィールド回折（near-field diffraction，$L <$ 数 λ）：開口直後で観測される回折像であり，近似的に開口での透過形状に等しい像が得られる。このときの像は**近視野像**

（near-field pattern）と呼ばれる。

（ⅱ） フラウンホーファー回折（Fraunhofer diffraction）：式 (9.10) が満たされるほど，開口から十分離れた位置で観測される回折像であり，その複素振幅は開口での物体の複素振幅をフーリエ変換して求められる。この性質は応用上重要であり，短い距離でこれを実現するために凸レンズを用いる方法がとられる（9.2.3 項参照）。このときに得られる像は**遠視野像**（far-field pattern）と呼ばれる。

（ⅲ） フレネル回折（Fresnel diffraction）：上記二つの中間領域における一般的な回折である。回折像は開口の縁の影響を受けるため，数学的な扱いは面倒である。光波領域では，フレネル回折の実用面への影響は限定的である。

9.2.2 フラウンホーファー回折の概要

フラウンホーファー回折の成立条件の式 (9.10) は，開口への垂直入射を想定すると，開口と像面の間隔 L に対して次のように表せる。

$$L \gg \begin{cases} D^2/2\lambda & : 幅 D の単スリット \\ \pi D^2/8\lambda & : 直径 D の円形開口 \end{cases} \tag{9.11}$$

式 (9.11) が満たされるとき，像面での複素振幅は，開口面上での物体の振幅透過率を $u_0(\xi, \eta)$ とおき，式 (9.8) で最終項を省いた式を式 (9.4) に代入して

$$\psi(x, y) = \frac{iA}{\lambda L} \exp(-ikL)\exp\left(-ik\frac{x^2+y^2}{2L}\right)\tilde{u}_0(\mu_x, \mu_y) \tag{9.12}$$

$$\tilde{u}_0(\mu_x, \mu_y) \equiv \mathcal{F}^{-1}[u_0(\xi, \eta)] = \iint_{-\infty}^{\infty} u_0(\xi, \eta)\exp[i2\pi(\xi\mu_x + \eta\mu_y)]d\xi d\eta \tag{9.13}$$

$$\mu_x \equiv \frac{x}{\lambda L}, \qquad \mu_y \equiv \frac{y}{\lambda L} \tag{9.14}$$

で書ける。ただし，記号に冠した～はフーリエ変換，$\mathcal{F}^{-1}$ は括弧内の関数に対してフーリエ逆変換を施すこと，μ_x と μ_y は x，y 方向の空間周波数を表す。

式 (9.12) は，開口から十分離れた位置（式 (9.11) が成立）で得られる像面での複素振幅が，物体の振幅透過率 $u_0(\xi, \eta)$ のフーリエ逆変換に比例することを示しており，このような回折を**フラウンホーファー回折**という。式 (9.12) の位相項に含まれる像面座標の x と y は，光強度をとると消失する。そして，回折像の光強度が，開口面での振幅透過率をフーリエ逆変換した値の絶対値の 2 乗に比例するようになる。

式 (9.12) は式 (9.11) が満たされる場合に成立する。この条件は，例えば可視光の波長 500 nm に対して，スリットの開口幅 2 mm では $L \gg 4$ m，5 mm では $L \gg 25$ m となり，室内で行うには不向きである。そこで，より短い距離でフーリエ逆変換を達成する方法を次項で説明する。

9.2.3 凸レンズを用いた回折

図 9.3 に示すように，光源から出た光波（波長 λ）が開口に入射するとき，開口面の直後に

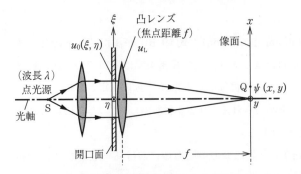

u_0：開口での複素振幅透過率，u_L：レンズの複素振幅透過率，ψ：像面での複素振幅

図 9.3 開口面直後に凸レンズをおいたフラウンホーファー回折

収差のない凸レンズ（焦点距離 f）を隙間なく挿入する。光軸を原点としてレンズ面座標を (ξ, η)，像面座標を (x, y) とする。

焦点距離 f のレンズの複素振幅透過率は $u_L = \exp[ik(\xi^2+\eta^2)/2f]$（$k$：光の波数）で書ける（6.5節参照）。一方，開口と像点の距離 s の展開式（9.8）の最終項で，L_h を薄肉凸レンズの（後側）焦点距離 f，r_0 を光源と開口面の間隔，L を開口面と像面の間隔とおくと，光源と像面が結像関係を満たす（式 (4.25) 参照）。この効果は $u_{conj} = \exp[-ik(\xi^2+\eta^2)/2f]$ で書け，u_L と u_{conj} の効果が相殺する。これは，式 (9.8) で ξ と η に関する 2 乗項が消失することを示す。

光学系を構成しやすくするため，光波が開口面に垂直に入射する，つまり $r_0 = \infty$ とすると $L = f$ となる。このとき，像面上の点 $Q(x, y)$ での複素振幅は，式 (9.8) で $L=f$ とおいた結果を式 (9.4) に代入して求められる。つまり，像面での複素振幅は式 (9.12) ～ (9.14) で間隔 L を焦点距離 f に置換した式で得られる。

よって，開口面直後に焦点距離 f の凸レンズを挿入した光学系で，光波を開口面に垂直入射させると，フラウンホーファー回折が，凸レンズの後側焦点面という，前項の開口面と像面の間隔 L よりもはるかに短い距離で得られる。

9.2.4 フレネル回折の概要

本項では，開口面と像面の間隔 L が比較的短い，一般の場合の回折を説明する。開口と像面上の点 Q との距離 s の展開式 (9.8) において，像面座標 (x, y) を規格化すると，s が

$$s = L + \frac{x^2+y^2}{2(r_0+L)} + \frac{1}{2L_h}[(\xi-x_e)^2 + (\eta-y_e)^2] + \cdots \tag{9.15}$$

$$x_e \equiv \frac{L_h}{L}x, \qquad y_e \equiv \frac{L_h}{L}y \tag{9.16}$$

のように書き直せる。ここで，x_e と y_e は規格化値，L_h は式 (9.9) で定義した値である。

開口面での複素振幅透過率を $u_0(\xi, \eta)$ として，式 (9.15) を式 (9.4) に代入すると，像面の点 Q での複素振幅が次式で求められる。

$$\psi(x,y) = C_b \iint_S u_0(\xi,\eta) \exp\left\{-i\frac{k}{2L_h}[(\xi-x_e)^2+(\eta-y_e)^2]\right\} d\xi d\eta \tag{9.17a}$$

$$C_b \equiv \frac{iA\exp(-ikr_0)}{\lambda r_0 L} \exp\left\{-ik\left[L+\frac{x^2+y^2}{2(r_0+L)}\right]\right\} \tag{9.17b}$$

ただし，C_0 は開口面座標に依存しない定数を表す。

回折式の被積分項で，開口面座標の ξ と η に関する 2 次項までを含む場合を**フレネル回折**という。フレネル回折の具体例は後述する（9.6 節参照）。

 ## 9.3 単スリットによるフラウンホーファー回折

本節では，重ね合わせの原理の回折への適用例として，単スリットによるフラウンホーファー回折を扱う。これは多重ピンホールの考え方（8.2.2 項参照）を拡張して解析できる。回折像の振幅をフェーザ表示で求めた後，回折限界，回折像光強度の極大・極小条件を説明する。この節の最後では，比較のため標準的解法での回折像の結果も示す。

9.3.1 単スリットによる回折：多重ピンホールによる干渉からの拡張

〔1〕**フェーザ表示による回折像の導出** 図 9.4 に示すように，単色の平面波（波長 λ）を空気中にある有限幅スリット（幅 D）に垂直入射させ，像面で回折像を観測する。スリットと像面の間隔を L とし，間隔 L はスリット幅 D と像の分布領域よりも十分大きいとする。

スリットに到達した平面波は，ホイヘンスの原理により，スリット上の各点を波源として新しい球面波を発生させる。このことはスリット上に無限小のピンホールが無数にあると考えてもよいことを示唆する。そこで，スリットを十分大きな数 N 個のピンホールで埋め尽くし，スリットを微小幅 $d=D/N$ のピンホールの集合体とみなす。このようにすると，単スリットによる回折は，8.2 節で示した多重ピンホールによる干渉と同様に考えることができる。

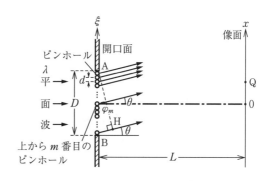

D：スリット幅，d：ピンホール間隔（無限小），
L：開口面と像面の間隔，θ：光線が開口面の法線となす角度，λ：波長，$\lambda \ll L$，$\varphi_m=(m-1)d\sin\theta$：上から m 番目のピンホールから出る光と点 A との光路長差

図 9.4 単スリットによる回折
（多重ピンホールに分解）

単スリット全面から出る光波の振る舞いは，各ピンホールから出る光波の重ね合わせで求めることができる。スリットと像面の間隔 L が十分に大きいから，各ピンホールから出た球面波は，像面近傍ではスリット面の法線と一定の角度 θ をなして伝搬する近似的な平面波とみなせ，光線としても考えられる。

図 9.4 のように，一端のピンホール A から，他端のピンホール B から出た光線に下ろした垂線の足を H とする。AH 面以降の平面波の像面までの距離は等しく $L/\cos\theta$ で表せ，θ が微

110 　9. 重ね合わせの原理から学ぶ回折

小（9.3.2 項参照）として L で近似できる。

　各ピンホールから出た光波の光路長の違いは，各ピンホールと AH 面までの光路長となる。位相計算の基準位置をピンホール A とすると，上から m 番目のピンホールから AH 面への光路長が $\varphi_m = (m-1)d\sin\theta$ となり，位相差が

$$\phi_m = k\varphi_m = k(m-1)d\sin\theta = kD\frac{m-1}{N}\sin\theta \qquad (m=1\sim N) \tag{9.18}$$

で表せる。ただし，$k=2\pi/\lambda$ は光の波数，λ は光の波長である。

　間隔 L が像の分布領域よりも十分大きいから，角度 θ は

$$\sin\theta \fallingdotseq \tan\theta = \frac{x}{L} \tag{9.19}$$

で近似できる。このとき，式 (9.18) は次式で表せる。

$$\phi_m = 2\pi\frac{m-1}{N}\frac{D}{\lambda L}x \fallingdotseq 2\pi(m-1)\frac{D\mu_x}{N} \tag{9.20}$$

$$\mu_x \equiv \frac{x}{\lambda L} \tag{9.21}$$

上記 μ_x は規格化した像面座標で空間周波数に相当する。

　単スリット全面での電界振幅 A は，各ピンホールに等分配され，観測位置での振幅の違いは，位相に比べて無視できる程度である。観測点 Q での合成波の複素振幅の形式解は，各ピンホールから出る個別波の位相因子を積算して

$$\psi_{\mathrm{sl}} = \frac{A}{N}\sum_{m=1}^{N}\exp(-i\phi_m) = \frac{A}{N}\sum_{m=1}^{N}\exp[-i(m-1)\Theta] \tag{9.22a}$$

$$\Theta \equiv 2\pi\frac{D\mu_x}{N} = \frac{2\pi}{N}\frac{Dx}{\lambda L} \tag{9.22b}$$

で書ける。式 (9.22a) は初項 A/N，公比 $\exp(-i\Theta)$，項数 N の等比数列の和である。

　式 (9.22a) は，フェーザ表示での式 (7.9) で振幅を A から A/N に変更すれば形式的に一致する。合成波の式 (9.22a) の和の絶対値は，式 (9.22b) を式 (7.13) に代入して

$$|\psi_{\mathrm{sl}}| = A\frac{\mathrm{sinc}[N2\pi(D\mu_x/N)/2\pi]}{\mathrm{sinc}[2\pi(D\mu_x/N)/2\pi]} = A\frac{\mathrm{sinc}(D\mu_x)}{\mathrm{sinc}(D\mu_x/N)} \tag{9.23a}$$

である。合成波の位相項は，全体の共通項 $\exp(-ikL)$ と式 (9.22b) を式 (7.15) に代入した結果

$$\exp(-i\phi) = \exp\left(-i\frac{N-1}{2}2\pi\frac{D}{N}\mu_x\right) = \exp(-i\pi D\mu_x) \tag{9.23b}$$

との積で求められる。上式でピンホール数 $N\to\infty$ を用いた。式 (9.23b) の位相項に式 (9.19)，(9.21) を適用すれば，$\phi = k(D/2)\sin\theta$ に書き直せる。これは，単スリット全面と像面の光路差が，スリット中心から出る光波の光路差 $(D/2)\sin\theta$ で平均化されることを意味する。

　像面の点 Q での複素振幅は，式 (9.23a, b) などより次式で表せる。

$$\psi_{\mathrm{sl}} = A\frac{\mathrm{sinc}(D\mu_x)}{\mathrm{sinc}(D\mu_x/N)}\exp(-ikL)\exp(-i\pi D\mu_x) \tag{9.24}$$

$$\mathrm{sinc}\, q \equiv \frac{\sin \pi q}{\pi q} \tag{9.25}$$

式 (9.25) の $\mathrm{sinc}\, q$ は式 (7.14), (8.21) で定義した sinc 関数と同じだが，頻出するので再掲している。$N \to \infty$ として，像面での合成波の複素振幅が次式で書ける。

$$\psi_{\mathrm{sl}} = A\,\mathrm{sinc}\left(\frac{D}{\lambda L}x\right)\exp(-ikL)\exp\left(-i\frac{\pi D}{\lambda L}x\right) \tag{9.26}$$

これはフラウンホーファー回折に相当する。像面での光強度は次式で書ける。

$$I_{\mathrm{sl}} = |\psi_{\mathrm{sl}}|^2 = A^2 \mathrm{sinc}^2\left(\frac{D}{\lambda L}x\right) = A^2\left[\frac{\sin(\pi Dx/\lambda L)}{\pi Dx/\lambda L}\right]^2 \tag{9.27}$$

単スリット直後に焦点距離 f の凸レンズを隙間なく置く場合，像面での複素振幅や光強度は式 (9.26), (9.27) における L を f に置き換えて求められる。

式 (9.26), (9.27) から次のことがいえる。

(ⅰ) 像面での回折像分布は sinc 関数で表されている。

(ⅱ) sinc 関数はスリット幅 D と空間周波数 μ_x に依存しており，空間周波数 μ_x の増加とともに減衰振動している。この振動特性は，2 次波からの位相が周期的に変化することを反映している（2.4.2 項参照）。また，減衰特性は傾斜因子における角度成分の効果を表す。

単スリットによる回折像での光強度分布を**図 9.5**に実線で示す。光波は開口から光軸に沿って伝搬した成分だけでなく，光軸から離れた位置にも到達している。光強度は光軸（$x=0$）で最大値をとり，中心から離れるのに従って減衰振動している。この中心部のピークを**0 次回折光**（diffracted wave）と呼び，これは開口から直進した成分に相当する（図 8.5（a）参照）。中心部の周辺にある明るい（光強度極大）部分を順に，**±1 次回折光**または $\pm m$ 次回折光と呼ぶ。±1 次回折光強度の極大値は 0 次回折光の最大値の約 5% である。

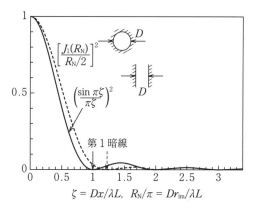

L：開口面と像面の間隔，λ：波長，円形開口の結果は式 (9.58) に対するもの

図 9.5 単一開口からの回折像光強度分布

〔2〕 **回折像光強度の極大・極小条件** 回折像の光強度，つまり合成波の光強度が極大となる位置は，式 (9.27) を微分した結果より，次式を解いて得られる。

$$\tan\frac{\pi Dx}{\lambda L} = \frac{\pi Dx}{\lambda L} \tag{9.28}$$

極大条件の式 (9.28) は超越関数であり，厳密には数値的に求めるしかない。これの近似解は次式で表せる。

$$s_m \equiv \frac{Dx}{\lambda L} = D\mu_x = \left(m+\frac{1}{2}\right) - \frac{1}{\pi^2(m+1/2)} \quad (m：正の整数) \tag{9.29}$$

式 (9.29) から求めた近似解 s_m と，その直後の（）内に式 (9.28) から求めた数値解を示すと，$s_1 = 1.4325$ (1.4303), $s_2 = 2.4595$ (2.4590), $s_3 = 3.4711$ (3.4709), $s_4 = 4.4775$ (4.4774), $s_5 = 5.4816$ (5.4815) で得られる。式 (9.29) の相対誤差は $m = 1$ で 0.15% であり，m の増加とともに近似精度が向上する。

厳密な極大位置での光強度を，中心の最大値に対する相対値 I_{Mm} で示すと，$I_{M1} = 0.0472$, $I_{M2} = 0.0165$, $I_{M3} = 0.0083$, $I_{M4} = 0.0050$, $I_{M5} = 0.0034$ となる。

回折像の光強度，つまり合成波の光強度がゼロとなる位置は，式 (9.26) を用いて，$\pi D x_0 / \lambda L = \pi m'$（$m'$：整数）より次式で得られる。

$$x_0 = m' \frac{\lambda L}{D} \quad (m' : 整数) \tag{9.30}$$

表 9.1 に単スリットによる回折像光強度における極大・極小条件を，比較のため後述するフェーザ表示と物理的意味の場合とあわせて載せる。

表 9.1 単スリットによる回折像光強度の極大・極小条件

	標準的解法	フェーザ表示	物理的意味
極大条件	$\tan\dfrac{\pi D x}{\lambda L} = \dfrac{\pi D x}{\lambda L}$ 近似式： $\dfrac{Dx}{\lambda L} = m + \dfrac{1}{2} - \dfrac{1}{\pi^2(m+1/2)}$	OP_N が円の直径に一致するとき（P_N：最終端点，O：原点） $\dfrac{Dx}{\lambda L} = m + \dfrac{1}{2}$	スリット両端から出る光の光路長差が波長の半整数倍のとき $D\sin\theta = \left(m + \dfrac{1}{2}\right)\lambda$
極小条件	$\dfrac{Dx}{\lambda L} = m'$	最終端点 P_N が原点 O に一致し，フェーザの各端点が円周上に分布するとき $\dfrac{Dx}{\lambda L} = m'$	スリット両端から出る光の光路長差が波長の整数倍のとき $D\sin\theta = m'\lambda$

D：スリット幅，L：スリット面と像面の間隔，λ：波長，x：像面座標，
θ：光線がスリット面の法線となす角度，m, m'：整数

9.3.2 回折限界とその意義

単スリットによる回折像の光強度分布と回折限界の関係の概略を**図 9.6** に示す。回折光の広がり具合を定量的に評価するため，像面での第 1 暗線位置 x_0 と開口中心を結んだ線と，光軸のなす角度 θ_{dif} を用いると，これは次式で書ける。

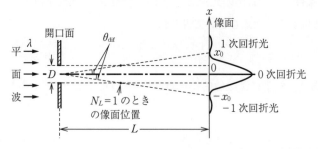

図 9.6 回折限界と規格化距離

$$\tan\theta_{\mathrm{dif}} = \frac{x_0}{L}\left(\fallingdotseq \frac{\lambda}{D}\right) \tag{9.31}$$

式 (9.31) は波動による回折固有の広がりを表し，この角度 θ_{dif} を**回折角**（diffraction angle）と呼ぶ。光波領域では波長が短いために回折角が微小であり（例題 9.1 参照），このときには式 (9.30) を利用して $\tan\theta_{\mathrm{dif}} \fallingdotseq \theta_{\mathrm{dif}} = \lambda/D$ で近似できる。この近似値を式 (9.31) の ( ) 内に示した。

式 (9.31) から，光波に関する次の性質がいえる。

（ⅰ）　回折による広がり角が一定値よりも小さくならないことを**回折限界**（diffraction limit）と呼ぶ。これは光が波動であることにより必然的に伴う広がりであり，通常の方法では広がりをこれよりも小さくできない。

（ⅱ）　回折広がりが λ/D に比例することは透過型の回折現象に共通であり，比例係数は開口の形状によってわずかに異なる（9.4.2 項〔2〕参照）。

（ⅲ）　幾何光学の範囲内では光線は無限小に絞れる。この光波との違いは，幾何光学では波長を無限小として，波動の概念がなくなっているためである。

（ⅳ）　光波領域での回折角は非常に小さい値なので，0 次と 1 次回折光を分離するには，開口面と像面の間隔 L を十分に長くとる必要がある。

（ⅴ）　光ディスクでは，回折広がりを小さくして光を微小領域へ絞って記憶容量を増加させるため，CD，DVD，ブルーレイディスク（BD）の順に使用波長が短くなっている。

フラウンホーファー回折の成立条件の式 (9.10) は，単スリットの場合，式 (9.11) のように，開口と像面の間隔 L が $D^2/2\lambda \ll L$ を満たすときに得られる。この成立条件の目安として，無次元の規格化距離 N_L を

$$N_L \equiv \frac{2\lambda L}{D^2} \tag{9.32}$$

で定義すると，上記条件は $N_L \gg 1$ に書き換えられる（9.6.3 項参照）。

回折限界の式 (9.31) で第 1 暗線位置を $x_0 = D/2$ とおくと，$2\lambda L/D^2 = 1$ が得られ，これは規格化距離 $N_L = 1$ に相当する。つまり，$N_L = 1$ は開口の形状を保持したまま像面に到達する光線と，開口中心から第 1 暗線に向かう光線が像面で交わる条件となる（図 9.6）。したがって，フラウンホーファー回折はこの条件よりも十分大きい間隔 L で適用できることになる。

9.3.3　フェーザ表示による回折像光強度の極大・極小条件の解釈

本項では，9.3.1 項〔2〕に示した回折像光強度の極大・極小条件をフェーザ表示で調べる。

〔1〕　**極大条件**　**図 9.7**（a）における $\mathrm{P}_1 \sim \mathrm{P}_N$ は，図 7.2 と同じく個別波をベクトルで表したときの端点である。分割数 N が十分大きいので，個別波のベクトルの絶対値の和は円弧 OP_N の長さで近似でき，これは円の半径 r を用いて $\overset{\frown}{\mathrm{OP}_N} = rN\Theta$ で表せる。

合成波の振幅が極大値をとるのは，最終端点 P_N が円の中心 O' を挟んで原点 O と反対側にくるとき，つまり OP_N が円の直径に一致するときで，この条件は

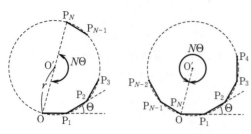

(a) 極大条件　　(b) 極小条件

O：原点，P$_m$：個別波のベクトルの端点，
O'：円の中心

図 9.7 単スリットによる回折像光強度の極大・
極小条件（フェーザ表示）

$$\widehat{OP_N} = rN\Theta = m \cdot 2\pi r + \pi r = \left(m + \frac{1}{2}\right)2\pi r$$

（m：正の整数） (9.33)

で表せる[7]。この式は形式的に式 (8.35) と同じである。式 (9.33) を整理すると，合成波の振幅が極大値をとる一般的条件は

$$\Theta = \frac{2\pi}{N}\left(m + \frac{1}{2}\right) \quad (9.34)$$

で近似的に求められる。

単スリットによる回折の場合，式 (9.22b) を式 (9.34) に適用して

$$\Theta = \frac{2\pi}{N}\left(m + \frac{1}{2}\right) = \frac{2\pi}{N}D\mu_x, \quad \mu_x \equiv \frac{x}{\lambda L} \quad (9.35)$$

となる。したがって，式 (9.27) の極大条件として次の近似式を得る。

$$\frac{Dx}{\lambda L} = D\mu_x = m + \frac{1}{2} \quad （m：正の整数） \quad (9.36)$$

式 (9.36) は式 (9.29) の第1項と一致しており，数値解・近似解と比較的近い値を示す。式 (9.36) は，光強度の式 (9.27) の分母の変動が分子よりも緩やかなため，式 (9.27) における振幅項の分子の極大条件と一致している。

式 (9.33) で円弧の大きさが同じでも，$|m|$ が大きくなるほど円の半径 r が小さくなる。このことは，式 (9.27) の極大値が原点から離れるほど減少していることに対応する（図 9.5）。

〔2〕**極小（暗線）条件**　　回折像の振幅がゼロとなる位置をフェーザ表示で考える。合成波の振幅がゼロとなるのは，図 8.4（b）と同じく，最終端点 P$_N$ の位置が原点 O に一致して，すべての端点 P$_m$ が閉じた円周上にくる場合である。その条件は

$$N\Theta = 2\pi m' \quad （m'：整数） \quad (9.37)$$

で書ける（図 9.7（b））。これはまた，各ピンホールから出る光波の振幅が等しいから，N 個の位相成分が式 (9.35) で示した Θ の等間隔で原点 O の回りで対称的に分布する条件からも得られる（図 8.5（c）参照）。

式 (9.35) を式 (9.37) に代入し，$N \to \infty$ として，回折像振幅がゼロとなる位置は

$$x_0 = m'\frac{\lambda L}{D} \quad （m'：整数） \quad (9.38)$$

で求められる。式 (9.38) は代数学的に求めた式 (9.30) と一致している。式 (9.38) は，干渉で求めた式 (8.34) でスリット幅を $D = Nd$ とおくと一致する。

9.3.4　物理的意味による回折像光強度の極大・極小条件の解釈

本項では，9.3.1 項〔2〕で示した回折像光強度の極大・極小条件を物理的意味から明らか

にする（表9.1参照）。

〔1〕 **極大条件** 単スリットを無限小のピンホールの集合体とみなし，各ピンホールから出射される平行光束の合成波を考える。図9.8に示すように，スリット面の法線と角度 θ をなす方向に伝搬する平行光線において，スリットの一端 A から，他端 B から出た光線へ下ろした垂線の足を H とおくと，$BH = D\sin\theta$ と書ける。

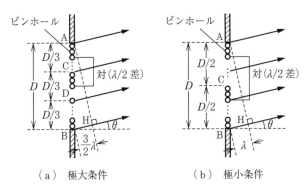

図9.8 単スリットによる回折像光強度の極大・極小条件（物理的解釈）

ここで，スリットの両端 A，B から出る光線の光路長差が，波長の半整数倍の場合を想定する（図(a)）。例えば $BH = 3\lambda/2$ のとき，スリットの AB 間を3等分して分点を C，D とすると，$AD = \lambda$ となる。このとき，AC 間と CD 間のピンホールから出る光線を，上側から対にして考えると，いずれも光路長差が $\lambda/2$ となって，振幅が打ち消し合う（図1.3参照）。結局，DB 間から出る光波の振幅だけが像面に寄与し，この回折光が極大値を生じさせる。

上記のことを一般化して $BH = (m + 1/2)\lambda$（m：正の整数）として，AB 間を $2m+1$ 等分すると，$2m+1$ 分の $2m$ 分の振幅だけが消去し合い，$2m+1$ 分の1分の振幅が残存する。$D\sin\theta = (m + 1/2)\lambda$ とおけ，θ が微小で $\sin\theta \doteqdot \tan\theta = x/L$ とおけることを利用すると，極大条件を次式で得る。これは前項で求めた式 (9.36) に一致する。

$$\frac{Dx}{\lambda L} = D\mu_x = m + \frac{1}{2} \quad (m：正の整数) \tag{9.39}$$

高次の回折光ほど光強度が減少するのは，スリット内で振幅が打ち消し合わない成分が，m の増加とともに減少するためである。

〔2〕 **極小（暗線）条件** 次に，図9.8(b)のように，スリット幅を2等分しその分点を C として，$BH = \lambda$ に設定する。このとき，AC 間と CB 間を上から順に間隔 $D/2$ 離れたピンホールを対にすると，この光路長差が $\lambda/2$ だから振幅が消去し合い，単スリット全面における光波の振幅が消去し合う。

これを一般化して，スリット両端から出る光線の光路長差が波長の整数倍，つまり $BH = m'\lambda$（m'：正の整数）と書ける場合，AB 間を $2m'$ 等分する。このとき，$2m'$ 等分された区間を上側

から2区間ずつ組にすると，各組での振幅が消去し合い，全体での振幅もゼロとなる。よって，極小条件は $D\sin\theta = m'\lambda$ より次式で書ける。これは式 (9.30) に一致する。

$$x_0 = m'\frac{\lambda L}{D} \quad (m' : \text{正の整数}) \tag{9.40}$$

9.3.5 単スリットによるフラウンホーファー回折：標準的解法

単スリットによる回折を，9.3.1項では開口を無数の無限小ピンホールの集合体とみなし，フェーザ表示を用いて求めた。本項では，同じ題材をフラウンホーファー回折の標準的解法であるフーリエ変換で求める。

ここでも図9.4を用い，空気中にある有限幅 D のスリット状開口に，単色の平面波（波長 λ）が垂直入射する場合を考える。開口と像面の間隔を L，開口の中心を光軸として，開口面座標を (ξ, η)，像面座標を (x, y) で表す。

スリットが η 方向には無限に長いとして，スリット状開口の振幅透過率を

$$u_{\mathrm{sl}}(\xi, \eta) = \begin{cases} 1 & : |\xi| \leqq D/2 \\ 0 & : \text{その他} \end{cases} \tag{9.41}$$

で表す。また，開口を通過する光波の振幅が開口幅に依存しない一定値となるように，振幅を A/D で表す。このとき，像面上の位置 x での振幅 $\psi_{\mathrm{sl}}(x)$ の積分部分は，式 (9.41) を式 (9.12) に代入しフーリエ逆変換すると，次式で表せる。

$$\psi_{\mathrm{sl}}(x) = \frac{A}{D}\int_{-D/2}^{D/2}\exp(i2\pi\mu_x\xi)d\xi = \frac{A}{D}\frac{\exp(i\pi\mu_x D) - \exp(-i\pi\mu_x D)}{i2\pi\mu_x} = A\,\mathrm{sinc}(D\mu_x) \tag{9.42}$$

$$\mu_x \equiv \frac{x}{\lambda L} \tag{9.43}$$

式 (9.42) を導く際にはオイラーの公式を用いた。

光波領域での可測量である回折像の光強度分布 $I_{\mathrm{sl}}(x)$ は次式で得られる。

$$I_{\mathrm{sl}}(x) = |\psi_{\mathrm{sl}}(x)|^2 = A^2\mathrm{sinc}^2\left(\frac{D}{\lambda L}x\right) = A^2\left[\frac{\sin(\pi Dx/\lambda L)}{\pi Dx/\lambda L}\right]^2 \tag{9.44}$$

フーリエ変換に基づいて求めた複素振幅の式 (9.42) と光強度の式 (9.44) は，フェーザ表示で求めた式 (9.26)，式 (9.27) と位相項を除いて一致している。

単スリットによる回折光強度分布 $I_{\mathrm{sl}}(x)$ について，極大値をとる位置は式 (9.28) で，ゼロとなる位置は式 (9.30) で求めている。

【例題9.1】 幅 2.0 mm の単スリットに，波長 $\lambda = 500$ nm の光波を垂直入射させるときのフラウンホーファー回折像に関して，次の各問に答えよ。
（1） 回折角を求めよ。
（2） 像面における第1暗線の位置を光軸から 0.5 mm の距離とするには，開口面と像面との距離 L をいくらにとればよいか。

（3） 開口面直後に凸レンズ（焦点距離 $f = 200$ mm）を挿入し，レンズの後側焦点面で観測するとき，像面における第1暗線の位置を求めよ．

［解］（1） 回折角を θ_{dif} として，式（9.31）に $D = 2.0$ mm，$\lambda = 500$ nm を代入すると $\tan\theta_{\mathrm{dif}} = 500 \times 10^{-9}/2.0 \times 10^{-3} = 2.5 \times 10^{-4}$ より，$\theta_{\mathrm{dif}} = 0.014° = 0.86'$ を得る．
（2） 像面での第1暗線までの距離を x として $x = L\tan\theta_{\mathrm{dif}}$ が成立する．よって，$L = x/\tan\theta_{\mathrm{dif}} = 0.5/(2.5 \times 10^{-4})$ mm $= 2.0$ m を得る．
（3） 回折角は（1）と同じ．式（9.31）における L を f に置き換えて，求める位置が $f\tan\theta_{\mathrm{dif}} = 200 \cdot 2.5 \times 10^{-4}$ mm $= 50$ μm となる．■

 ## 9.4　方形・円形開口によるフラウンホーファー回折

本節では方形と円形開口による回折を，開口を無限小の多重ピンホールや無限小幅の短冊の集合体とみなして扱う．

9.4.1　方形開口による回折

空気中にある方形開口（開口幅 D_x, D_y）に単色の平面波（波長 λ）が垂直入射するとし，開口面の後方の距離 L にある像面で回折像を観測する（**図9.9**）．開口の中心を光軸とし，像面座標は光軸を原点として (x, y) で表す．

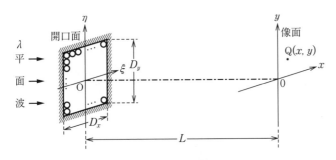

図9.9　方形開口による回折

単スリットの場合と同じように，方形開口内を無限小のピンホールで ξ, η 方向に規則正しく埋め尽くす．各ピンホールから出た光波には重ね合わせの原理が適用でき，方形開口では x, y 方向が独立だから，前節の単スリットでの結果を単純に2次元に拡張して求めることができる．

方形開口に対する像面での複素振幅 $\psi_{\mathrm{sq}}(x, y)$ と回折像光強度分布 $I_{\mathrm{sq}}(x, y)$ は，式（9.26），（9.27）を参考にして次式で求められる．

$$\psi_{\mathrm{sq}}(x, y) = A\,\mathrm{sinc}(D_x\mu_x)\mathrm{sinc}(D_y\mu_y) \tag{9.45}$$

$$I_{\mathrm{sq}}(x, y) = |\psi_{\mathrm{sq}}(x, y)|^2 = A^2\,\mathrm{sinc}^2(D_x\mu_x)\mathrm{sinc}^2(D_y\mu_y) \tag{9.46}$$

$$\mu_x \equiv \frac{x}{\lambda L}, \qquad \mu_y \equiv \frac{y}{\lambda L} \tag{9.47a, b}$$

ここで，A は開口全体での振幅を表す．式（9.45）での位相項は，式（9.24）から容易に予測で

きるので省略した。

9.4.2 円形開口による回折：フェーザ表示による解法

本項では，円形開口により像面に形成される複素振幅を，フェーザ表示を利用して求める。項の最後では円形開口による回折限界を説明する。

〔1〕 回折像の光強度の導出　単色の平面波（波長 λ）が空気中にある円形開口（半径 R）に垂直入射し，開口の後方十分長い距離 L にある像面で回折像を観測する場合を考える。これは図9.9における方形開口を，円形開口に置き換えた場合に相当する。開口の中心を通って開口面に垂直に光軸をとり，像面座標を極座標 $(r_{\rm im}, \theta_{\rm im})$ で表す。

円形開口に到達した平面波は，ホイヘンスの原理により，開口面上の各点が波源となって新しい球面波を発生させるから，開口を無限小のピンホールの集合体として捉え，重ね合わせの原理で考えることができる。

図9.10（a）に示すように，円形開口に外接する正方形をとり，これを微小幅の N 本の短冊状に区分し，短冊の内部は無限小のピンホールの集合体からなっているとする。短冊を左端から順に $1\sim N$ で番号付けする。

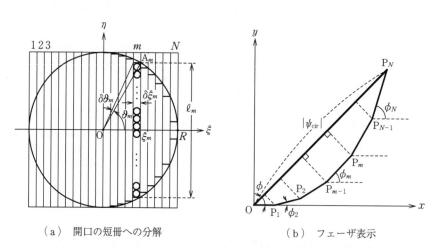

（a）開口の短冊への分解　　　　　（b）フェーザ表示

R：円形の半径，$|\psi_{\rm cir}|$：円形開口による回折での振幅，ϕ：位相
図9.10 円形開口による回折

円の中心を O，点 O を通り下辺に平行に ξ 軸をとる。m 番目の短冊について，円との交点を A_m，点 A_m の座標を ξ_m，微小幅を $\delta\xi_m = \xi_m - \xi_{m-1}$，短冊の円内の長さを ℓ_m，OA_m と ξ 軸がなす角度を ϑ_m，点 A_m における短冊の幅が点 O に対して張る角度を $\delta\vartheta_m$ とする。

この場合，フェーザ表示での式 (7.8) のように，振幅 A_m が m に依存するので，7.2.2項の手法に少し変更を加える。図（b）で，m 番目の短冊から出る光波の像面での複素振幅の端点を P_m で表す。このとき，円形開口全面から出る光波による像面での振幅 $|\psi_{\rm cir}|$ に相当する OP_N は，線分 $P_{m-1}P_m$ の OP_N への射影の和と解釈できる。よって，各短冊からの振幅 A_m の射影の

9.4 方形・円形開口によるフラウンホーファー回折　　*119*

和は次式で表せる[7]。

$$|\psi_{\mathrm{cir}}| = \mathrm{OP}_N = \mathrm{OP}_1 \cos\phi + \mathrm{P}_1\mathrm{P}_2 \cos(\phi - \phi_2) + \cdots$$
$$+ \mathrm{P}_{m-1}\mathrm{P}_m \cos(\phi - \phi_m) + \cdots + \mathrm{P}_{N-1}\mathrm{P}_N \cos(\phi - \phi_N) \tag{9.48}$$

ここで，$\mathrm{P}_{m-1}\mathrm{P}_m$ は m 番目の短冊から出る光波の振幅 A_m，ϕ_m は m 番目の短冊から像面に至る光波の伝搬による位相の，1番目の短冊に対する相対変化，ϕ は開口全面からの光波による位相変化，つまり OP_N と x 軸がなす角度を表す。

開口の大きさは開口と像面の間隔 L に比べて十分微小とする。このとき，各短冊から出る光波の振幅 A_m は，像面までの距離の違いが無視できて，短冊の長さ ℓ_m のみに比例すると考えられる。よって，振幅は形式的に次式で書ける。

$$A_m (= \mathrm{OP}_1 = \mathrm{P}_1\mathrm{P}_2 = \cdots = \mathrm{P}_{m-1}\mathrm{P}_m = \cdots = P_{N-1}P_N) = A_u \ell_m \delta\xi_m \tag{9.49}$$

$$\ell_m = 2R\sin\vartheta_m \tag{9.50}$$

$$\delta\xi_m = \xi_m - \xi_{m-1} = -R\sin\vartheta_m \cdot \delta\vartheta \tag{9.51}$$

ここで，A_u は単位面積当りの振幅であり，短冊の幅 $\delta\xi_m$ は微小量とした。

m 番目の短冊（幅 $\delta\xi$）から光軸と角度 θ をなして像面に向かう光波による位相変化 ϕ_m は，式 (9.18) における d を微小幅 $\delta\xi$ に置き換え，$\xi_m = R + R\cos\vartheta_m$ を用いて次式で書ける。

$$\phi_m = k(m-1)\sin\theta \cdot \delta\xi = k(\xi_m - \xi_1)\sin\theta = k\sin\theta \cdot (R + R\cos\vartheta_m) \qquad (0 \leq \vartheta_m \leq \pi) \tag{9.52}$$

ただし，k は光波の波数であり，短冊の幅が単なる一定幅を指すときは添え字 m を省いた。円形開口内からの光波による位相変化 ϕ は，式 (9.52) で $m = N$ とおいた結果を式 (7.15) に適用して，次式で表せる。

$$\phi = \frac{k(N-1)\sin\theta \cdot \delta\xi}{2} = \frac{k(\xi_N - \xi_1)\sin\theta}{2} = kR\sin\theta \tag{9.53}$$

式 (9.48) における m 番目の項は，式 (9.49) ～ (9.53) を用いて

$$\mathrm{P}_{m-1}\mathrm{P}_m \cos(\phi - \phi_m) = A_u \ell_m \delta\xi_m \cos[kR\sin\theta - k\sin\theta \cdot (R + R\cos\vartheta_m)]$$
$$= -2A_u R^2 \sin^2\vartheta_m \cos(kR\sin\theta \cdot \cos\vartheta_m)\delta\vartheta \tag{9.54}$$

で書ける。短冊の幅が $\delta\xi_m \to 0$ の極限では，式 (9.54) における $\delta\vartheta$ を微分 $d\vartheta$ に置き換えることで，式 (9.48) は積分に移行できる。

円形開口全面から出る光波による像面での振幅は，式 (9.54) に関する積分で変数変換して次式で求められる。

$$|\psi_{\mathrm{cir}}| = \mathrm{OP}_N = 2A_u R^2 \int_0^\pi \sin^2\vartheta \cos(kR\sin\theta \cdot \cos\vartheta)d\vartheta \tag{9.55}$$

式 (9.55) は，第1種 n 次ベッセル関数に関するポアッソンの積分表示

$$J_n(z) = \frac{(z/2)^n}{\sqrt{\pi}\,\Gamma(n+1/2)} \int_0^\pi \sin^{2n}\vartheta \cos(z\cos\vartheta)d\vartheta \tag{9.56}$$

を用いて，既知の関数に変換できる。上式で次数を $n = 1$，$z = kR\sin\theta$ とおき，ガンマ関数の値 $\Gamma(3/2) = (1/2)\Gamma(1/2) = \sqrt{\pi}/2$ を利用して式 (9.55) を整理する。その結果，円形開口から

出る光波による像面での振幅が次式に書き直せる.

$$|\psi_{\mathrm{cir}}| = \mathrm{OP}_N = A_u \pi R^2 \frac{J_1(R_N)}{R_N/2}, \qquad R_N \equiv kR\sin\theta = \frac{2\pi R r_{\mathrm{im}}}{\lambda L} \tag{9.57a, b}$$

ただし,πR^2 は円形開口の面積,R_N は規格化半径で,$\sin\theta \fallingdotseq r_{\mathrm{im}}/L$ を用いた.

式 (9.57a) での関数 $J_1(R_N)/(R_N/2)$ は,sinc 関数と似た振る舞いをする.すなわち,$R_N=0$ で最大値 1 をとり,$|R_N|$ の増加とともに減衰振動し,関数のゼロ点は小さいほうから順に $R_N = 3.832, 7.016, 10.173, \cdots$ で得られる.

像面での回折像の光強度は次式で表せる.

$$I_{\mathrm{cir}} = |\psi_{\mathrm{cir}}|^2 = (A_u \pi R^2)^2 \left[\frac{J_1(R_N)}{R_N/2}\right]^2 \tag{9.58}$$

上式で $(A_u \pi R^2)^2$ は円形開口への入射光の光強度を表す.

円形開口に対する回折像光強度を図 9.5 に点線で示した.光強度の最大値は $R_N=0$ で 1 であり,極大値は $R_N=5.136$ ($R_N/\pi=1.635$) のとき 0.017 5,$R_N=8.417$ ($R_N/\pi=2.679$) のとき 0.004 2,$R_N=11.620$ ($R_N/\pi=3.699$) のとき 0.001 6 である.

円形開口によるフラウンホーファー回折は,標準的な解法のフーリエ変換を用いても同じ結果が得られるが[6,11],紙数の関係で割愛する.

〔2〕**円形開口での回折限界** 円形開口の回折で光強度が最初にゼロ(第 1 暗線)となる半径は,1 次ベッセル関数 $J_1(R_N)$ の最初のゼロ点 $R_N=3.832$ を用いて,次式で表せる.

$$\varepsilon_A \equiv \frac{3.832}{\pi}\frac{\lambda L}{D} = 1.22\frac{\lambda L}{D} \tag{9.59}$$

回折角(第 1 暗線と光軸から開口を見込んだ角)θ_{dif} は上記 ε_A を用いて

$$\tan\theta_{\mathrm{dif}} = \frac{\varepsilon_A}{L} \equiv 1.22\frac{\lambda}{D} \tag{9.60}$$

で書ける.式 (9.60) は光波の波動性に起因する回折固有の広がりで,**回折限界**を表す.これは単スリットでの式 (9.31) と同じく,波長 λ に比例し,開口直径 D に反比例する.比例係数の違いは開口形状の違いに由来する.

第 1 暗線内は 0 次回折光に相当し,特に明るくなっている.ε_A を半径とする円盤は**エアリーの円盤**(Airy disk)と呼ばれ,この領域だけで全光量の約 84 % を占める.エアリーの円盤は分解能の定義で重要となる(12.6 節参照).

 ## 9.5 複数開口によるフラウンホーファー回折

本節では,主に開口が周期的にある場合のフラウンホーファー回折を説明する.特に,平面や曲面に光の透過部と遮光部,あるいは凹凸などを周期的に設置した素子を**回折格子**(diffraction grating)と呼び,これには透過型と反射型がある.まず,任意形状の周期的開口による回折を多重ピンホールからの拡張として示した後,スリット列での実例を求める.反射

型は 9.8 節で説明する.

9.5.1 任意形状の周期的開口：多重ピンホールによる干渉からの拡張

本項での議論は，開口が周期構造で，開口と像面の間隔が開口の分布領域に比べて十分大きいという前提をおく．この項での考え方は開口の形状によらず適用できるが，説明の都合上，当面，開口の形状をスリットとする．

図 9.11（a）に示すように，空気中にある開口部はスリット列（幅 D，周期 d（＞D），スリット数 N）からなり，このスリット面に単色の平面波（波長 λ）が垂直入射するとする．スリット面と像面の間隔 L が十分大きい位置で回折像を観測するので，これはフラウンホーファー回折に相当する．

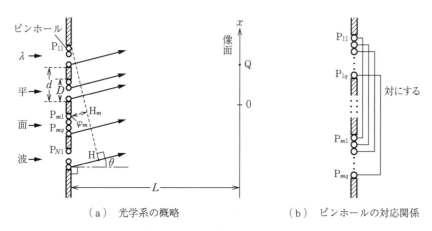

D：スリット幅，d：スリット間隔，L：開口面と像面の間隔，N：スリット数，θ：光線が開口面の法線となす角度，$\varphi_m = (m-1)d\sin\theta$，各スリットを無限小のピンホールで埋め尽くす

図 9.11 周期的開口による回折（ピンホールによる解釈）

スリット状開口に到達した平面波は，ホイヘンスの原理により，開口上の各点が波源となって新しい球面波を発生させる．このことより，開口上に無数の無限小ピンホールがあるとみなせ，多重ピンホールによる干渉を拡張した考え方が適用できる（9.3.1 項参照）．

各スリットを無限小のピンホールで埋め尽くし，スリット番号を一番上から順に m で，スリット内のピンホール番号を q で順序づけして P_{mq}（$m=1 \sim N$）で表す．スリット面と像面の間隔 L は十分大きいとしているから，各ピンホールから出る光波は，像面近傍では近似的に平面波となっている．各ピンホールから出る光線は，スリット面に垂直な方向と微小角 θ をなしているとする．

複素振幅に対する伝搬による振幅の変化の影響は，位相の変化に比べると微小なので無視し，以下では位相変化のみを考慮する．

一番下のピンホールから出る光線へ，ピンホール P_{11} から下ろした垂線の足を H とする．m 番目のスリット内の P_{m1} から出る光線から P_{11}H 面へ下ろした垂線の足を H_m とおく．位相計算

の基準位置を P_{11} とすると，$P_{m1}H_m$ の光路長 φ_m は次式で書ける。

$$\varphi_m = (m-1)d\sin\theta \tag{9.61}$$

図 9.11（b）のように，各スリット内で q を固定して P_{1q} と P_{mq} に対して $P_{11}H$ 面までの光路長差を求めると，式 (9.61) で表せる。このことを $q=1$ から順に各スリット内を一番下の q まで繰り返すと，どの q についても，一番上と上から m 番目のスリットの像面までの光路長差が式 (9.61) で表せる。

全スリットの中心位置からスリット面に対する法線を光軸にとり，光軸と像面の交点を像面の原点として，像面に x 軸をとる。式 (9.61) で θ が微小値だから $\sin\theta \fallingdotseq \tan\theta = x/L$ で近似できる。これより，基準を一番上のスリットとすると，m 番目のスリットの像面までの光路長差が次式で近似できる。

$$\varphi_m = (m-1)\frac{d}{L}x \tag{9.62}$$

以上のように位相計算の基準を一番上のスリットに定めると，上から m 番目のスリットから出る光波との位相差はすべて

$$\phi_m \equiv k\varphi_m = k(m-1)d\sin\theta \fallingdotseq (m-1)\frac{2\pi d}{\lambda L}x \tag{9.63}$$

で表せる。ただし，$k = 2\pi/\lambda$ は光の波数，λ は光の波長である。

ここで，話題を任意形状の周期的開口に変える。各ピンホールから出る光波は像面上で平面波となっているから，像面の点 Q で重ね合わせることができる。単一開口の像面における複素振幅を ψ_1 で表すと，2 番目以降の開口による複素振幅は一番目に対して式 (9.63) で表す位相差だけずれている。よって，合成波の複素振幅は，単一開口の結果に位相因子を重ね合わせて次式で書ける。

$$\psi_N(x) = \psi_1\sum_{m=1}^{N}\exp(-i\phi_m) = \psi_1\sum_{m=1}^{N}\exp[-i(m-1)\Theta] \tag{9.64}$$

$$\Theta \equiv \frac{2\pi d}{\lambda L}x = 2\pi d\mu_x, \qquad \mu_x \equiv \frac{x}{\lambda L} \tag{9.65a, b}$$

ただし，Θ は隣接するスリット間隔 d だけ離れた位置から出る光波の位相差，μ_x は規格化した像面座標で空間周波数に対応する。

式 (9.64) は等比数列の和である。これはフェーザ表示での式 (7.9) と形式的に同じであり，振幅部分が A から ψ_1 に変わり，位相 Θ が式 (9.65a) で表されている，式 (9.64) での和の絶対値と位相項は，式 (7.13)，(7.15) を用いて，次式で表せる。

$$|\psi_N(x)| = |\psi_1|\frac{\sin(\pi N d\mu_x)}{\sin(\pi d\mu_x)} = N|\psi_1|\frac{\mathrm{sinc}(N d\mu_x)}{\mathrm{sinc}(d\mu_x)} \tag{9.66}$$

$$\exp(-i\phi) = \exp\left(-i\frac{N-1}{2}\Theta\right) = \exp[-i\pi(N-1)d\mu_x] \tag{9.67}$$

同一形状の開口が N 個周期的にあるとき，像面での複素振幅と回折像光強度は，式 (9.66)，(9.67) より次式で表せる。

$$\psi_N(x) = N\psi_1 \frac{\mathrm{sinc}(Nd\mu_x)}{\mathrm{sinc}(d\mu_x)} \exp(-ikL) \exp[-i\pi(N-1)d\mu_x] \tag{9.68}$$

$$I_N(x) = |\psi_N(x)|^2 = N^2 |\psi_1|^2 \left[\frac{\mathrm{sinc}(Nd\mu_x)}{\mathrm{sinc}(d\mu_x)}\right]^2 \tag{9.69}$$

ここで，ψ_1 は単一開口での複素振幅である。

式 (9.68)，(9.69) では，開口の形状を定めず，同一形状の開口が周期構造をなしていることだけを前提とした。これらの式から次のことがいえる。

（ⅰ）　ψ_1 は任意形状の単一開口による回折の効果である。

（ⅱ）　sinc 関数部分は，式 (9.64) での積算の考え方から明らかなように，多重ピンホールによる干渉因子の式 (8.23) と一致している。

（ⅲ）　この配置は，任意形状の一つの開口を基準として，他の開口内の各部分が基準開口に対して間隔 d で周期的に分布しているとみなせる。そのため，像面での回折像は基準開口による回折像と，無限小ピンホールが周期 d で N 個あるときの干渉因子の積で表せる。

したがって，1 次元周期構造の像面での複素振幅は，開口の形状によらず，単一開口での複素振幅 ψ_1 に位相因子を掛けた結果を重ね合わせて求められる。同じ考え方は 2 次元にも拡張でき，ψ_1 として単スリットでは式 (9.26) または式 (9.42) の ψ_{sl} を，方形開口では式 (9.45) の ψ_{sq} を，円形開口では式 (9.57) の ψ_{cir} を利用できる（演習問題 9.5 参照）。

周期構造による回折は，電波領域のアレイアンテナや結晶による X 線回折に応用されている。

9.5.2　スリットの周期的開口

スリットの周期構造（幅 D，周期 d，スリット数 N）の場合，像面での回折像光強度は，単スリットでの式 (9.27) を式 (9.69) に代入して次式で表せる。

$$I_N(x) = |\psi_N(x)|^2 = (AN)^2 \mathrm{sinc}^2\left(\frac{D}{\lambda L}x\right)\left[\frac{\mathrm{sinc}(Ndx/\lambda L)}{\mathrm{sinc}(dx/\lambda L)}\right]^2 \tag{9.70}$$

ここで，A は単スリットへ入射する光波の電界振幅である。

回折像光強度分布の特性を表す式 (9.70) から，次のことが分かる。

（ⅰ）　最初の sinc 関数は有限幅の単スリットによる回折の式 (9.27) や式 (9.44) と同じである。

（ⅱ）　$N \geqq 2$ のとき $D < d < Nd$ であり，μ_x（式 (9.65b)）に対する変化は $\mathrm{sinc}(D\mu_x)$ が最も緩やかで，$\mathrm{sinc}(d\mu_x)$，$\mathrm{sinc}(Nd\mu_x)$ の順に激しくなる。そのため，回折像光強度の包絡線は $\mathrm{sinc}(D\mu_x)$ で，微細構造は周期 d とスリット数 N で決まる。

（ⅲ）　回折像光強度の最大値は $x = 0$ で，包絡線の極大条件は式 (9.28) で得られ，極小（暗線）条件は式 (9.30) と同じく，次式で得られる。

$$x_{\mathrm{E0}} = m'\frac{\lambda L}{D} \qquad (m' : 0 \text{ 以外の整数}) \tag{9.71}$$

微細構造に対する極大条件は式 (8.24) と同じく次式で求められる。

$$x_{\mathrm{M}} = m\frac{\lambda L}{d} \quad (m = 0, \pm 1, \pm 2, \cdots) \tag{9.72}$$

ここで，m は回折次数となる。微細構造の極小条件は式 (8.25) で得られる。

回折像光強度の極大・極小条件の幾何学的・物理的意味は，包絡線に対して9.3.3項と9.3.4項で，微細構造に対して8.2.3項と8.2.4項で説明している。

(iv) スリット間隔と幅の比 d/D が整数比 m/m' と一致するとき，微細構造が主極大をとるはずの位置で包絡線の値がゼロとなる。これは本来あるべき明線がなくなることを意味し，この状態を**欠線** (missing order) という。欠線があるとき，d と D の一方が既知ならば他方の値が分かる（演習問題9.4参照）。

(v) スリット数 N は隣接する主極大間の副極大の数 $N-2$ と，極小（暗線）の数 $N-1$ を決めている（8.2.1項〔2〕参照）。N の増加とともに各回折像が鋭くなる。

図9.12 に周期的な有限幅スリットによる回折像光強度分布 $I_N(x)/(AN)^2$ を，異なるスリット幅 D，スリット間隔 d，スリット数 N の組み合わせに対して示す。スリット幅 D は包絡線を決め，スリット間隔 d は主極大間隔を決めている。

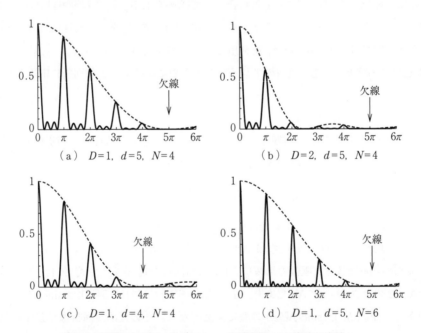

縦軸は光強度，横軸は $\pi dx/\lambda L$，x：像面座標，λ：光波の波長，
L：スリット面と像面の間隔，D：スリット幅，d：スリット間隔，
N：スリット数，実線は全体の特性，破線は包絡線，↓欠線位置
図9.12 周期的スリットによる回折像光強度分布

図 (a) では $D=1$，$d=5$ のとき $m=5$，$m'=1$ で，d/D が整数比 m/m' と一致し，上記 (iv) の条件を満たして欠線となっている。図 (b) は図 (a) に対して幅 D を2倍にしており，横軸位置 2.5π は微細構造もゼロなので欠線ではない。図 (c) は間隔 d を変化させた場合であ

り，主極大間隔が変化しているが，図では横軸の規格値に d が入っているので，見掛け上位置の変化が見られない。図 (d) はスリット数 N を変化させた場合であり，副極大の数が上記 (v) のように変化している。

有限幅スリット群の開口で，スリット数が多いものは透過型回折格子として分光に利用されている。透過型格子による 0 次・±1 次回折光への分解は，光ディスクでのトラッキングにも利用されている。

周期的開口によるフラウンホーファー回折は，式 (7.17) で $t=\xi$, $\nu=x/\lambda L$, $\tilde{f}(\nu)=\psi_1$ とおき，$f(\xi-(m-1)d)$ に対するフーリエ変換がシフト則により $\psi_1\exp[-i2\pi\nu(m-1)d]$ となることを利用すると，この式が式 (9.64) に対応し，光強度が式 (9.69) と同じ結果で得られる[5]。実用的には周期構造が多いが，非周期の場合にはフーリエ変換で求める必要がある。

【例題 9.2】 一辺の長さ D の二つの正方形開口が，x 軸方向で中心間隔が d だけ離れてある。この開口に光波（波長 λ）が垂直入射するとき，開口の後方の十分離れた距離 L にある像面で観測される回折による光強度を求めよ。

[解] 求める回折像の複素振幅は，式 (9.64) で $\psi_1=\psi_{\mathrm{sq}}$, $\Theta=2\pi dx/\lambda L$, $N=2$ とし，式 (9.45) を利用して開口幅を $D=D_x=D_y$ とおくと

$$\psi_2 = \psi_{\mathrm{sq}}\left[1+\exp\left(i2\pi d\frac{x}{\lambda L}\right)\right], \qquad \psi_{\mathrm{sq}} = A\,\mathrm{sinc}\left(\frac{Dx}{\lambda L}\right)\mathrm{sinc}\left(\frac{Dy}{\lambda L}\right)$$

と書ける。これより，回折像の光強度は次式で得られる。

$$I_2(x,y) = |\psi_2|^2 = A^2\mathrm{sinc}^2\left(\frac{Dx}{\lambda L}\right)\mathrm{sinc}^2\left(\frac{Dy}{\lambda L}\right)\left|1+\exp\left(i2\pi d\frac{x}{\lambda L}\right)\right|^2$$

$$= 4A^2\mathrm{sinc}^2\left(\frac{Dx}{\lambda L}\right)\mathrm{sinc}^2\left(\frac{Dy}{\lambda L}\right)\cos^2\left(\pi d\frac{x}{\lambda L}\right)$$

これは式 (9.69) で $\psi_1=\psi_{\mathrm{sq}}$ としても求められる。 ■

9.6 フレネル回折

本節では，9.2.4 項の議論を受けて，フレネル回折の具体例を説明する。それに先立ち，計算に必要なフレネル積分から説明を始める。

9.6.1 フレネル積分

フレネル回折での複素振幅は式 (9.17a) で表される。この積分では被積分項内の指数関数に引数の 2 乗が含まれており，この積分は変数変換することにより，フレネル積分に帰着することが分かっている。

フレネル積分は

$$F(p) \equiv \int_0^p \exp\left(-i\frac{\pi}{2}p^2\right)dp = C(p) - iS(p) \tag{9.73}$$

で定義される．上式で，$C(p)$ はフレネル余弦積分

$$C(p) = -C(-p) = \int_0^p \cos\left(\frac{\pi}{2}p^2\right)dp \tag{9.74}$$

$S(p)$ はフレネル正弦積分

$$S(p) = -S(-p) = \int_0^p \sin\left(\frac{\pi}{2}p^2\right)dp \tag{9.75}$$

と呼ばれている．フレネル余弦・正弦積分は

$$C(0) = S(0) = 0, \qquad C(\infty) = S(\infty) = 0.5 \tag{9.76a, b}$$

の性質をもち，数表または数値積分で求められる．

横軸を $C(p)$，縦軸を $S(p)$ とし，p をパラメータとして描いた曲線を**図 9.13** に示す．この曲線は**コルニューの渦巻**（Cornu spiral）または**コルニューのらせん**と呼ばれる．これは原点に関して点対称となっており，これを利用してフレネル回折の振る舞いを定量的に理解できる．

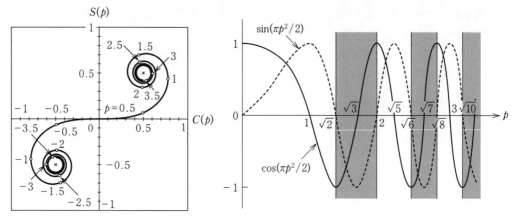

図 9.13 コルニューの渦巻　　　　**図 9.14** フレネル積分における被積分項の関数値

フレネル積分における被積分項の関数値を**図 9.14** に示す．フレネル余弦積分での正負の境目は $p = \sqrt{2m-1}$（m：正の整数）である．$0 \leq p < 1$ で $\cos(\pi p^2/2) > 0$ であり，以降では間隔が短くなりながら正負が反転している．よって，$p \geq 1$ の範囲で $C(p)$ は $p = 1$ で最大値，$p = \sqrt{3}$ で最小値をとる．フレネル正弦積分での正負の境目は $p = \sqrt{2m}$（m：正の整数）であり，$S(p)$ は $p = \sqrt{2}$ で最大値，$p = 2$ で最小値をとる．これらの結果は次項の図 9.15 で確認できる．この図は後述するフレネルの輪帯板を考える上で重要である（9.7.1 項参照）．

9.6.2　半無限開口からのフレネル回折

光を完全に遮断する部分と透過する部分の直線状境界に対して，単色の平面波（波長 λ）を垂直入射させる場合を想定する．これは半無限開口への光波の垂直入射とみなし，境界の後方の有限距離で回折像を観測するとフレネル回折となる．

開口と像面の間隔を L，開口面座標を (ξ, η)，像面座標を (x, y) とする．開口面が η 方向に

は無限に広がっているとして，開口面の振幅透過率を

$$u_0(\xi, \eta) = \begin{cases} 1 & : 0 \leq \xi < \infty \\ 0 & : \xi \leq 0 \end{cases} \quad (9.77)$$

で表す。これを式 (9.17a) に代入して，像面の点 Q(x) での複素振幅が次式で書ける。

$$\psi_{\text{s-inf}}(x) = C_b \int_0^\infty \exp\left[-i\frac{\pi}{\lambda L}(\xi - x)^2\right] d\xi \quad (9.78)$$

ただし，C_b は式 (9.17b) で示した値である。光波の開口への垂直入射では $L_h = L$, $x_e = x$ となる。

式 (9.78) で $p \equiv (\xi - x)\sqrt{2/\lambda L}$ と変数変換すると，像面での複素振幅は

$$\psi_{\text{s-inf}}(x) = C_b \sqrt{\frac{\lambda L}{2}} \left[\int_{p_1'}^\infty \cos\left(\frac{\pi}{2}p^2\right) dp - i\int_{p_1'}^\infty \sin\left(\frac{\pi}{2}p^2\right) dp\right]$$

$$= C_b \sqrt{\frac{\lambda L}{2}} \{[0.5 + C(p_1)] - i[0.5 + S(p_1)]\} \quad (9.79)$$

$$p_1 = -p_1' = x\sqrt{\frac{2}{\lambda L}} \quad (9.80)$$

で得られる。ここで，式 (9.74)〜(9.76) を利用した。これらより，点 Q(x) での光強度を

$$I_{\text{s-inf}} = |\psi_{\text{s-inf}}(x)|^2 = \frac{\lambda L}{2}|C_b|^2\{[0.5 + C(p_1)]^2 + [0.5 + S(p_1)]^2\} \quad (9.81)$$

で得る。定数部分を省いて，上式をコルニューの渦巻で解釈すると，光強度は $(-0.5, -0.5)$ から p_1 に対応する点までの距離の 2 乗に比例することが示される。

半無限開口に単色の光波が垂直入射するときのフレネル回折像の光強度分布を**図 9.15** に示す。縦軸は相対光強度，横軸は $p = x\sqrt{2/\lambda L}$ である。$p < 0$ が遮光部，$p > 0$ が開口部である。例えば，$\lambda = 500$ nm，$L = 1.0$ m の場合，$p = 1$ となるのは $x = 0.5$ mm である。

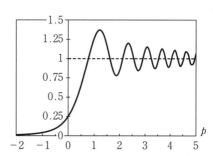

$p = x\sqrt{2/\lambda L}$, x：像面座標，L：開口面と像面の間隔，λ：波長，$p < 0$：遮光部，$p > 0$：開口部

図 9.15 半無限開口からのフレネル回折による光強度分布

図より，幾何学的な陰となるはずの遮光部の後方にも，光がわずかに回り込んでいることが分かる。これはホイヘンスの原理により，開口の縁から出た光波が遮光部の後方にも到達することの証拠である（図 2.2 (b) 参照）。光強度は境界から遮光部内部に入るに従って急激に減衰する。この浸入深さは，上記の数値では光の波長の千倍程度と微小なので，通常は感じられない。

開口の縁近傍の明るい部分で光強度が振動しているのは，光波が開口部からは来るが，遮光部からは来ないため，位相が空間的にいびつになるためである。開口部で縁からさらに離れると，光波がどの方向からも来るので，光強度が振動しつつ 1 に収束する。境界の $p = 0$ では，開口部での収束値 1 を基準として $(0.5^2 + 0.5^2)/[(0.5 + 0.5)^2 + (0.5 + 0.5)^2] = 1/4$ の明るさがある。

128　9. 重ね合わせの原理から学ぶ回折

白色光が半無限開口に垂直入射するとき，像面での光強度の振動は平均化される。

9.6.3　単スリットによるフレネル回折

単スリット（幅 D）に単色の平面波（波長 λ）が垂直入射するとする。スリットの中心を光軸，開口面座標を (ξ, η)，像面座標を (x, y) として，光学系を図9.4と同じにとるが，開口と像面の間隔 L は相対的に短いとする。この開口面が η 方向には無限に広がっているとして，開口面の振幅透過率を次式で表す。

$$u_0(\xi, \eta) = \begin{cases} 1 & : |\xi| \leqq D/2 \\ 0 & : \text{その他} \end{cases} \tag{9.82}$$

これを式（9.17a）に代入すると，像面の点 $Q(x)$ での複素振幅が

$$\psi_{sl}(x) = C_b \sqrt{\frac{\lambda L}{2}} \left[\int_{p_1}^{p_2} \exp\left(-i\frac{\pi}{2} p^2\right) dp \right]$$

$$= C_b \sqrt{\frac{\lambda L}{2}} \{ [C(p_1) - C(p_2)] - i[S(p_1) - S(p_2)] \} \tag{9.83}$$

$$p_1 = -p_1' = \sqrt{\frac{2}{\lambda L}} \left(x + \frac{D}{2}\right), \qquad p_2 = -p_2' = \sqrt{\frac{2}{\lambda L}} \left(x - \frac{D}{2}\right) \tag{9.84a, b}$$

で書ける。上記結果を求めるに際して，式（9.74），（9.75）の性質を用いた。

像面での光強度は，式（9.83）を用いて次式で書ける。

$$I_{sl} = |\psi_{sl}(x)|^2 = \frac{\lambda L}{2} |C_b|^2 \{ [C(p_1) - C(p_2)]^2 + [S(p_1) - S(p_2)]^2 \} \tag{9.85}$$

式（9.85）で示した光強度は，定数項を除外すると，コルニューの渦巻（図9.13）において，パラメータ p_1 と p_2 で指定された2点間の距離の2乗で求められる。

ところで，フラウンホーファー回折の成立条件は，開口と像面の間隔 L，幅 D の単スリットでは，式（9.32）で定義した規格化距離 N_L を用いて $N_L \gg 1$ で表せる。この N_L を用いると，式（9.84）における p_1，p_2 は次式で書ける。

$$p_1 = \frac{2}{\sqrt{N_L}} \left(\frac{x}{D} + \frac{1}{2}\right), \qquad p_2 = \frac{2}{\sqrt{N_L}} \left(\frac{x}{D} - \frac{1}{2}\right) \tag{9.86}$$

単色の光波が単スリットに垂直入射するとき，フレネル回折像の光強度分布の距離依存性を図9.16に示す。これは四つの N_L に対して式（9.85）から求めたものであり，横軸を規格化幅 x/D としている。回折像は左右対称なので，左側のデータを一部で省略している。例えば，波長 $\lambda = 500\,\mathrm{nm}$，スリット幅 $D = 2\,\mathrm{mm}$ とすると，$N_L = 0.04$ は $L = 16\,\mathrm{cm}$，$N_L = 4$ は $L = 16\,\mathrm{m}$ に相当する。

図（a）〜（d）のいずれの場合も，光強度は $x/D = 0$ で極大値をとっている。図（a）の $N_L = 0.04$ のとき，中心付近の光強度の値が高く，広がり幅はほぼスリット幅で制限されており，ニアフィールド回折に近い。変動が激しいのは，ホイヘンスの原理により，スリット端近傍の内外から来る光波によって，空間での位相変化が複雑になるためである。

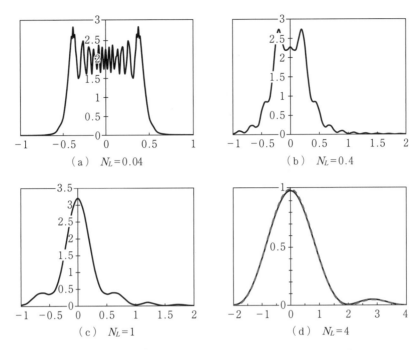

横軸は x/D, $N_L = 2\lambda L/D^2$, x：像面座標, D：スリット幅, L：開口と像面の間隔, λ：波長, 図（d）での破線はフラウンホーファー回折での結果

図9.16 単スリットからのフレネル回折による光強度分布の距離依存性

なお，規格化距離 N_L の増加とともに，中心付近の光強度変化が緩やかになるのは，スリット端の影響が相対的に小さくなるためである。N_L の増加につれて，回折による広がりが少しずつ大きくなっている。

図（d）は $N_L = 4$ の場合である。フラウンホーファー回折の適用範囲は $N_L \gg 1$ であるから，比較のため，式 (9.27) から求めたフラウンホーファー回折の結果も破線で示す。このとき，フレネル回折とフラウンホーファー回折で扱った結果の差異が，全領域でほとんどないことが分かる。ちなみに，中心での光強度 I_0 は後者の 1.0 に対して前者が 0.986 で，相対誤差が 1.4 % である。フレネル回折での I_0 の値は，N_L の増加に対して 0.994 ($N_L = 6$)，0.998 ($N_L = 10$)，0.999 ($N_L = 16$) となり，フラウンホーファー回折に漸近する。

 ## 9.7　回折を用いた結像作用

9.7.1　フレネルの輪帯板による結像作用

フレネル積分の被積分項の値を示す図9.14 で同相部分のみをとれば，回折光が特定の位置に効率よく集束されるはずである。本項ではこの考えに基づき，回折を利用した結像作用を調べる。

図9.17 の光学系で，開口面を基準とした光源 P の位置を s_1，像面の位置を s_2 で表し，その符号は光学系の結像理論（4，6章参照）と同じように，基準位置より右（左）側を正（負）

130   9. 重ね合わせの原理から学ぶ回折

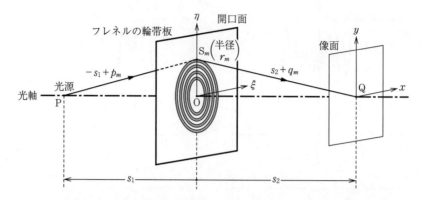

S_m：外側半経 r_m をもつ m 番目の輪帯，s_i $(i=1,2)$：開口面を基準とした位置，$r_m^2 = \xi^2 + \eta^2$，中心部を透過部にしたものを正の輪帯板という

図 9.17 フレネルの輪帯板

とする．光軸を基準として，空気中にある開口面の座標を (ξ, η)，像面の座標を (x, y) とする．このとき，像面の光軸に相当する像点（$x=y=0$）でのフレネル回折による複素振幅は，式 (9.17a) より

$$\psi(0,0) = C_b \iint_S u_0(\xi, \eta) \exp\left[-i\frac{k}{2L_h}(\xi^2 + \eta^2)\right] d\xi d\eta \tag{9.87}$$

$$\frac{1}{L_h} \equiv -\frac{1}{s_1} + \frac{1}{s_2} \tag{9.88}$$

で表せる．ここで，$k = 2\pi/\lambda$ は光の波数，λ は光の波長，C_b は式 (9.17b) での比例係数，$u_0(\xi, \eta)$ は求めるべき開口面における輪帯板の透過率分布である．

開口面の中心から m 番目の輪帯 S_m の外側半径を r_m で表すと，$r_m^2 = \xi^2 + \eta^2$ と書ける．複素振幅における指数項に半径座標の 2 乗に比例する項があるので，式 (9.87) は集束作用を示すことが予測できる（6.5 節参照）．

式 (9.87) の指数項内の $-i$ 以外を，フレネル積分の式 (9.73) におけるパラメータ p と関連づけると，次式で書ける．

$$\frac{k}{2L_h}(\xi^2 + \eta^2) = \frac{\pi}{\lambda}\left(-\frac{1}{s_1} + \frac{1}{s_2}\right)r_m^2 = \frac{\pi}{2}p^2 \tag{9.89}$$

式 (9.89) を整理すると，次式に書き直せる．

$$-\frac{1}{s_1} + \frac{1}{s_2} = \frac{\lambda p^2}{2r_m^2} \equiv \frac{1}{f}, \qquad f \equiv \frac{2r_m^2}{\lambda p^2} \tag{9.90a, b}$$

式 (9.90a) の左辺は薄肉レンズの結像式と同じ形をしており，f はこの輪帯板と等価的な凸レンズの焦点距離を表す．

次に，開口面における輪帯の外側半径 r_m の設定方法を説明する．光源および像点と輪帯の外側半径との距離が，$-s_1$, s_2 よりそれぞれ p_m, q_m だけ長く，p_m と q_m は波長オーダの距離とする．この近似を用いると，p_m と q_m は

$$p_m \fallingdotseq -\frac{r_m^2}{2s_1}, \qquad q_m \fallingdotseq \frac{r_m^2}{2s_2} \tag{9.91a, b}$$

で表せる。p_m と q_m がレンズ公式 (9.90a) を満たすには，式 (9.91) より得られる s_1 と s_2 を式 (9.90a) に代入し整理して，次式となればよい。

$$p_m + q_m = \frac{\lambda p^2}{4} = \begin{cases} m(\lambda/2) - \lambda/4 & \text{：正の輪帯板} \\ m(\lambda/2) & \text{：負の輪帯板} \end{cases} \tag{9.92}$$

上式の p には，図 9.14 における正負の境目の値，$p = \sqrt{2m-1}$ と $p = \sqrt{2m}$（m：正の整数）を用いた。

式 (9.92) は，$p_m + q_m$ の値で $\lambda/2$ ごとに透過部と遮光部を繰り返すと，図 9.14 における被積分関数が像点で常に同相となり，光源から出た光波が輪帯を介して像点へ効率よく集束することを示す。このように設定された結像作用をもつ輪帯板を，**フレネルの輪帯板（FZP：Fresnel zone plate）** または**フレネルゾーンプレート**という。フレネルの輪帯板で中心部を透過部にしたものは $\cos(\pi p^2/2) > 0$ で正の輪帯板，中心部を遮光部にしたものは $\sin(\pi p^2/2) < 0$ で負の輪帯板と呼ばれる。FZP はニュートン環を利用して作製できる（8.4.2 項参照）。

このとき，FZP の透過率 $u_0(r_m)$ と輪帯の外側半径 r_m の関係は次式で書ける。

$$u_0(r_m) = \begin{cases} 1 & ; r_m = \sqrt{(m-1/2)\lambda f} \text{ で } m \text{ が奇数} \\ 0 & ; r_m = \sqrt{(m-1/2)\lambda f} \text{ で } m \text{ が偶数} \end{cases} \text{：正の輪帯板} \tag{9.93a}$$

$$u_0(r_m) = \begin{cases} 1 & ; r_m = \sqrt{m\lambda f} \text{ で } m \text{ が偶数} \\ 0 & ; r_m = \sqrt{m\lambda f} \text{ で } m \text{ が奇数} \end{cases} \text{：負の輪帯板} \tag{9.93b}$$

輪帯 S_m の面積要素は $dS_m = \pi r_m^2 - \pi r_{m-1}^2 = \pi \lambda f$ となり，これは式 (2.17) に一致する。つまり，フレネルの輪帯板は図 2.5 (a) で $r_0 = \infty$ とおいた場合に相当する。

フレネルの輪帯板は光の透過部と遮光部が交互にあるので，光の使用効率が悪い。また，これでは焦点距離 f に対応する波長以外の光も像点に入るので，色収差が大きい。そのため，振幅型ではなく，次項で説明する，断面部分を位相の変化に置き換えた位相型回折光学素子が利用されている。

フレネルの輪帯板は上記の欠点をもつが，適切なレンズがない波長域である X 線領域での結像素子として利用されている。高額紙幣やクレジットカードの偽造防止などに利用されているホログラムでは，情報がフレネルの輪帯板の形で記録されている。

9.7.2　位相型回折光学素子による結像作用

振幅型 FZP の欠点を解消するため，素子断面内に膜厚の異なる微細構造を形成して，断面内の位相分布により光の波面を変換する素子を位相型回折光学素子またはキノフォーム（kinoform），位相型ゾーンプレートという。

微細な位相分布の作製には光リソグラフィを利用して，素子厚を 2 の m 乗（m：正の整数）で量子化することにより，断面内に階段状の空間分布を形成している。位相型回折光学素子の設計には高屈折率法や位相関数法，反復フーリエ変換法などが用いられている。

位相型回折光学素子は，①断面内の位相分布により多様なパターンを作り出せる，②アッベ数が波長だけで決まり，等価的なアッベ数を負にできる，③コントラストが向上する，などの特徴をもつ。位相型回折光学素子はこのような特徴を活かして，ビームホモジナイザなどのビーム整形素子，光ディスク用色収差補正レンズなどに利用されている。

　　　　　　　　　9.8　反射型回折格子　　　　　　　　　

回折格子は，実用的には透過型よりも反射型のほうが分光などで用いられている。反射型回折格子には，表面が平面と凹面のものがあり，それぞれを平面回折格子，凹面回折格子と呼ぶ。本節では平面回折格子の特性を説明する。

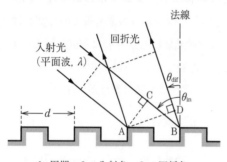

図 9.18　平面回折格子への入射・回折光

方形波状の周期構造をもつ平面回折格子（周期 d）があり，この格子面全体に単色の平面波（波長 λ）が斜め入射する（**図 9.18**）。格子面に入射した光波は，ホイヘンスの原理により格子面で逆方向に伝搬する球面波を生じ，回折光の種となる。格子面の法線に対する光線の入射角を θ_{in}，回折角を θ_{dif} とする。回折角は格子面の法線に対して入射角と同じ（反対）側にあるときを正（負）と定める。

主断面（格子に垂直な平面）内で，1周期分離れた位置に点 A，B をとる。点 A から入射光と回折光の他端へ下ろした垂線の足をそれぞれ点 C, D とする。入射光の波面 AC までと回折光の波面 AD 以降の位相変化は，波面上の位置によらず等しく，点 A は入射・回折光で共通である。よって，入射光と回折光での位相変化は，線分 CB（$= d\sin\theta_{\mathrm{in}}$）と線分 BD（$= d\sin\theta_{\mathrm{dif}}$）の距離の和で生じる。格子の壁により影となる部分の効果は無視する。

位相は伝搬距離と媒質中の光の波数（$k = 2\pi/\lambda$，λ：媒質中の波長）の積で表せる。よって，回折光が強め合う同相条件は，位相変化の和が 2π の整数倍のとき $d(\sin\theta_{\mathrm{in}} + \sin\theta_{\mathrm{dif}})(2\pi/\lambda) = 2\pi m$（$m$：整数）で得られる。ここで，$m$ は回折次数である。上式を整理して次式を得る。

$$d(\sin\theta_{\mathrm{in}} + \sin\theta_{\mathrm{dif}}) = m\lambda \quad (m：回折次数) \tag{9.94}$$

式 (9.94) は**回折格子の式**（grating equation）と呼ばれ，回折光強度が極大となる条件である。これは周期 d と入射角 θ_{in} を固定したとき，回折角 θ_{dif} が波長 λ に依存することを意味する。この波長選択性は分光器に利用されている。

特に，式 (9.94) で $m = 0$ のとき $\theta_{\mathrm{dif}} = -\theta_{\mathrm{in}}$ となり，回折光が波長によらず，格子面の法線に対して入射光と反対側に同じ角度で出射される。この場合，格子面があたかも凹凸のない鏡として作用しており，鏡面反射と呼ばれる。

演　習　問　題　133

　光ディスクの CD や DVD 表面からの回折光は色づいて見える。この現象は，光ディスク表面に配置された渦巻き状のピット列が，半径方向には近似的な凹凸の周期構造があるために生じている。このような構造に起因する発色は**構造色**と呼ばれる（例題 9.3，演習問題 9.9 参照）。構造色は自然界では玉虫，モルフォ蝶，オパールなどで見られ，産業分野でも応用されている。構造色は見る角度によって異なり，「玉虫色の決着」という言葉がある。

【例題 9.3】　光ディスクでのピット列は，半径方向では近似的に平面回折格子を構成しているとみなせる。白色光を光ディスクに照射して回折光を観測するとき，次の問に答えよ。
（1）　CD（周期 $\Lambda = 1.6\,\mu\mathrm{m}$）の法線と角度 20° をなす方向から光波を照射するとき，法線に対して反対側の角度 70° をなす方向から眼に見える波長を求めよ。
（2）　DVD（周期 $\Lambda = 0.74\,\mu\mathrm{m}$）に対して上と同じ条件を適用するときに見える波長を求めよ。
〔解〕　（1）　式（9.94）に $\theta_{\mathrm{in}} = 20°$ と $\theta_{\mathrm{dif}} = -70°$ を代入し，$\lambda = 1\,600(\sin 20° - \sin 70°)/m = -956.3/m$〔nm〕が可視域にある値を探す。$m = -1$ のとき $\lambda = 956\,\mathrm{nm}$ で見えない。$m = -2$ のとき $\lambda = 478\,\mathrm{nm}$ が見える。
（2）　$\lambda = 740(\sin 20° - \sin 70°)/m = -442.3/m$〔nm〕で $m = -1$ のとき $\lambda = 442\,\mathrm{nm}$ が見える。　　■

　回折の要点は次のようにまとめられる。
（ⅰ）　回折像分布は，開口面と像面の間隔 L により，L が大きい順にフラウンホーファー回折，フレネル回折，ニアフィールド回折に分類される。
（ⅱ）　フラウンホーファー回折像は，開口を無限小のピンホールの集合体と考えることにより，干渉の考え方を拡張して扱うことができる。
（ⅲ）　フラウンホーファー回折像の光強度分布の極大・極小条件は，代数的にだけでなく，フェーザ表示や物理的意味により解釈することができる。
（ⅳ）　回折像は光の波動性によって一定の幅より狭くはならず，その広がりは波長に比例し，開口の大きさに反比例する。
（ⅴ）　フレネル回折はフレネルの輪帯板やフラウンホーファー回折と関連づけられる。

演　習　問　題

9.1　直径 2 mm の針金が一直線状にある。これに対して単色の平面波（波長 500 nm）を垂直入射させ，針金の直後に凸レンズ（焦点距離 $f = 40\,\mathrm{cm}$）を設置して，後側焦点面で回折像を観測する。このとき，次の問に答えよ。
　（1）　像面での光強度分布を求めよ。　　（2）　第 1 暗線の位置を求めよ。
9.2　波長が未知の 2 光波の平面波を単スリット（幅 0.2 mm）に同時に垂直入射させ，単スリット直後に接して置いた凸レンズ（焦点距離 $f = 200\,\mathrm{mm}$）の後側焦点面で回折像を観測した。波長 λ_1 の入射光に対する 8 番目の極小値と波長 λ_2 の入射光に対する 10 番目の極小値が，いずれも中央の極大値から 5.0 mm の位置で得られた。このときの 2 波長を求めよ。
9.3　単一のスリット，方形開口，円形開口に対するフラウンホーファー回折に関して次の問に答えよ。

134 **9. 重ね合わせの原理から学ぶ回折**

（1） 共通の特徴および相違点を述べよ。

（2） 共通の特徴の物理的意義と工学に及ぼす具体例を述べよ。

9.4 幅 $D=2$ の等間隔の多重スリットで形成されるフラウンホーファー回折で，5次の回折線が消えているとき，スリット間隔 d を求めよ。ただし，d は整数とし，光波の波長を λ，スリット面と像面の間隔を L とせよ。

9.5 複数の正方形（一辺の長さ D）の開口に単色の光波（波長 λ）が垂直入射し，像面が開口の後方の十分離れた距離 L にあるとき，次の問に答えよ。

（1） 三つの開口が，x 軸方向に中心間隔 d で平行に並んでいるとき，像面で観測される光強度を求めよ。

（2） 式 (9.69) にある $\sin(\pi N d\mu_x)/\sin(\pi d\mu_x)$ の平方を $N=3$ に対して求め，この項が（1）で求めた光強度において，sinc 関数以外の項と一致することを確認せよ。また，この一致の理由を説明せよ。

（3） 五つの開口が十字型であり，中央に対して x 軸方向および y 軸方向の両側にそれぞれ中心間隔 d_x，d_y 離れてあるとき，像面で観測される光強度を求めよ。

9.6 半径が R_1 と R_2（$>R_1$）の間だけが透明で，その他が遮光部となった輪帯開口がある。この開口に波長 λ の光波が垂直入射するとき，開口の後方十分離れた距離 L にある像面で観測される光強度を求めよ。

9.7 波長 500 nm の平面波が，境界が直線の半無限開口に垂直入射するとき，開口の後方の距離 1.0 m にある像面での回折像光強度を観測する。光強度が極大値と極小値をとる位置を三つずつ，幾何学的な陰の端点からの距離で求めよ。ただし，コルニューの渦巻で $(-0.5, -0.5)$ と $(C(p), S(p))$ の距離の極大値は小さい値から順に $p=1.22$，$p=2.34$，$p=3.08$ で，極小値は $p=1.87$，$p=2.74$，$p=3.39$ で得られることを利用せよ。

9.8 フレネルの輪帯板を結像素子として利用するため，最初に正の輪帯板を設置した。次に，光軸を一致させて同じ位置に同一寸法の負の輪帯板を設置した。この場合，両者における集束位置がどのようになるか。

9.9 ブルーレイディスク（BD）は，ピット列が近似的に半径方向に周期 0.32 µm で平面回折格子を構成しているとみなせる。光を次の条件で BD に照射させるとき，各問に答えよ。

（1） 白色光を観測者の背後から BD の法線に対して角度 20° の方向から照射し，法線に対して角度 55° をなす方向で観測するとき，可視光が観測できるか。

（2） 白色光の入射方向が（1）と同じとき，可視光が観測される回折角 θ_{dif} の範囲を求めよ。

10章

重ね合わせの原理から学ぶ偏光

　伝搬方向に垂直な面内にある光電界成分からなるベクトルの端点が，直線や円などの規則的な軌跡を描く状態を偏光という。偏光の形状は直交する電界成分の相対的な位相差により決まるので，独立な成分が二つとなる。そのため，電界 E の重ね合わせで考えると，多様な偏光を表すことができる。

　10.1 節では直線・円偏光などの形状を，10.2 節では偏光の度合いを定量化する偏光度や表示法を，10.3 節では円偏光の重ね合わせによる直線偏光と楕円偏光の表示を説明する。10.4 節では異方性物質中での偏光の振る舞いとして固有偏光，複屈折，旋光性などを述べる。10.5 節では光学素子による偏光の変換とジョーンズベクトルによる変換の記述法を説明する。

▷ 10.1　偏 光 の 形 状 ◁

　光波を形成する電界ベクトルの振動方向が規則的に変化する状態を**偏光**（polarized light）または偏りという。本節では偏光の形状の決め方を説明する。光波は自由空間では横波だから，偏光は伝搬方向に垂直な面内における，直交する電界の 2 成分で表され，電界 E に関して重ね合わせの原理が成り立つ。

　光波が等方性物質中を，デカルト座標系 (x, y, z) で z 軸方向に伝搬しているとする。電界のベクトル成分として，伝搬方向に垂直な面内の x, y 成分をとり，その表現として式 (1.13a) を用いると，電界成分は次式で表せる。

$$E_x = A_x \cos(\tau + \phi_x) \tag{10.1a}$$

$$E_y = A_y \cos(\tau + \phi_y) = A_y \cos(\tau + \phi_x + \phi) \tag{10.1b}$$

$$\tau = \omega t - kz, \qquad \phi = \phi_y - \phi_x \tag{10.2a, b}$$

ここで，A_i $(i = x, y)$ は i 方向成分の振幅，τ は規則的に変化する時空間変動因子，ϕ_i は i 方向成分の初期位相，ϕ は $x \cdot y$ 成分間の相対位相差，ω は角周波数，k は媒質中の光の波数を表す。規則性を保持するため，電界の 2 成分の位相が時間的に安定しているとする。なお，横波だから $E_z = 0$ である。

　偏光の形状は，リサージュ図形のように，式 (10.1) から時間と位置に関する項を消去して求めることができる。その結果は

$$\left(\frac{E_x}{A_x}\right)^2 + \left(\frac{E_y}{A_y}\right)^2 - 2\left(\frac{E_x}{A_x}\right)\left(\frac{E_y}{A_y}\right)\cos\phi = \sin^2\phi \tag{10.3}$$

で表せる．式(10.3)は，偏光が直交成分間の相対位相差ϕのみに依存して，位相成分の個々の値には依存しないことを示す．

偏光の形状の概略を**図10.1**に示す．横（縦）軸はx（y）成分の振幅を表す．偏光の呼び名や回転の向きは，光波領域では観測と密接に結びついているため，観測者から見た電界ベクトルの端点の軌跡で分類される．原点と曲線上の点を結んだ方向が電界ベクトルの振動方向であり，原点を含みそれに直交する方向が磁界ベクトルの振動方向である．

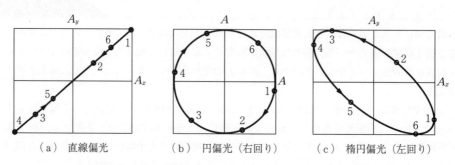

（a）直線偏光　　（b）円偏光（右回り）　　（c）楕円偏光（左回り）

回転の向きは観測者から見たもの．
図中の数字は共通の位相$\tau=10°$を1として，順に60°ずつ増加させたときの電界の端点
図10.1 偏光の形状

以下で各偏光の要点を述べる．式(10.3)は楕円の一般形を表し，電界の軌跡が楕円となるものを**楕円偏光**（elliptically polarized light）と呼ぶ．この楕円は長さ$2A_x$，$2A_y$を2辺とする方形に内接していることが，図（c）から分かる．

式(10.3)で相対位相差が$\phi=m\pi$（m：整数）のとき，右辺がゼロとなり，左辺を因数分解すると次式を得る．

$$\frac{E_y}{E_x}=(-1)^m\frac{A_y}{A_x} \tag{10.4}$$

これは電界の端点の軌跡が直線となるので，**直線偏光**（linearly polarized light）と呼ばれる．

式(10.3)で相対位相差が$\phi=(2m'+1)\pi/2$（m'：整数）のとき，左辺第3項が消えて

$$\left(\frac{E_x}{A_x}\right)^2+\left(\frac{E_y}{A_y}\right)^2=1 \tag{10.5}$$

と書ける．$A_x\neq A_y$のとき，これはE_x，E_y軸を主軸とする楕円偏光を表す．式(10.5)にさらにx，y成分が等振幅（$A\equiv A_x=A_y$）という条件が付加されると

$$E_x^2+E_y^2=A^2 \tag{10.6}$$

となる．これは電界の端点の軌跡が円となり，**円偏光**（circularly polarized light）と呼ばれる．$\sin\phi>0$（<0）のときを右（左）回りの円偏光という．

ここで，楕円偏光の一般式(10.3)において，座標系(E_x, E_y)をE_z軸の回りに回転させて新しい座標系(E_ξ, E_η)に変換し，変換された式で$E_\xi E_\eta$の係数をゼロとして標準形が得られる．変換後の楕円の主軸E_ξがE_x軸となす角度を**主軸方位角**ψという（**図10.2**（a））．このとき

10.1 偏光の形状

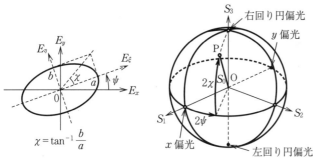

(a) 楕円偏光のパラメータ　　(b) ポアンカレ球

χ：偏光楕円率,
ψ：主軸方位角,
$S_0 \sim S_3$：ストークスパラメータ

図 10.2 偏光状態のポアンカレ球表示

ψ は次式を満たす．

$$\tan 2\psi = \frac{2A_x A_y}{A_x^2 - A_y^2} \cos\phi \tag{10.7}$$

式 (10.7) が満たされているとき，楕円の主軸（E_ξ と E_η 方向）半径を a, b で表すと，楕円の標準形が次式で表せる．

$$\left(\frac{E_\xi}{a}\right)^2 + \left(\frac{E_\eta}{b}\right)^2 = 1 \tag{10.8a}$$

$$\begin{Bmatrix} a^2 \\ b^2 \end{Bmatrix} = A_x^2 \begin{Bmatrix} \cos^2\psi \\ \sin^2\psi \end{Bmatrix} + A_y^2 \begin{Bmatrix} \sin^2\psi \\ \cos^2\psi \end{Bmatrix} \pm A_x A_y \sin 2\psi \cos\phi \tag{10.8b}$$

$$a^2 + b^2 = A_x^2 + A_y^2, \qquad ab = A_x A_y \sin\phi \tag{10.8c, d}$$

上下の表現と複号が対応する．楕円の扁平度を表す**偏光楕円率** $\tan\chi$ は

$$\tan\chi = \frac{b}{a} \tag{10.9}$$

で定義される．上述のことから偏光に関して以下のことが分かる．

(ⅰ) 偏光の形状は，直交する電界 2 成分の個々の位相ではなく，相対位相差 ϕ で決まる．よって，偏光が存在するには，相対位相差 ϕ が時空間的に安定して保持されていることが不可欠となる．

(ⅱ) 異方性物質などを用いて相対位相差 ϕ を意図的に変化させることにより，偏光状態を変化させること，つまり偏光変換ができる．このような機能を担う素子を偏光素子という（10.5.1 項参照）．

【例題 10.1】 次に示す z 軸方向に伝搬する電磁界の偏光の形状を，主軸方位角と偏光楕円率を用いて調べよ．ただし，A は振幅，$\tau = \omega t - kz$, ϕ_i は定数である．

(1) $E_x = A\cos(\tau + \phi_1)$, $E_y = A\cos(\tau + \phi_1)$

(2) $E_x = A\cos(\tau + \phi_2)$, $E_y = -A\sin(\tau + \phi_2)$

(3) $E_x = A\cos(\tau + \phi_3)$, $E_y = A\cos(\tau + \phi_3 - 3\pi/4)$

[解] （1）式 (10.2b) より $\phi=\phi_y-\phi_x=0$，直線偏光ゆえ主軸方位角の値は $\tan\psi=E_y/E_x=1$ より $\psi=\pi/4$，式 (10.8b) より $a^2=2A^2$，$b^2=0$，偏光楕円率が式 (10.9) より $\tan\chi=0$，$\chi=0$。以上より，これは x 軸と角度 45°をなす直線偏光。

（2）$E_y=-A\sin(\tau+\phi_2)=A\cos(\tau+\phi_2+\pi/2)$ と書き直すと，$\phi=\pi/2$，$\sin\phi=1>0$ で右回り。式 (10.8c, d) より $a+b=2A$，$ab=A^2$ で $a=b=A$。よって $\tan\chi=A/A=1$ で右回り円偏光。

（3）$\phi=-3\pi/4$，$\sin\phi=\sin(-3\pi/4)=-1/\sqrt{2}<0$，左回り。式 (10.7) より $\tan 2\psi=-\infty$，$2\psi=-\pi/2$，$\psi=-\pi/4$，式 (10.8b) より $a^2=[(2-\sqrt{2})/2]A^2$，$b^2=[(2+\sqrt{2})/2]A^2$，$\tan\chi=b/a=\sqrt{2}+1$，偏光楕円率が $\chi=3\pi/8$。よって，主軸が x 軸と角度 135°をなす左回り楕円偏光。

（1）～（3）の結果は，それぞれ図 10.1 で $A_x=A_y=A$ とおいた図（a）～（c）に相当する。■

 ## 10.2　偏光度の記述法

10.2.1　完全偏光と非偏光

偏光の度合いは電界の振動状態で判断される。偏光は，前節で述べたように，特定の規則的な形状をしているが，すべての光波が偏光状態になるわけではない。例えば，**自然光**（natural light）は電界の振動方向が時間的に不規則に変化しているため，平均的には全方向に対して一様に振動しているとみなせる。このような光波の状態を**非偏光**（unpolarized light）と呼ぶ。

これに対して，電界が時間的に安定して直線や円などの特定の形状をとる光の状態を**完全偏光**（completely polarized light）という。完全偏光は，直交する二つの電界成分間の相対的な位相差が時空間的に揃っている光波である。2 成分間での位相差が部分的に不規則に変化している状態は，完全偏光成分と非偏光成分が混在した状態であり，これを**部分偏光**（partially polarized light）という。

10.2.2　偏光状態の表現方法

偏光状態の違いを定量的に評価する尺度としてストークスパラメータに基づく偏光度がある。また，偏光度を視覚的に見やすく表示する方法としてポアンカレ球表示がある。以下でこれらを説明する。

〔1〕**偏光度とストークスパラメータ**　一般的な偏光状態を記述するため，式 (10.1) における振幅と位相をともに時間 t に依存するパラメータと考え，これを複素関数で次のように表す。

$$E_j=A_j(t)\exp\{i[\tau+\phi_j(t)]\} \quad (j=x,y) \tag{10.10}$$

ここで，$A_j(t)$ は振幅，$\phi_j(t)$ は位相，$\tau=\omega t-kz$ は時空間変動因子である。

光波領域で観測する場合には長時間平均をとるから，振幅や位相間での相関関係が重要となる。これらの相関量を可測量と結びつけるものとして，**ストークスパラメータ**（Stokes parameters）が次式で定義されている。

$$S_0\equiv\langle|A_x(t)|^2\rangle+\langle|A_y(t)|^2\rangle \tag{10.11a}$$

$$S_1\equiv\langle|A_x(t)|^2\rangle-\langle|A_y(t)|^2\rangle \tag{10.11b}$$

$$S_2\equiv 2\langle A_x(t)A_y^*(t)\cos\phi(t)\rangle \tag{10.11c}$$

$$S_3 \equiv 2\langle A_x(t)A_y^*(t)\sin\phi(t)\rangle \tag{10.11d}$$

$$\phi(t) = \phi_y(t) - \phi_x(t) \tag{10.11e}$$

ただし，⟨·⟩は長時間平均，$\phi(t)$ は時間に依存する相対位相差，* は複素共役を表す．

式(10.11a)における S_0 は全光波の光強度を表す．非偏光では振幅および $x \cdot y$ 成分間の位相が不規則に変化するため，式(10.11b)より $S_1 = 0$，式(10.11c, d)より $S_2 = S_3 = 0$ となり，S_0 だけが非ゼロとなる．よって，光強度は完全偏光成分では $S_{\text{pol}} \equiv \sqrt{S_1^2 + S_2^2 + S_3^2}$ で，非偏光成分では $S_{\text{un}} \equiv S_0 - \sqrt{S_1^2 + S_2^2 + S_3^2}$ で書ける．

偏光の度合いを，完全偏光成分の光強度 S_{pol} が全光強度 S_0 に占める割合で評価し，これを**偏光度**（degree of polarization）と呼ぶ．これを P で表すと

$$P \equiv \frac{S_{\text{pol}}}{S_0} = \frac{\sqrt{S_1^2 + S_2^2 + S_3^2}}{S_0} \quad (S_0 = S_{\text{pol}} + S_{\text{un}}) \tag{10.12}$$

で書ける．すなわち，偏光度は直交する2成分間で位相差が揃っている成分の割合を表す．完全偏光は $P=1$ つまり $S_0^2 = S_1^2 + S_2^2 + S_3^2$，非偏光は $P=0$，部分偏光は $0<P<1$ となる．

偏光状態は確定していない．例えば，部分偏光を直線偏光子に通すと，完全偏光の直線偏光が得られる．また，完全偏光でも反射や散乱により部分偏光あるいは非偏光となる．このような各種光学素子や伝搬に伴う偏光度の変化を記述する方法として，ストークスパラメータ以外に，光学素子による偏光変換を関係づけたミュラー行列（Müller matrix）がある（本書では割愛）．

〔2〕 **ポアンカレ球表示** 10.1節で述べた楕円偏光において，偏光楕円率を χ，主軸方位角を ψ で示した（図10.2（a））．これらの値はストークスパラメータ S_i（$i=0\sim3$）と

$$S_1 = S_0 \cos 2\chi \cos 2\psi \tag{10.13a}$$

$$S_2 = S_0 \cos 2\chi \sin 2\psi \tag{10.13b}$$

$$S_3 = S_0 \sin 2\chi \tag{10.13c}$$

で関係づけられる．直交座標 (S_1, S_2, S_3) を地球儀に対応づけ，2χ を緯度，2ψ を経度として，偏光状態を視覚的に理解しやすくする表示方法を**ポアンカレ球**（Poincaré sphere）と呼ぶ（図10.2（b））．

ポアンカレ球上での赤道は直線偏光，北（南）極は右（左）回り円偏光を表す．完全偏光はポアンカレ球表面に，非偏光は原点Oに，部分偏光は球内部の点に対応する．ストークスパラメータとポアンカレ球表示は，完全偏光だけでなく，部分偏光や非偏光にも適用できる．

 ## 10.3 円偏光の重ね合わせによる直線偏光と楕円偏光の表示

本節では，左回りと右回り円偏光を重ね合わせると，振幅と初期位相の違いにより任意の直線偏光または楕円偏光が得られることを，ベクトルを用いて示す．

左回り円偏光の複素関数表示は，式(10.1)，(10.5)に関連して $m'=-1$，$\phi=-\pi/2$ とおき，E_x 成分を実軸，E_y 成分を虚軸として次式で書ける．

$$Z_\mathrm{L} = A_\mathrm{L}[\cos(\tau+\phi_{\mathrm{L}x})+i\sin(\tau+\phi_{\mathrm{L}x})] = A_\mathrm{L}\exp[i(\tau+\phi_{\mathrm{L}x})] \tag{10.14}$$

右回り円偏光は, 式 (10.5) に関連して $m'=0$, $\phi=\pi/2$ とおくと, 同様にして次式で書ける.

$$Z_\mathrm{R} = A_\mathrm{R}[\cos(-\tau-\phi_{\mathrm{R}x})+i\sin(-\tau-\phi_{\mathrm{R}x})] = A_\mathrm{R}\exp[-i(\tau+\phi_{\mathrm{R}x})] \tag{10.15}$$

上式で, A_L と A_R は絶対値, $\phi_{\mathrm{L}x}$ と $-\phi_{\mathrm{R}x}$ は初期偏角, $\tau=\omega t-kz$ は時空間変動因子を表す.

〔1〕 **左回り・右回り円偏光の振幅が等しい場合**　まず, 式 (10.14), (10.15) で左回り・右回り円偏光の絶対値が等しい ($A\equiv A_\mathrm{L}=A_\mathrm{R}$) 場合を**図10.3** (a) に示す. 時空間変動因子が $\tau=\omega t-kz=0$ のとき, 左回り円偏光 Z_L の端点を A, 右回り円偏光 Z_R の端点を B とする. Z_L と Z_R は x 軸を基準として初期偏角 $\phi_{\mathrm{L}x}$ と $-\phi_{\mathrm{R}x}$ で, τ の増加とともに原点 O の回りを反対向きに回転する.

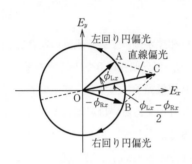
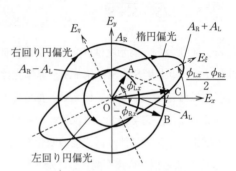

（a）二つの円偏光の振幅が等しい場合
　　　（直線偏光）

（b）二つの円偏光の振幅が異なる場合
　　　（楕円偏光）

$\phi_{\mathrm{L}x}$, $\phi_{\mathrm{R}x}$：左回り・右回り円偏光の初期偏角
図10.3　円偏光による直線偏光と楕円偏光の合成

各偏光をベクトル $\overrightarrow{\mathrm{OA}}$, $\overrightarrow{\mathrm{OB}}$ で表すと, 合成波の振幅は線分 OA と OB を 2 辺とした平行四辺形の他の点 C と原点 O を結んだベクトル $\overrightarrow{\mathrm{OC}}=\overrightarrow{\mathrm{OA}}+\overrightarrow{\mathrm{OB}}$ で表され, ∠AOB を 2 等分した線上にある. $\overrightarrow{\mathrm{OC}}$ は時空間変動因子 τ の増加とともに, OC 上または OC の延長線上を移動する. つまり, 合成波の振幅は x 軸と角度 $(\phi_{\mathrm{L}x}-\phi_{\mathrm{R}x})/2$ をなす直線上を移動する. このことは, 等振幅の左回りと右回り円偏光を重ね合わせると直線偏光となり, その傾きが左回りと右回り円偏光の初期位相の差で決まることを示す (演習問題 10.3 参照).

上記とは逆に, 直線偏光が等振幅の左回りと右回りの円偏光の重ね合わせで一義的に分解できる (例題 10.2 参照). この事実は旋光性のメカニズムを理解する上で重要である (10.4.4 項参照).

〔2〕 **左回り・右回り円偏光の振幅が異なる場合**　次に, 式 (10.14), (10.15) で左回り・右回り円偏光の振幅 A_L, A_R の値が異なる場合の合成波の振幅を図 10.3 (b) で考える. 各振幅に等しい 2 円を描き, 図 (a) と同様に, 左回りと右回り円偏光の初期位相での端点を A, B と設定する. これらの合成振幅は, 図 (a) の考え方を拡張して求めることができる.

直線偏光と円偏光以外の偏光は楕円偏光であり, この場合の合成波は楕円偏光となるはずで

ある。∠AOB を 2 等分した方向と，原点を通りこれに垂直な方向が楕円の主軸（長軸または短軸）方向となる。図（b）より，楕円の標準形における長軸と短軸の半径は $|A_R \pm A_L|$ になることが予測できる。

実際，E_x 軸と角度 $(\phi_{Lx} - \phi_{Rx})/2$ をなす方向に E_ξ 軸，原点 O を通り E_ξ 軸に直交する方向に E_η 軸をとり，式 (10.14)，(10.15) の E_x，E_y 成分より得られる式に座標変換を施すと，かなりの計算の後，次式を得る。

$$\frac{E_\xi^2}{(A_R + A_L)^2} + \frac{E_\eta^2}{(A_R - A_L)^2} = 1 \tag{10.16}$$

式 (10.16) は長軸半径 $(A_R + A_L)$，短軸半径 $|A_R - A_L|$ の楕円偏光を表す。つまり，振幅の異なる左回り・右回り円偏光の重ね合わせで楕円偏光ができることが示された。

 ## 10.4　異方性物質での偏光の振る舞い

本節では，異方性物質における光波伝搬の解析方法を示した後，固有偏光や複屈折，旋光性の概要を説明する。

10.4.1　異方性物質における光波伝搬の解析

媒質中での電磁界の電気エネルギー密度は，一般化座標の下で

$$U_e = \frac{1}{2\varepsilon_0}\left(\frac{D_1^2}{n_1^2} + \frac{D_2^2}{n_2^2} + \frac{D_3^2}{n_3^2}\right) \tag{10.17}$$

で記述できる（13.4 節参照）。ただし，n_i は主屈折率（主軸方向の屈折率，$i = 1 \sim 3$），D_i は主軸方向の電束密度成分，ε_0 は真空の誘電率である。媒質中に損失がない場合，電気エネルギー密度が保存される。このとき，$x_i = D_i$ $(i = 1 \sim 3)$ とおき，定数分を規格化すると，式 (10.17) が次式に書き換えられる。

$$a_{11}x_1^2 + a_{22}x_2^2 + a_{33}x_3^2 = 1, \qquad a_{ii} \equiv \frac{1}{n_i^2} \quad (i = 1 \sim 3) \tag{10.18}$$

式 (10.18) で各 x_i $(= D_i)$ が主軸に一致し，自然界の物質では係数 a_{ii} が正だから，この式は楕円体の標準形を表す。これは結晶光学の分野で**屈折率楕円体**（index ellipsoid, indicatrix）と呼ばれる。楕円体の一般形は座標変換で標準形にでき，異方性物質における光波伝搬が式 (10.18) を用いて解析できる。

結晶は空間対称性や主屈折率の値により分類される。三つの主屈折率の値が等しい物質を**等方性物質**，二つの主屈折率の値が等しい $(n_1 = n_2 \neq n_3)$ 物質を**一軸結晶**または単軸結晶と呼ぶ。これはラグビーボールのように一つの回転軸をもつ。この回転軸を**光学軸**（optic axis）と呼び，通常 c 軸にとられる。三つの主屈折率の値がすべて異なる物質は**二軸結晶**または双軸結晶と呼ばれる。一軸結晶と二軸結晶は，屈折率が光の伝搬方向によって変化する成分をもつ

142   10. 重ね合わせの原理から学ぶ偏光

ので，**異方性物質**と呼ばれる。

屈折率楕円体の重要な性質は，電束密度 D と波面法線ベクトル（光の伝搬方向の単位ベクトル）s に関して $D \cdot s = 0$ を満たしている点である。よって，D は原点を通り，s に直交する平面と屈折率楕円体との交線から求められる。この性質により，異方性物質での光波伝搬は電界 E よりも電束密度 D を基礎として議論されることが多い。

異方性物質での光波伝搬を解析する際に重要となる他の式を次に示す。

$$\frac{s_x^2}{n^2 - n_1^2} + \frac{s_y^2}{n^2 - n_2^2} + \frac{s_z^2}{n^2 - n_3^2} = \frac{1}{n^2} \tag{10.19}$$

ただし，$s = (s_x, s_y, s_z)$ は波面法線ベクトル，n_i は主屈折率である。式 (10.19) は**フレネルの法線方程式**（Fresnel's equation of wave-normal）と呼ばれる。これにより s と n_i が与えられたとき，伝搬する光波の屈折率 n が求められる。

10.4.2 固 有 偏 光

断面内での対称性が低い異方性物質では，等方性物質に比べて自由度が減少し，特定の偏光状態でしか伝搬できなくなる。この性質により複屈折や旋光性などが生じる。以下では，電束密度 D を基礎としてこれらの議論を進める。

光波の伝搬方向を z 軸にとると，電束密度は z 軸に垂直な面内で主軸をとることができる。このとき，電界成分 E_x, E_y は電束密度成分 D_x, D_y の関数として，次のように表すことができる。

$$\begin{pmatrix} E_x \\ E_y \end{pmatrix} = \frac{1}{\varepsilon_0} \begin{pmatrix} a_{11} & a_{12} \\ a_{21} & a_{22} \end{pmatrix} \begin{pmatrix} D_x \\ D_y \end{pmatrix} = \frac{1}{\varepsilon_0 n^2} \begin{pmatrix} D_x \\ D_y \end{pmatrix} \tag{10.20}$$

ここで，$a_{ij} = (1/n^2)_{ij}$ の表現は結晶構造に依存し，無損失物質では $a_{21} = a_{12}^*$ が成り立つ。式 (10.20) の左辺と中辺は，電界成分が電束密度成分の重ね合わせで表されることを示し，右辺の $1/n^2$ は中辺に対する固有値を表す。

式 (10.20) に含まれる対角成分 a_{ii} $(i = 1, 2)$ は，電界と電束密度の方向が一致したものであり，これは複屈折を生み出す種となる。一方，非対角成分 a_{12} は電界と電束密度が異なる方向の成分間で生じるものであり，これは旋光性を生み出す種となる。すなわち，$(a_{11} - a_{22})$ は複屈折，$2a_{12}$ は旋光性と関係する。

式 (10.20) の中辺と右辺を書き直すと，次式となる。

$$\begin{pmatrix} a_{11} - 1/n^2 & a_{12} \\ a_{12}^* & a_{22} - 1/n^2 \end{pmatrix} \begin{pmatrix} D_x \\ D_y \end{pmatrix} = \begin{pmatrix} 0 \\ 0 \end{pmatrix} \tag{10.21}$$

式 (10.21) が自明解以外の解をもつためには，左辺の行列の行列式がゼロとなればよい。これより，固有値が

$$\frac{1}{n_\pm^2} = \frac{1}{2} \left[(a_{11} + a_{22}) \pm R \right], \qquad R \equiv \sqrt{(a_{11} - a_{22})^2 + |2a_{12}|^2} \qquad （複号同順） \tag{10.22}$$

で，各固有値に属する固有ベクトル，つまり電束密度成分比が

$$\left(\frac{D_y}{D_x}\right)_{\pm} = \frac{2a_{12}^*}{(a_{11} - a_{22}) \pm R} = \frac{-(a_{11} - a_{22}) \pm R}{2a_{12}} \qquad \text{(複号同順)} \tag{10.23}$$

で得られる。これは異方性物質内では独立な成分が二つあり，それらが異なる屈折率 n_+ と n_- をもつことを示す。式 (10.23) は一般に楕円偏光を表し，その中辺と右辺は等価である。

式 (10.23) を用いて，二つの電束密度 $\boldsymbol{D}$ のスカラー積を表すと

$$D_+ \cdot D_-^* = D_{+x}D_{-x}^* + D_{+y}D_{-y}^* = 0 \tag{10.24}$$

で書ける。式 (10.24) は，二つの解が直交していること，つまり二つの偏光状態が媒質内で独立して伝搬することを表す。

直交する二つの偏光は，物質中で相互作用することなく固有の屈折率，つまり固有の伝搬速度と形状で伝搬するので，**固有偏光**（eigen polarizations）と呼ばれる。固有偏光で伝搬するのは物質内だけであり，光波が物質から出射すると，これらの固有偏光が重ね合わせられた形で伝搬する。

固有偏光の吸収係数が方位によって異なることで生じる，透過光が偏光によって異なる色を帯びる現象を二色性という（本書では割愛）。

10.4.3 複　屈　折

方解石の結晶板を通して文字を見ると，文字が二重になって見える。この現象は複屈折として知られている。以下では，この現象を一軸結晶で調べる。

一軸結晶で主屈折率を $n_1 = n_2 = n_\mathrm{o}$，$n_3 = n_\mathrm{e}$ とおく。これらの値をフレネルの法線方程式 (10.19) に代入すると，次式のような二つの解を得る。

$$n^2 (= n^2|\boldsymbol{s}|^2 = n^2(s_x^2 + s_y^2 + s_z^2)) = n_\mathrm{o}^2 \tag{10.25a}$$

$$\frac{1}{n^2} = \frac{s_z^2}{n_\mathrm{o}^2} + \frac{s_x^2 + s_y^2}{n_\mathrm{e}^2} \tag{10.25b}$$

式 (10.25a) は屈折率が光波の伝搬方向に依存しない場合である。この光は，屈折法則などの光学的性質が等方性物質と同じなので，**常光線**（ordinary ray）または正常光線と呼ばれ，屈折率を n_o で表す。式 (10.25b) は屈折率が光波の伝搬方向に依存する場合で，この光は**異常光線**（extraordinary ray）と呼ばれる。これの c 軸に垂直な面内での屈折率を n_e で表す。このような物質への入射で，一つの入射光に対して二つの屈折光が生じる現象を**複屈折**（birefringence, double refraction）と呼ぶ。

異常光線の伝搬方向が c 軸（光学軸）と角度 θ をなすとき，$s_z = \cos\theta$，$s_x^2 + s_y^2 = \sin^2\theta$ と書け，このときの屈折率 $n_\mathrm{ex}(\theta)$ は，式 (10.25b) より

$$n_\mathrm{ex}(\theta) = \left(\frac{\cos^2\theta}{n_\mathrm{o}^2} + \frac{\sin^2\theta}{n_\mathrm{e}^2}\right)^{-1/2} \tag{10.26}$$

で表される。これより，$n_\mathrm{ex}(\theta)$ は常に n_o と n_e の間の値となる。光線が c 軸方向（$\theta = 0$）に伝搬するときに限り $n_\mathrm{ex}(0) = n_\mathrm{o}$ となり，c 軸に垂直な面内（$\theta = \pi/2$）に伝搬するときは $n_\mathrm{ex}(\pi/2) = n_\mathrm{e}$ となる。

光を一軸結晶（厚さ d）の c 軸に垂直な面内に入射させると，結晶内では二つの固有偏光に分かれ，一方は屈折率 n_o の直線偏光，他方は n_e の直線偏光で伝搬する．このとき，両偏光の出射端における相対的な位相差は

$$\delta\phi = \frac{2\pi}{\lambda_0}(n_\mathrm{e}-n_\mathrm{o})d \tag{10.27}$$

で得られる．ただし，λ_0 は真空中の光の波長である．

フレネルの法線方程式からは，光波の伝搬方向（波面法線ベクトル s）を指定するだけで屈折率を導けるが，電束密度に関する情報は得られない．屈折率と電束密度の情報を同時に得るには屈折楕円体を利用する必要があるが，一般に煩雑である．そこで，ここでは要点のみを示す．

光波が c 軸（光学軸）と角度 θ をなして伝搬するとき，伝搬方向に垂直な面内で電束密度をとると，次式を得る（図 10.4）．

$$\frac{D_X^2}{[n_\mathrm{ex}(\theta)]^2} + \frac{D_Y^2}{n_\mathrm{o}^2} = 1 \tag{10.28}$$

上式で，D_X は主断面（x_1-x_3 面内で光波伝搬方向と光学軸を含む面）に平行な電束密度成分，D_Y は x_2 軸（主断面に垂直）方向での電束密度成分を表し，$n_\mathrm{ex}(\theta)$ は式（10.26）と同じである．

式（10.28）より，屈折率が n_o で表される常光線は，主断面に垂直な D_Y 方向に振動する直線偏光を表すことが分かる．また，屈折率が $n_\mathrm{ex}(\theta)$ で表される異常光線は，主断面に平行な D_X 方向に振動する直線偏光を表す．

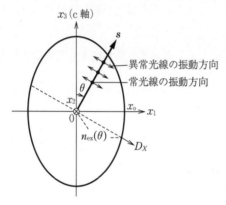

s：波面法線ベクトル，θ：s が c 軸となす角度，●：紙面に垂直な振動方向，D_Y 軸は x_2 軸方向，常光線（屈折率 n_o）は主断面に垂直な方向に振動．異常光線（屈折率 $n_\mathrm{ex}(\theta)$）は主断面に平行に振動．

図 10.4 一軸結晶における常光線と異常光線の特性

10.4.4 旋　光　性

砂糖水溶液や水晶に直線偏光を入射させると，出射端では方位角が回転した直線偏光が観測される．この現象は旋光性と呼ばれ，以下でこれを説明する．

旋光性物質内での光波伝搬特性を求めるため，電束密度 $\boldsymbol{D}$ の一つの成分を光波の波面法線ベクトル $\boldsymbol{s}=(s_x, s_y, s_z)$ 方向にとる．$\boldsymbol{s}$ に垂直な面内での電束密度成分を D'，D''，それぞれに対応する屈折率を n'，n'' で表す．このときの固有値方程式は，式（10.20）と類似の次式で表せる．

$$\begin{pmatrix} 1/n'^2 & -iG/n'^2 n''^2 \\ iG/n'^2 n''^2 & 1/n''^2 \end{pmatrix} \begin{pmatrix} D' \\ D'' \end{pmatrix} = \frac{1}{n^2}\begin{pmatrix} D' \\ D'' \end{pmatrix} \tag{10.29}$$

$$G = (s_x \quad s_y \quad s_z)\begin{pmatrix} g_{11} & g_{21} & g_{31} \\ g_{12} & g_{22} & g_{32} \\ g_{13} & g_{23} & g_{33} \end{pmatrix}\begin{pmatrix} s_x \\ s_y \\ s_z \end{pmatrix} \tag{10.30}$$

ここで，G は旋光性に関係するパラメータ，g_{ij} は物質固有の旋回テンソル成分で，一般に

$|g_{ij}| \ll |n'-n''| \ll n', n''$ である．右辺における n は固有値である．

式 (10.29) の固有値と電束密度成分比は，式 (10.22)，(10.23) で求められる．式 (10.29) で $n' \neq n''$ の場合，固有偏光が楕円偏光となり，これらが直交する．

等方性で旋光性のある物質において，式 (10.29) で屈折率を $n'=n''=n_o$ (n_o：常光線の屈折率)，旋回テンソル成分を $g \equiv g_{11}=g_{22}=g_{33}$, $g_{ij}=0$ $(i \neq j)$ とおくと，$G=g$ と書ける．このとき，固有値が

$$n_\pm = \left(\frac{1}{n_o^2}\right)^{-1/2}\left(1 \pm \frac{g}{n_o^2}\right)^{-1/2} \fallingdotseq n_o \mp \frac{g}{2n_o} \quad \text{(複号同順)} \tag{10.31}$$

で，電束密度成分比が次式で求められる．

$$\left(\frac{D''}{D'}\right)_\pm = \pm i \quad \text{(複号同順)} \tag{10.32}$$

式 (10.32) より，$(D''/D')_-$ は左回り円偏光，$(D''/D')_+$ が右回り円偏光であり，式 (10.31) は対応する位相速度が $v_L=c/n_-$, $v_R=c/n_+$ で異なることを表す．すなわち，旋光性物質での固有偏光は逆向きに回転する円偏光となる．

直線偏光が上記物質に入射すると，物質内では左回り・右回り円偏光が等振幅で励起され（例題10.2参照），これらが分かれて伝搬する（**図10.5**（a））．距離 L 伝搬するのに要する時間は，左回り（右回り）円偏光で $t_L=L/v_L=Ln_-/c$ ($t_R=L/v_R=Ln_+/c$) である．図（b）の複素平面で，入射時には両偏光の位相が x 軸上にあるとすると，伝搬による位相角はそれぞれ $\theta_L=\omega Ln_-/c$, $\theta_R=-\omega Ln_+/c$ となり（ω：角周波数），x 軸に対して逆向きに回転する．点 A, B は距離 L 伝搬後の左回り・右回り円偏光の端点である．

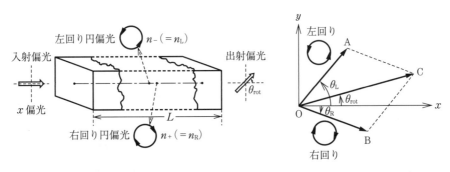

（a）直線偏光の円偏光への分解　　　（b）円偏光の回転角

$\theta_{rot}=(\theta_L+\theta_R)/2$：偏光回転角，$\theta_L=\omega t_L=\omega Ln_-/c$, $\theta_R=-\omega t_R=-\omega Ln_+/c$,
n_-, n_+：左回り・右回り円偏光の屈折率，L：伝搬距離，c：真空中の光速，
$\overrightarrow{OC}=\overrightarrow{OA}+\overrightarrow{OB}$, $OA=OB$

図10.5 旋光性物質における偏光回転

光が物質から出ると，左回り・右回り円偏光が重ね合わせられて，直線偏光に戻る．このときの偏光は，原点 O と，辺 OA, OB を2辺とする平行四辺形の他の点 C を結んだ $\overrightarrow{OC}$ で表せる．両円偏光は等振幅だから，合成後の偏角は次式で書ける．

$$\theta_{\rm rot} = \frac{\theta_{\rm L}+\theta_{\rm R}}{2} = \omega L \frac{n_- - n_+}{2c} = \frac{\pi g}{n_o \lambda_0} L \tag{10.33}$$

ここで，λ_0 は真空中の光の波長である．式 (10.33) は，直線偏光の方位角が伝搬距離 L に比例して回転することを表す．このように偏光の方位が伝搬とともに回転することを**旋光性**（optical rotation）と呼ぶ．

10.5 偏光の変換とその記述法

本節では，偏光の変換を実現する具体的方法と，偏光変換を記述する方法の一つであるジョーンズベクトル・行列を説明する．

10.5.1 偏光素子

10.1 節で示したように，偏光の形状は直交する 2 成分間の相対位相差により変化する．このことは，直交する 2 成分間に意図的に位相変化を付与して，直線偏光から円偏光など，偏光を変換できることを示している．

偏光状態の変換や，特定の偏光の取り出しに使用される光学素子を総称して**偏光素子**（polarization element）と呼ぶ．特定の偏光を取り出す素子を**偏光子**（polarizer），偏光の変換に使用される素子を**位相子**（retarder）または**位相板**（phase plate）と呼ぶ．

位相子は電界の直交する 2 成分間に相対位相差を与える素子であり，複屈折が利用される．複屈折物質における二つの固有偏光の屈折率を n'，n''，厚さを d で表すと，その相対位相差は次式で表される．

$$\delta\phi = k_0(n'' - n')d = 2\pi(n'' - n')\frac{d}{\lambda_0} \tag{10.34}$$

ただし，$k_0 = 2\pi/\lambda_0$ は真空中の光の波数，λ_0 は真空中の光の波長である．位相子は，相対位相差が所定の値になるように物質と媒質厚 d を定めたもので，使用波長 λ_0 を指定する必要がある．位相子には水晶や雲母がよく用いられる．

相対位相差が π の位相子は位相変化が半波長に相当するので**半波長板**（half-wave plate）と呼ばれ，**1/2 波長板**または $\lambda/2$ 板と書かれる．相対位相差が $\pi/2$ の偏光素子は位相変化が 1/4 波長に相当するので**四分の一波長板**（quarter-wave plate）と呼ばれ，**1/4 波長板**または $\lambda/4$ 板と書かれる（演習問題 10.4 参照）．

偏光子には直線偏光のみを取り出す**直線偏光子**（linear polarizer）と，円偏光のみを取り出す**円偏光子**（circular polarizer）がある．直線偏光子は常光線と異常光線の屈折率差を利用しており，これには複屈折が大きい方解石がよく用いられる．偏光状態を調べるのに使用される直線偏光子は**検光子**（analyzer）と呼ばれる．また，円偏光子は 1/4 波長板と直線偏光子を組み合わせて構成される．

10.5.2 ジョーンズベクトルと行列

偏光状態は直交する2成分の重ね合わせで表される。2成分による変化を記述する数学的方法には行列がある。行列は機械的に計算ができるので便利であり，本項では行列を用いて偏光の変換を記述する方法を紹介する。

屈折率 n の媒質中を z 方向に伝搬する光波の電界は，式 (10.1) を複素関数で表示して列ベクトルで表すことにより，次式で書ける。

$$E = \begin{pmatrix} E_x \\ E_y \end{pmatrix} = \begin{pmatrix} A_x \\ A_y \exp(i\phi) \end{pmatrix} \exp[i(\omega t - nk_0 z + \phi_x)] \tag{10.35}$$

上式で，x，y 成分の共通位相項は偏光の軌跡に関係しないので省略し，以下では振幅と相対位相差 $\phi = \phi_y - \phi_x$ のみを考慮して議論を進める。

ベクトルを規格化するため，光波の振幅を光強度 $I = |E_x|^2 + |E_y|^2$ で割り，相対位相差 ϕ を x，y 両成分に等分配すると，式 (10.35) は

$$J = \frac{1}{\sqrt{|A_x|^2 + |A_y|^2}} \begin{pmatrix} A_x \exp(-i\phi/2) \\ A_y \exp(i\phi/2) \end{pmatrix}, \quad |J|^2 = 1 \tag{10.36a, b}$$

に書き直せる。このベクトル J を**ジョーンズベクトル**（Jones vector）と呼ぶ。式 (10.36) における分母は，無損失の場合には省略される場合がある。

直線偏光と円偏光に対するジョーンズベクトルは，式 (10.4)，(10.6) を求める際の位相条件を式 (10.36) に代入して求められる。それらと偏光の軌跡を**図 10.6** に示す。

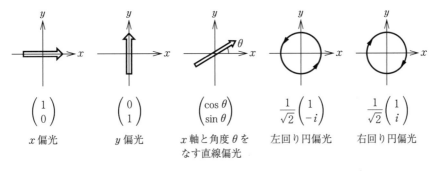

図 10.6 各種偏光のジョーンズベクトル表示

偏光を各種偏光素子に通過させると振幅や位相が変化し，その結果偏光状態が変わる。入射偏光と出射偏光に対するジョーンズベクトルを J_{in} と J_{out} で表し，両偏光の間での変化を行列で表すと，形式的に次式で書ける。

$$J_{\text{out}} = \begin{pmatrix} p_{11} & p_{12} \\ p_{21} & p_{22} \end{pmatrix} J_{\text{in}}, \quad J_{\text{in}} \equiv \begin{pmatrix} E_{\text{i}x} \\ E_{\text{i}y} \end{pmatrix}, \quad J_{\text{out}} \equiv \begin{pmatrix} E_{\text{o}x} \\ E_{\text{o}y} \end{pmatrix} \tag{10.37}$$

このときの行列を**ジョーンズ行列**（Jones matrix）という。この行列を用いることにより，偏光状態の変化が容易に表せる。

なお，ジョーンズ行列は完全偏光に対してしか使えず，散乱体では偏光度が減少するので使

148   10. 重ね合わせの原理から学ぶ偏光

用できない点に注意する必要がある。

10.5.3 ジョーンズベクトルによる固有偏光の表現

異方性物質中では二つの固有偏光が存在し，固有偏光どうしは数学的に直交している（10.4.2項参照）。楕円偏光も含めて，ジョーンズベクトル J_1, J_2 で記述される二つの偏光が直交しているとき，それらのスカラー積は次式のように，常にゼロとなる。

$$J_1 \cdot J_2^* = 0 \tag{10.38}$$

任意の偏光に対するジョーンズベクトル J は，直交する二つのジョーンズベクトル J_1 と J_2 の重ね合わせで，次のように表せる。

$$J = C_1 J_1 + C_2 J_2, \qquad C_i = J \cdot J_i^* \qquad (i = 1, 2) \tag{10.39}$$

展開係数 C_i は，J_1 と J_2 が正規直交系をなしていることより，式（10.36b），（10.38）を用いて求められる。

式（10.39）は，任意の偏光が結晶などの異方性物質に入射すると，それらの物質中では二つの固有偏光の重ね合わせで表されること，いい換えれば，二つの固有偏光に分かれることを意味する。光波が異方性物質から出射すると，これらの固有偏光を合成した光波となる。

【例題 10.2】 x 軸と角度 θ をなす直線偏光を，左回り・右回り円偏光の重ね合わせで表し，ジョーンズベクトルにおける展開係数を求めよ。

[解] これらの偏光のジョーンズベクトルを図 10.6 より次のように表す。

$$J_\theta = \begin{pmatrix} \cos\theta \\ \sin\theta \end{pmatrix}, \qquad J_L = \frac{1}{\sqrt{2}} \begin{pmatrix} 1 \\ -i \end{pmatrix}, \qquad J_R = \frac{1}{\sqrt{2}} \begin{pmatrix} 1 \\ i \end{pmatrix}$$

このとき，展開式を式（10.39）で表すと，左回り・右回り円偏光に対する展開係数 C_L, C_R が次式で求められる。

$$C_L = J_\theta \cdot J_L^* = \frac{\cos\theta + i\sin\theta}{\sqrt{2}}, \qquad |C_L| = \frac{\sqrt{\cos^2\theta + \sin^2\theta}}{\sqrt{2}} = \frac{1}{\sqrt{2}}$$

$$C_R = J_\theta \cdot J_R^* = \frac{\cos\theta - i\sin\theta}{\sqrt{2}}, \qquad |C_R| = \frac{1}{\sqrt{2}}$$

これは，直線偏光がその方位によらず，左回りと右回り円偏光に対して等振幅で展開されることを示す。 ■

10.5.4 ジョーンズ行列による各種偏光変換

偏光変換機能をもつ偏光素子のうちで最も基本的なものは，特定の方向に振動する直線偏光だけを取り出す直線偏光子である。例えば，入射偏光が x 軸と角度 θ_{in} 傾いた直線偏光であるとき，x 偏光あるいは y 偏光のみを取り出す操作は，それぞれジョーンズ行列・ベクトルを用いて次式で書ける。

$$\begin{pmatrix} 1 & 0 \\ 0 & 0 \end{pmatrix} \begin{pmatrix} \cos\theta_{in} \\ \sin\theta_{in} \end{pmatrix} = \begin{pmatrix} \cos\theta_{in} \\ 0 \end{pmatrix}, \qquad \begin{pmatrix} 0 & 0 \\ 0 & 1 \end{pmatrix} \begin{pmatrix} \cos\theta_{in} \\ \sin\theta_{in} \end{pmatrix} = \begin{pmatrix} 0 \\ \sin\theta_{in} \end{pmatrix} \tag{10.40a, b}$$

上式の行列はそれぞれ x 偏光，y 偏光のみを取り出すジョーンズ行列である。

10.5 偏光の変換とその記述法

偏光状態の変換は，基本的には位相子と旋光子を用いて表せる．位相子は，式 (10.34) に示したように，二つの直交成分の間に相対位相差 ϕ を与える素子である．偏光全体を角度 θ だけ回転させる偏光素子は **旋光子**（rotator）または偏光回転子（polarization rotator）と呼ばれ，これは旋光性と密接な関係がある．位相子と旋光子に対するジョーンズ行列は次のように表せる．

$$T_\phi = \begin{pmatrix} \exp(-i\phi/2) & 0 \\ 0 & \exp(i\phi/2) \end{pmatrix} \quad : 位相子 \tag{10.41}$$

$$R_\theta = \begin{pmatrix} \cos\theta & -\sin\theta \\ \sin\theta & \cos\theta \end{pmatrix} \quad : 旋光子 \tag{10.42}$$

偏光変換の一般形を図 10.7 に示す．偏光が外部座標系 (x, y) で表され，これが媒質内の固有軸の x_c 軸に対して角度 θ だけ傾いているとする．偏光の主軸を媒質内座標に合わせるため，偏光全体を $-\theta$ だけ回転させる操作は，式 (10.42) の旋光子 $R_{-\theta}$ で記述できる．偏光が媒質内を伝搬する際，x_c, y_c 成分間の位相差が相対的に ϕ だけ付加される場合，この作用は式 (10.41) の位相子 T_ϕ で表せる．加えて，元の外部座標系の表示に戻す必要があり，その操作は旋光子 R_θ で表される．したがって，このときの偏光変換は次式で記述できる．

$$\boldsymbol{J}_{\text{out}} = R_\theta T_\phi R_{-\theta} \boldsymbol{J}_{\text{in}} \tag{10.43}$$

ただし，$\boldsymbol{J}_{\text{in}}$ と $\boldsymbol{J}_{\text{out}}$ は入射・出射偏光のジョーンズベクトルである．

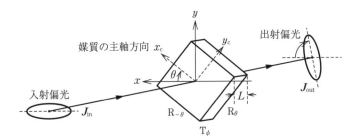

図 10.7 偏光素子による偏光変換

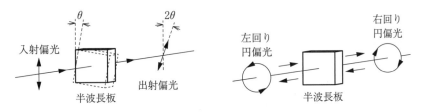

（a）半波長板による偏光の方位角回転　　（b）半波長板による円偏光の変換

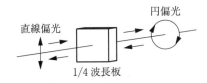

（c）1/4 波長板による直線偏光と円偏光の変換

図 10.8 波長板の基本的機能

150   10. 重ね合わせの原理から学ぶ偏光

式 (10.43) を利用して次のことが示せる。直線偏光を半波長板に入射させると，半波長板の回転角の 2 倍だけ直線偏光の方位角が回転する（**図 10.8**（a），例題 10.3 参照）。半波長板により左回り・右回り円偏光が相互に変換できる（図（b），演習問題 10.5 参照）。1/4 波長板を用いると，円偏光と直線偏光の相互変換ができる（図（c），演習問題 10.5 参照）。

【例題 10.3】 外部座標の x 軸と角度 θ_{in} をなす直線偏光がある。外部座標の x 軸から結晶内座標の x_{c} 軸が角度 θ だけ傾いた半波長板に直線偏光を入射させると，出射偏光も直線偏光であり，かつ半波長板の回転角の 2 倍だけ，直線偏光の方位が回転することを示せ。

［解］ ジョーンズベクトル・行列を用いると，出射偏光は式 (10.43) より

$$J_{\mathrm{out}} = \begin{pmatrix} \cos\Theta & -\sin\Theta \\ \sin\Theta & \cos\Theta \end{pmatrix} \begin{pmatrix} -i & 0 \\ 0 & i \end{pmatrix} \begin{pmatrix} \cos\Theta & \sin\Theta \\ -\sin\Theta & \cos\Theta \end{pmatrix} \begin{pmatrix} \cos\theta_{\mathrm{in}} \\ \sin\theta_{\mathrm{in}} \end{pmatrix}$$

で表せる。ただし，偏光の方位角の x 軸からのずれを考慮して $\Theta = \theta_{\mathrm{in}} + \theta$ とおいている。上式を計算して次式を得る。

$$J_{\mathrm{out}} = -i \begin{pmatrix} \cos(2\Theta - \theta_{\mathrm{in}}) \\ \sin(2\Theta - \theta_{\mathrm{in}}) \end{pmatrix} = -i \begin{pmatrix} \cos(2\theta + \theta_{\mathrm{in}}) \\ \sin(2\theta + \theta_{\mathrm{in}}) \end{pmatrix}$$

これは，直線偏光の方位角が半波長板の回転角の 2 倍分変化していることを表している（図 10.8（a））。   ∎

演 習 問 題

10.1 光波が z 方向に伝搬しているとして，次に示す偏光を式で表せ。ただし，時空間変動因子を $\tau = \omega t - kz$，x 成分の初期位相を ϕ_x とせよ。

  （1） 振動面が x 軸に対して 60° をなす直線偏光

  （2） 左回り円偏光

  （3） 長軸が x 軸方向にあり，長軸の長さが短軸の 2 倍となる右回り楕円偏光

10.2 電界振幅が $A_x = 2.0$，$A_y = 1.0$，x，y 成分間の相対位相差が $\phi = \pi/2$ の光波について，次の問に答えよ。

  （1） 偏光楕円率 χ と主軸方位角 ψ を求めよ。

  （2） 上記偏光が完全偏光として，ストークスパラメータを求めよ。

  （3） このときの，ポアンカレ球での位置を示せ。

10.3 振幅の等しい左回り・右回り円偏光を合成するとき，式 (10.14)，(10.15) における E_x，E_y 成分を用いて，合成波を式で表せ。

10.4 水晶を光学軸に平行に切り出して，次の位相子を作製したい。水晶の屈折率は Na の D 線（$\lambda_0 = 589.3\,\mathrm{nm}$）に対して $n_{\mathrm{o}} = 1.5443$，$n_{\mathrm{e}} = 1.5534$ であり，光波の垂直入射のとき屈折率差 $n_{\mathrm{e}} - n_{\mathrm{o}}$ が波長範囲 550〜650 nm で不変と仮定する。このとき，以下の問に答えよ。

  （1） $\lambda_0 = 589.3\,\mathrm{nm}$ で半波長板を得るのに必要な厚さを求めよ。

  （2） 厚さ 300 μm のとき，この範囲内のどの波長で 1/4 波長板として使えるか答えよ。

10.5 次に示す偏光の変換を，ジョーンズベクトルを用いて示せ。

  （1） 半波長板を用いた，左回り・右回り偏光の相互変換。

  （2） 1/4 波長板を用いた円偏光から直線偏光への変換。

11章

行列法による厚肉レンズ等の結像特性

　球面光学系を用いた結像特性はホイヘンスの原理（4.1節，4.3節）とフェルマーの原理（6.3節，6.4節）で説明し，一部で薄肉レンズを扱った。本章では主にレンズ厚を考慮に入れた厚肉レンズの結像特性を行列法で説明する。

　11.1節では厚肉レンズが，薄肉レンズからの自然な拡張として扱われていることを説明する。11.2節では行列法での基本式を，11.3節では複数の光学系がある場合にも容易に拡張できる行列法を用いて，厚肉レンズでの主要点や結像式，横倍率，角倍率，基準座標の変換などを説明する。11.4節では球面反射鏡による結像特性を，11.5節では合成光学系の結像特性を説明する。結像特性と密接な関係にある収差と色消しレンズは12.5節で扱う。

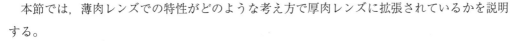

11.1　薄肉レンズと厚肉レンズの関係

　本節では，薄肉レンズでの特性がどのような考え方で厚肉レンズに拡張されているかを説明する。

　薄肉レンズでは，球面の曲率半径のみを考慮して，レンズ厚を無視して考えた（4.3，6.4節参照）。空気中にある薄肉レンズによる結像特性を作図で求める際，光線に対する次に示す三つの性質のうちの二つを用いる（図4.5，4.7参照）。

（ⅰ）　光軸に平行に伝搬する光線は，レンズ透過後，凸レンズでは後側焦点 F_2 を通過し，凹レンズでは後側焦点から出たように伝搬する。

（ⅱ）　レンズ中心を通る光線は，レンズ前後の媒質の屈折率が等しい場合，レンズ透過後そのまま直進する。

（ⅲ）　光の逆進性により，凸レンズでは前側焦点 F_1 を通過する光線は，また凹レンズでは前側焦点に向かう光線は，レンズ透過後に光軸に平行に伝搬する。

　薄肉レンズは近似精度がよく，実用的な多くの場合に適用が可能であるが，当然のことながらレンズ厚が厚くなると精度が低下する。そこで，球面の曲率半径だけでなく，レンズ厚も考慮に入れて考えるレンズを**厚肉レンズ**（thick lens）と呼び，このレンズの結像特性が解析できることが望まれる。

　厚肉レンズの解析方法を説明する前に，まず，厚肉レンズが薄肉レンズ近似からの自然な拡張として捉えられていることを説明する。

　図 11.1（a）に，薄肉凸レンズに対する上記作図法の（ⅰ），（ⅱ）に基づく像形成を示す。P

11. 行列法による厚肉レンズ等の結像特性

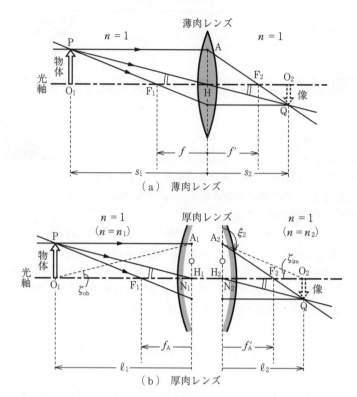

F_1, F_2：前側・後側焦点，H_1, H_2：前側・後側主点，N_1, N_2：前側・後側節点，n：屈折率，f, f', f_A, f'_A：焦点距離，薄肉レンズではレンズ厚を無視して考える。主点と節点の位置はレンズ前後の媒質の屈折率が等しいときには一致する

図11.1 薄肉レンズから厚肉レンズへの拡張

は物体，Q は像，F_2 は後側焦点である。図（b）の厚肉凸レンズでは，厚肉であることを強調するため第1・第2屈折面を離して示す。

まず，光軸に平行に入射する光線の性質（ⅰ）の拡張として，図11.1（a）で光線が折れ曲がる点Aに着目する。点Aから光軸に下ろした垂線の足をHとする。点Aを厚肉レンズでは図（b）のように，光軸からの距離が等しい（$A_1H_1 = A_2H_2 = AH$）2点A_1とA_2に分離する。光線が点A_1に達すると，光線位置を点A_2に平行移動させ，レンズ透過後は点A_2から後側焦点F_2に向かうとする。このとき，線分A_1H_1と線分A_2H_2が横倍率1を満たしている。このような点H_1とH_2を前側・後側**主点**（principal points）と呼ぶ。主点を通り，光軸に垂直な面を**主平面**（principal planes）と呼ぶ。

次に，レンズ中心に向かう光線の性質（ⅱ）の拡張として，図（a）での点Hに着目する。点Hを図（b）で$\angle PN_1O_1 = \angle QN_2O_2 = \angle PHO_1$を満たす2点$N_1$と$N_2$に分離する。光線が点$N_1$に達すると，光線位置を点$N_2$に移し，レンズ透過後は点$N_2$から$PN_1 // N_2Q$となるように伝搬するとする。このとき，点$N_1$と$N_2$は角倍率1を満たす点となる。このような点$N_1$と$N_2$を前側・後側**節点**（nodal points），節点を通り光軸に垂直な面を節平面と呼ぶ。

焦点，主点，節点を合わせて**主要点**（cardinal points）と呼ぶ。凹レンズの場合も上記に準じて主点と節点を定義できる。図（b）における主平面あるいは節平面の間をつめると，図（a）の薄肉レンズに帰着する。問題は，厚肉レンズの場合にどのようにして主点と節点，焦点の位置を決めるかである（11.3.3項参照）。

 ## 11.2 行列法での基本式

厚肉レンズの解析には古くは射影変換が用いられていたが，近代的な手法では行列が利用されている。行列法では多くのレンズが縦列して配置されている場合でも，計算が機械的に行える利点があるので，本書では厚肉レンズの結像特性を行列法で説明する。

11.2.1 行列法における光線伝搬に関する基本行列と基底ベクトル

光学系において，光線と光軸を含む面を**子午面**，光線を含み子午面に垂直な面を**球欠面**（sagittal plane）またはサジタル面という。軸対称の光学系では，子午面内を伝搬する**子午光線**だけを考えても，一般性を失わない。光軸の回りを周回するらせん光線（skew ray）もあるが，これは結像関係であまり使用しないので，以下では子午光線に限定して議論を進める。

球面光学系では，レンズを第1・第2屈折面に分割して，その機能を両屈折面での屈折とレンズ内の一様媒質での光線伝搬に分ける。レンズ前後の媒質では，屈折率が一様な媒質内での光線伝搬で考える。したがって，光学系における光線伝搬が，一様媒質中での伝搬と球面での屈折の組み合わせで扱える。反射は屈折の特別な場合として扱える。

行列法では光線の位置と向きを指定する2成分のベクトルを使う。光軸をz軸，光軸に垂直な方向をx軸にとる。一つ目の成分は，光線の光軸からの距離xとする。二つ目の成分では，一様媒質中では媒質の屈折率と光線の方向余弦の積が不変量となることを利用する（5.4節参照）。これにより，後に分かるように，各種行列がユニモジュラーとなり数学的に扱いやすくなる。

光線がx軸，z軸となす角度をそれぞれξ，ζ（$\xi+\zeta=\pi/2$）として，基底ベクトルを次式で定義する。

$$\boldsymbol{Q}_i \equiv \begin{pmatrix} x_i \\ -n_i\cos\xi_i \end{pmatrix} \tag{11.1}$$

第2成分の負符号は，定式化の結果を歴史的に有用なガウス定数と符号を合わせるためである。

光線は，反射の場合を除いて，左側から右側に伝搬するものとする。光軸となす角度ζが微小な**近軸光線**（$\sin\zeta\fallingdotseq\tan\zeta\fallingdotseq\zeta$が成り立つ）を対象とする。近軸光線近似の下では，$\boldsymbol{Q}_i$の第2成分を次式に書き換えることもできる。

$$-n_i\cos\xi_i = -n_i\sin\zeta_i \fallingdotseq -n_i\zeta_i \tag{11.2}$$

球面の曲率半径は十分に大きいとし，曲率半径R_iの符号は，曲率中心が球面よりも右（左）側にあるときを正（負）と定義する。$R_i=\infty$は平面を表す。

まず，光線が曲面間を含めて，屈折率 n_i の一様な媒質中を伝搬する場合を考える（**図11.2**（a））。二つの曲面の曲率半径を R_i と R_{i+1}，曲面間の光軸上での間隔を d_i とし，光線が z 軸と微小角 ζ_i をなして曲面間を伝搬するものとする。$|R_i|$ が間隔 d_i に比べて十分大きいとすると，伝搬方向の距離差 $z_{i+1}-z_i$ は d_i で近似できる。このとき，曲面間での光線伝搬が $x_{i+1}\simeq x_i + d_i\tan\zeta_i \simeq x_i + d_i\cos\xi_i$ で記述できる。これは基底ベクトルを用いて，次式で書ける。

$$Q_{i+1} = \mathcal{T}_i Q_i \tag{11.3}$$

$$\mathcal{T}_i \equiv \begin{pmatrix} 1 & -d_i/n_i \\ 0 & 1 \end{pmatrix} \tag{11.4}$$

$\mathcal{T}_i$ は**転送行列**（transfer matrix）または移行行列と呼ばれる。$R_i = \infty$ と考えると，式（11.3）は平面間での光線伝搬にも使える。

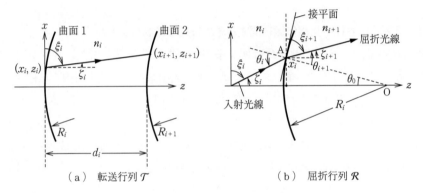

R_i, R_{i+1}：球面の曲率半径，O：球面の曲率中心，$|x_i|/|R_i| \ll 1$，近軸光線のみを対象
図11.2 球面での光線伝搬

転送行列 $\mathcal{T}_i$ の行列式の値は $|\mathcal{T}_i|=1$ となる。行列式の値が1となる行列はユニモジュラー行列と呼ばれる。ユニモジュラー行列の積をとると，積の行列式の値も1となるので，この性質は計算において有用となる。

次に図（b）に示すように，曲率半径 R_i の球面で屈折前・後の媒質の屈折率を n_i, n_{i+1} とおく。光線が光軸から距離 x_i にある球面上の点Aで屈折するとき，接平面で考えてよい（3.1.4項参照）。入射・屈折光線が点Aでの接平面の法線となす角度をそれぞれ θ_i, θ_{i+1} とし，他の角度を図のように設定する。点Aで光の屈折法則 $n_i\sin\theta_i = n_{i+1}\sin\theta_{i+1}$ が成り立つ。この式に，幾何学的関係より得られる $\theta_i = \zeta_i + \theta_0$, $\theta_{i+1} = \zeta_{i+1} + \theta_0$, $\zeta_i = \pi/2 - \xi_i$ を代入する。そして加法定理を用いて展開した結果に $\sin\theta_0 = x_i/R_i$ を適用し，近軸光線近似および光線位置が曲率半径よりも微小（$\xi_i \simeq \pi/2$, $|x_i/R_i| \ll 1$）という条件を用いて整理すると，$n_{i+1}\cos\xi_{i+1} \simeq n_i\cos\xi_i - x_i(n_{i+1}-n_i)/R_i$ が得られる。基底ベクトルを用いてこれを表すと，屈折面での光線の伝搬方向の変化が

$$Q_{i+1} = \mathcal{R}_i Q_i \tag{11.5}$$

$$\mathcal{R}_i \equiv \begin{pmatrix} 1 & 0 \\ \phi_i & 1 \end{pmatrix}, \qquad \phi_i \equiv \frac{n_{i+1}-n_i}{R_i} \tag{11.6a, b}$$

で表せる。$\mathcal{R}_i$ を**屈折行列**（refraction matrix）と呼び，これもユニモジュラー行列となる。

屈折率 n の媒質にある球面鏡（凸面鏡では $R>0$，凹面鏡では $R<0$）で光線が反射する場合，入射角と反射角の絶対値が等しく，符号が逆となり，光線が元の媒質側に戻る。このことを球面鏡の反射点で屈折法則 $n_i\sin\theta_i = n_{i+1}\sin\theta_{i+1}$ に適用すると，反射特性は屈折行列の式（11.6）で形式的に $n_{i+1}=-n_i=-n$ とおき

$$\mathcal{R}_{\text{refl}}\equiv\begin{pmatrix} 1 & 0 \\ -2n/R & 1 \end{pmatrix} \tag{11.7}$$

で記述できる。これを**反射行列**（reflection matrix）と呼ぶ。反射行列もユニモジュラーとなる。

11.2.2　球面単レンズのシステム行列とガウス定数の関係

球面単レンズの機能を，第1屈折面での屈折，屈折率が一様なレンズ内での光線伝搬，第2屈折面での屈折に分ける。レンズに入射前・後の媒質の屈折率を n_1，n_2，レンズに入射直前と出射直後の基底ベクトルを $\boldsymbol{Q}_{x1}$，$\boldsymbol{Q}_{x2}$ とおき，これらを次式で表す。

$$\boldsymbol{Q}_{x1}\equiv\begin{pmatrix} x_1 \\ -n_1\cos\xi_1 \end{pmatrix}, \qquad \boldsymbol{Q}_{x2}\equiv\begin{pmatrix} x_2 \\ -n_2\cos\xi_2 \end{pmatrix} \tag{11.8}$$

球面レンズの第1・第2屈折面の曲率半径を R_1，R_2，レンズ媒質の屈折率を n_{L}，レンズの中心厚を d_{L} で表す。レンズに入射直前から出射直後までの光線伝搬は，屈折・転送行列を用いて，次のように記述できる。

$$\boldsymbol{Q}_{x2}=\mathcal{S}\boldsymbol{Q}_{x1} \tag{11.9}$$

$$\mathcal{S}\equiv\mathcal{R}_2\mathcal{T}_{\text{L}}\mathcal{R}_1=\begin{pmatrix} 1-\phi_1 d_{\text{L}}/n_{\text{L}} & -d_{\text{L}}/n_{\text{L}} \\ \phi_1+\phi_2-\phi_1\phi_2 d_{\text{L}}/n_{\text{L}} & 1-\phi_2 d_{\text{L}}/n_{\text{L}} \end{pmatrix} \tag{11.10}$$

$$\mathcal{R}_2\equiv\begin{pmatrix} 1 & 0 \\ \phi_2 & 1 \end{pmatrix}, \qquad \mathcal{T}_{\text{L}}\equiv\begin{pmatrix} 1 & -d_{\text{L}}/n_{\text{L}} \\ 0 & 1 \end{pmatrix}, \qquad \mathcal{R}_1\equiv\begin{pmatrix} 1 & 0 \\ \phi_1 & 1 \end{pmatrix} \tag{11.11}$$

$$\phi_2\equiv\frac{n_2-n_{\text{L}}}{R_2}, \qquad \phi_1\equiv\frac{n_{\text{L}}-n_1}{R_1} \tag{11.12}$$

ここで，$\mathcal{S}$ をレンズの**システム行列**（system matrix）と呼ぶ。システム行列 $\mathcal{S}$ もユニモジュラー行列となる。

結像理論で功績のあったガウスにちなんで，上記システム行列を慣例的に

$$\mathcal{S}\equiv\begin{pmatrix} c & d \\ a & b \end{pmatrix} \qquad (|\mathcal{S}|=bc-ad=1) \tag{11.13}$$

と書き，これを**ガウス行列**，成分 $a\sim d$ を**ガウス定数**と呼ぶ。上式の（）内は $\mathcal{S}$ の行列式を表す。式（11.10）〜（11.13）より，厚肉単レンズのガウス定数が

$$a=\frac{n_{\text{L}}-n_1}{R_1}+\frac{n_2-n_{\text{L}}}{R_2}-\frac{(n_{\text{L}}-n_1)(n_2-n_{\text{L}})}{R_1 R_2}\frac{d_{\text{L}}}{n_{\text{L}}} \tag{11.14a}$$

$$b=1-\frac{n_2-n_{\text{L}}}{R_2}\frac{d_{\text{L}}}{n_{\text{L}}}, \qquad c=1-\frac{n_{\text{L}}-n_1}{R_1}\frac{d_{\text{L}}}{n_{\text{L}}}, \qquad d=-\frac{d_{\text{L}}}{n_{\text{L}}} \tag{11.14b-d}$$

のように，構造パラメータの関数で表せる。特に，レンズ厚 d_{L} が無視できる薄肉単レンズの

場合，システム行列の成分は $b=c=1$，$d=0$ となる．システム行列 $\mathcal{S}$ の2行1列成分，つまりガウス定数 a は基準座標の変換でも不変となる光学系固有の値であり，**光学系の屈折力**と呼ばれる．

 ## 11.3　厚肉レンズによる結像特性

本節では，球面からなる厚肉単レンズにおける，結像式，横・角倍率，主要点の位置，基準座標の変換などを説明する．

11.3.1　理想光学系における結像特性

図 11.3 に示すように，屈折率 n_L，中心厚 d_L，第1・第2屈折面の曲率半径 R_1，R_2 の厚肉レンズがある．レンズ前・後方の媒質の屈折率を n_1，n_2 とする．レンズの前側頂点 V_1 の前方 s_1 に物体（大きさ x_{ob}）があり，後側頂点 V_2 の後方 s_2 に像（大きさ x_{im}）ができるとする．s_1 と s_2 の符号は，4.3 節や 6.4 節と同じく，レンズ頂点より右（左）側を正（負）とする．物体と像の基底ベクトルを

$$Q_{ob} \equiv \begin{pmatrix} x_{ob} \\ -n_1 \cos \xi_{ob} \end{pmatrix}, \qquad Q_{im} \equiv \begin{pmatrix} x_{im} \\ -n_2 \cos \xi_{im} \end{pmatrix} \tag{11.15}$$

とおく．

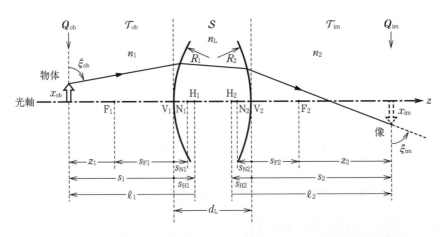

H_i：主点，N_i：節点，F_i：焦点，V_i：レンズ頂点，R_i：レンズ球面の曲率半径
図 11.3　厚肉レンズでの光線伝搬と主要点

物体からレンズ左端までの転送行列を $\mathcal{T}_{ob}$，レンズ右端から像までの転送行列を $\mathcal{T}_{im}$，レンズのシステム行列を $\mathcal{S}$ で表すと，物体から像までの光線伝搬は

$$Q_{im} = \mathcal{D} Q_{ob} \tag{11.16}$$

$$\mathcal{D} = \mathcal{T}_{im} \mathcal{S} \mathcal{T}_{ob} = \begin{pmatrix} c - as_2/n_2 & d + cs_1/n_1 - bs_2/n_2 - a(s_1 s_2/n_1 n_2) \\ a & b + as_1/n_1 \end{pmatrix} \tag{11.17}$$

$$\mathcal{T}_{\mathrm{im}} = \begin{pmatrix} 1 & -s_2/n_2 \\ 0 & 1 \end{pmatrix}, \qquad \mathcal{S} = \begin{pmatrix} c & d \\ a & b \end{pmatrix}, \qquad \mathcal{T}_{\mathrm{ob}} = \begin{pmatrix} 1 & s_1/n_1 \\ 0 & 1 \end{pmatrix} \tag{11.18}$$

で書ける。ただし，式 (11.17) における $a \sim d$ はガウス定数である。式 (11.16) は物体から像に至る光線の伝搬を関係づける基本式であり，シュライエルマッヘル（Schleiermacher）の方程式と呼ばれる。

　物体中のいずれの物点から発しても，そこからあらゆる方向に出る光線，つまり異なる伝搬角 ξ_{ob} の光線が，像の特定の像点 x_{im} に到達するとき，この光学系を**理想光学系**，これを満たす条件を**理想結像条件**と呼ぶ（演習問題 11.1 参照）。理想結像条件下での結像点を**近軸像点**，**ガウス像点**，理想像点と呼ぶ。

　理想結像条件を満たすには，式 (11.17) における行列 $\mathcal{D}$ の 1 行 2 列成分が

$$d + c \frac{s_1}{n_1} - b \frac{s_2}{n_2} - a \frac{s_1 s_2}{n_1 n_2} = 0 \tag{11.19}$$

のようにゼロとなる必要がある。式 (11.19) は結像式に対応しており，後に検討する（11.3.4 項参照）。このとき，物体から像までの光線伝搬の式 (11.16) は

$$\begin{pmatrix} x_{\mathrm{im}} \\ -n_2 \cos \xi_{\mathrm{im}} \end{pmatrix} = \begin{pmatrix} c - a s_2/n_2 & 0 \\ a & b + a s_1/n_1 \end{pmatrix} \begin{pmatrix} x_{\mathrm{ob}} \\ -n_1 \cos \xi_{\mathrm{ob}} \end{pmatrix} \tag{11.20}$$

に書き直せる。式 (11.20) 右辺の行列もユニモジュラーである。

11.3.2　横倍率と角倍率

　厚肉レンズでの主要点を求める準備として，横倍率と角倍率の表現を導く。**横倍率** β は，像の物体の大きさに対する比で定義される。よって，横倍率は式 (11.20) の 1 行 1 列成分，または 2 行 2 列成分の逆数を用いて次式で表せる。

$$\beta \equiv \frac{x_{\mathrm{im}}}{x_{\mathrm{ob}}} = c - a \frac{s_2}{n_2} = \frac{1}{b + a s_1/n_1} \tag{11.21}$$

式 (11.21) の表現は，光線を図 11.1 (b) のように作図したときの x_{ob} と x_{im} に対する幾何学的な相似関係からも導ける（演習問題 11.4，式 (4.27) 参照）。

　角倍率 γ は，軸上物体で結像に寄与する，物側と像側の光線が光軸となす角度 ζ_{ob} と ζ_{im} の正接の比で定義される（図 11.1 (b)）。近軸光線では ζ_{ob} と ζ_{im} が微小量であり，角倍率 γ が式 (11.20) の 2 行 2 列成分と式 (11.21) を用いて

$$\gamma \equiv \frac{\tan \zeta_{\mathrm{im}}}{\tan \zeta_{\mathrm{ob}}} = \frac{\cot \xi_{\mathrm{im}}}{\cot \xi_{\mathrm{ob}}} \fallingdotseq \frac{\cos \xi_{\mathrm{im}}}{\cos \xi_{\mathrm{ob}}} = \frac{n_1}{n_2} \left(b + a \frac{s_1}{n_1} \right) = \frac{n_1}{n_2} \frac{1}{c - a s_2/n_2} = \frac{n_1}{n_2 \beta} \tag{11.22}$$

で書ける。

　式 (11.21)，(11.22) の積は $\beta\gamma = (x_{\mathrm{im}} \tan \zeta_{\mathrm{im}})/(x_{\mathrm{ob}} \tan \zeta_{\mathrm{ob}}) = n_1/n_2$ で書ける。光線が光軸となす角度が微小なことを考慮して，この式は次式に書き直せる。

$$n_1 x_{\mathrm{ob}} \zeta_{\mathrm{ob}} = n_2 x_{\mathrm{im}} \zeta_{\mathrm{im}} \tag{11.23}$$

式 (11.23) を**ラグランジュ－ヘルムホルツ**（Lagrange-Helmholtz）**の不変量**と呼ぶ。この関係

158　**11. 行列法による厚肉レンズ等の結像特性**

式は，光学系を軸方向に分解したどの部分系でも，屈折率，光線の高さと光線が光軸となす角度の積が不変量となることを示す。

11.3.3 主要点の位置

本項では，前項で定義した横・角倍率を用いて主要点の位置を定める。後側（像側）**焦点**は，光軸に平行に伝搬する光線がレンズ透過後に光軸と交わる位置である。これは有限の大きさの物体に対する像の大きさが無限小になることを意味し，横倍率が $\beta=0$ となる s_2 の値で得られる。前側（物側）焦点は，光の逆進性により，レンズ透過後に光軸に平行に伝搬する光線が，レンズ透過以前に光軸と交わる位置であり，これは横倍率が $\beta=\infty$ となる s_1 の値で得られる。これらより，前側・後側焦点位置 s_{F1} と s_{F2} が次式で表せる（図11.3）。

$$s_{F1} = -n_1 \frac{b}{a}, \qquad s_{F2} = n_2 \frac{c}{a} \tag{11.24a, b}$$

ただし，これらの値はレンズ頂点を基準としている。

主点は横倍率が1となる共役点であるから，式（11.21）を用いて，前側・後側主点位置 s_{H1} と s_{H2} が次式で表せる。

$$s_{H1} = \frac{n_1(1-b)}{a}, \qquad s_{H2} = \frac{n_2(c-1)}{a} \tag{11.25a, b}$$

厚肉レンズでの前側・後側焦点距離 f_A と f_A' は，主点から測った焦点までの距離で定義され，式（11.24），（11.25）を用いて次式で表せる。

$$f_A \equiv s_{F1} - s_{H1} = -\frac{n_1}{a}, \qquad f_A' \equiv s_{F2} - s_{H2} = \frac{n_2}{a} \tag{11.26a, b}$$

添え字 A は厚肉レンズに対する値であることを示す。これは一般には使用されていないが，薄肉レンズとの混同を避けるために敢えて付している。式（11.26a, b）でガウス定数 a を等値し，式（11.14a）と結びつけると次式を得る。

$$\frac{n_2}{f_A'} = -\frac{n_1}{f_A} = \frac{n_L - n_1}{R_1} + \frac{n_2 - n_L}{R_2} - \frac{(n_L - n_1)(n_2 - n_L)}{R_1 R_2} \frac{d_L}{n_L} \tag{11.27}$$

式（11.27）は前側・後側焦点距離をレンズの構造パラメータと関係づけて表している。右辺第1・2項は薄肉レンズと同じで，第3項がレンズ厚を考慮した効果である。厚肉レンズの凹凸は，薄肉レンズと同じく後側焦点距離 f_A' の符号で決められる（4.3.1項参照）。

節点は角倍率が1の共役点として定義される。式（11.22）を利用して，前側・後側節点位置 s_{N1} と s_{N2} が次式で表せる。

$$s_{N1} = \frac{n_2 - bn_1}{a}, \qquad s_{N2} = \frac{cn_2 - n_1}{a} \tag{11.28a, b}$$

式（11.25），（11.28）より，レンズ前後の媒質の屈折率が等しいとき，前側・後側主点位置がそれぞれ前側・後側節点位置と一致する。

以上より，焦点位置，主点・節点位置は，前側・後側焦点距離を用いて

$$s_{F1} = f_A \left(1 + \frac{n_L - n_2}{R_2} \frac{d_L}{n_L} \right), \qquad s_{F2} = f'_A \left(1 - \frac{n_L - n_1}{R_1} \frac{d_L}{n_L} \right) \tag{11.29a, b}$$

$$s_{H1} = f_A \frac{n_L - n_2}{R_2} \frac{d_L}{n_L}, \qquad s_{H2} = -f'_A \frac{n_L - n_1}{R_1} \frac{d_L}{n_L} \tag{11.30a, b}$$

$$s_{N1} = f_A \left(1 - \frac{n_2}{n_1} + \frac{n_L - n_2}{R_2} \frac{d_L}{n_L} \right), \quad s_{N2} = f'_A \left(1 - \frac{n_1}{n_2} - \frac{n_L - n_1}{R_1} \frac{d_L}{n_L} \right) \tag{11.31a, b}$$

で表せる．主点と節点はレンズ内にあるとは限らない（演習問題 11.3 参照）．

【例題 11.1】 空気中に置かれた，次に示す厚肉単レンズ（曲率半径 R，中心厚 $d_L = 3$，屈折率 $n_L = 1.5$）の焦点距離と主要点の位置を求めよ．

（1） $R_1 = 60$, $R_2 = -50$ 　　（2） $R_1 = -60$, $R_2 = 50$

［解］ （1） 焦点距離は式（11.27）より $f'_A = -f_A = 55.05$，レンズ頂点を基準とした焦点位置は，式（11.29）より $s_{F1} = -53.95$，$s_{F2} = 54.13$．空気中では主点と節点位置が一致する．式（11.30）より $s_{H1} = s_{N1} = 1.10$，$s_{H2} = s_{N2} = -0.92$．

（2） 焦点距離は $f'_A = -f_A = -54.05$．焦点位置は $s_{F1} = 55.13$，$s_{F2} = -54.95$．主点と節点位置は $s_{H1} = s_{N1} = 1.08$，$s_{H2} = s_{N2} = -0.90$． ■

11.3.4 厚肉単レンズの結像式と横・角・縦倍率

ここで，理想結像条件の式（11.19）をもっと分かりやすい形式で表す．物体と像の位置を，主点を基準とした位置で定義し，これらを

$$\ell_i \equiv s_i - s_{Hi} \qquad (i = 1, 2) \tag{11.32}$$

で表す（図 11.3）．

式（11.25a, b）から得られるガウス定数 b，c を，式（11.19）および式（11.13）における行列式 $|\mathbf{S}| = bc - ad = 1$ に代入すると，a と d に関する二つの 1 次式が得られる．これら 2 式から d を消去すると，次式が導かれる．

$$n_1(s_2 - s_{H2}) - n_2(s_1 - s_{H1}) + a(s_1 - s_{H1})(s_2 - s_{H2}) = 0 \tag{11.33}$$

これに式（11.32）を代入して整理すると，$-n_1/\ell_1 + n_2/\ell_2 = a$ を得る．この式の右辺に式（11.26a, b）を代入すると，**厚肉レンズによる結像式**が次式で表せる．

$$-\frac{n_1}{\ell_1} + \frac{n_2}{\ell_2} = \frac{n_2}{f'_A} = -\frac{n_1}{f_A} \tag{11.34}$$

式（11.34）は理想結像条件と等価な式である．これは物体・像までの距離や焦点距離を主点から測ったものであり，焦点距離には式（11.27）を用いる．式（11.34）は薄肉レンズによる結像式（4.25），（6.12）で，s_i を ℓ_i（$i = 1, 2$）に置き換えた結果と形式的に一致する．

厚肉レンズに対する**横倍率** β と**角倍率** γ は，図 11.1 または式（11.24），（11.25）より得られる b と c を式（11.21），（11.22）に代入した後，a に式（11.26a, b）を適用して，次式で表せる．

$$\beta = \frac{f_A}{f_A - \ell_1} = \frac{f'_A - \ell_2}{f'_A} = \frac{\ell_2/n_2}{\ell_1/n_1} = \frac{f_A/n_1 + \ell_2/n_2}{f_A/n_1} = \frac{f'_A/n_2}{f'_A/n_2 + \ell_1/n_1} \tag{11.35}$$

160   11. 行列法による厚肉レンズ等の結像特性

$$\gamma \equiv \frac{\tan \zeta_{\mathrm{im}}}{\tan \zeta_{\mathrm{ob}}} = \frac{A_2 H_2 / \ell_2}{A_1 H_1 / \ell_1} = \frac{\ell_1}{\ell_2} = \frac{n_1}{n_2 \beta} = \frac{n_1}{n_2} \frac{f_{\mathrm{A}} - \ell_1}{f_{\mathrm{A}}} = \frac{n_1}{n_2} \frac{f'_{\mathrm{A}}}{f'_{\mathrm{A}} - \ell_2} \tag{11.36}$$

これらの式は薄肉レンズに対する式 (4.27), (4.28) での s_i を ℓ_i に置換すると形式的に一致する。式 (11.35) 2・3 番目の辺の等値または図 11.1 (b) から, 式 (4.32) の導出と同じ手順で, 次に示す厚肉レンズに対する別の結像式が導け, これは式 (4.33) に対応する。

$$\frac{f_{\mathrm{A}}}{\ell_1} + \frac{f'_{\mathrm{A}}}{\ell_2} = 1 \tag{11.37}$$

次に, 物体と像の位置を, 焦点を基準とした位置 z_1 と z_2 で定義し直す (図 11.3)。これは次式で書ける。

$$z_1 \equiv s_1 - s_{\mathrm{F1}} = \ell_1 - f_{\mathrm{A}}, \qquad z_2 \equiv s_2 - s_{\mathrm{F2}} = \ell_2 - f'_{\mathrm{A}} \tag{11.38}$$

これらの変換式を式 (11.35) に代入した式, およびそれに式 (11.27) を用いて, 横倍率と角倍率が次式で表せる。

$$\beta = -\frac{f_{\mathrm{A}}}{z_1} = \frac{f'_{\mathrm{A}} / n_2}{z_1 / n_1}, \qquad \beta = -\frac{z_2}{f'_{\mathrm{A}}} = \frac{z_2 / n_2}{f_{\mathrm{A}} / n_1} \tag{11.39a, b}$$

$$\gamma = \frac{n_1}{n_2 \beta} = \frac{z_1}{f'_{\mathrm{A}}} = \frac{f_{\mathrm{A}}}{z_2} \tag{11.39c}$$

式 (11.39) より, 次式が導かれる。

$$z_1 z_2 = f_{\mathrm{A}} f'_{\mathrm{A}} \tag{11.40}$$

厚肉レンズに対する**ニュートンの公式** (11.40) は, 薄肉レンズに対する式 (4.31) と同じ形式で表される。

縦倍率 (longitudinal magnification) は, 物体の光軸方向の微小変化と, これに対する像の光軸方向の変化の比で定義される。縦倍率 α は, 結像式 (11.34) を微分した結果を定義に代入し, さらに式 (11.35) を用いて

$$\alpha = \frac{d\ell_2}{d\ell_1} = \frac{n_1}{n_2} \frac{\ell_2^2}{\ell_1^2} = \frac{n_2}{n_1} \left(\frac{\ell_2 / n_2}{\ell_1 / n_1} \right)^2 = \frac{n_2}{n_1} \beta^2 \tag{11.41}$$

で表せる。式 (11.41) は, 光学系が空気中 ($n_1 = n_2 = 1.0$) にあるとき, 横倍率 β と縦倍率 α がともに 1 のとき以外は成り立たず, 光学系による 3 次元物体の忠実な再現が不可能なことを示している。

【例題 11.2】 例題 11.1 (1) で与えたレンズの頂点 V_1 前方 100 の位置に物体を置く。このとき, レンズ頂点を基準とした像の位置と横倍率を, 以下 (1), (2) を用いて求めよ。この例題に対応する薄肉レンズ近似の結果は例題 4.3 に示している。

(1) 厚肉レンズの結像式   (2) ニュートンの公式

[解] (1) 式 (11.32) を用いて $\ell_1 = s_1 - s_{\mathrm{H1}} = -100 - 1.10 = -101.10$, 結像位置は結像式 (11.34) を用いて $\ell_2 = 120.92$, $s_2 = \ell_2 + s_{\mathrm{H2}} = 120.92 + (-0.92) = 120$。横倍率は式 (11.35) を用いて $\beta = (f'_{\mathrm{A}} - \ell_2) / f'_{\mathrm{A}} = -1.20$。

(2) 式 (11.38) より $z_1 = s_1 - s_{\mathrm{F1}} = -100 - (-53.95) = -46.05$, 式 (11.40) より $z_2 = (f_{\mathrm{A}} f'_{\mathrm{A}}) / z_1 =$

65.79, $s_2 = z_2 + s_{F2} = 65.79 + 54.13 = 120$, 式 (11.39b) より $\beta = -z_2/f'_A = -1.20$。 ∎

11.3.5 基準座標の変換

以上の定式化では，屈折行列や転送行列，システム行列がレンズ頂点を基準座標として示された。基準座標はどこにでも設定することができ，主点や焦点，節点，入射・射出瞳などが用いられる。

図11.4(a) に示すように，レンズ頂点 V における基底ベクトルを Q_V とし，基準を変更後の点 G が頂点 V より後方で屈折率 n_G，距離 s_G にあるとする。点 G の基底ベクトルを Q_G とすると，これらは転送行列を用いて

$$Q_G = \mathcal{T}_{GV} Q_V, \quad \mathcal{T}_{GV} \equiv \begin{pmatrix} 1 & -s_G/n_G \\ 0 & 1 \end{pmatrix}, \quad \mathcal{T}_{VG} = \mathcal{T}_{GV}^{-1} = \begin{pmatrix} 1 & s_G/n_G \\ 0 & 1 \end{pmatrix} \tag{11.42}$$

で関係づけられる。

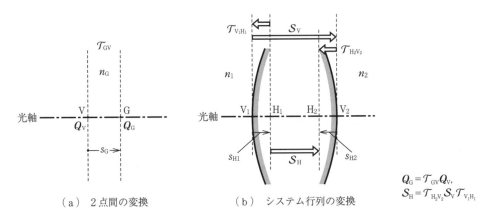

(a) 2点間の変換　　　　(b) システム行列の変換

図11.4 厚肉レンズにおける基準座標の変換

図(b)のように，頂点間のレンズのシステム行列を $\mathcal{S}_V$ として式 (11.13) で表し，これを主点間のシステム行列 $\mathcal{S}_H$ に変換すると，次式で関係づけられる。

$$\mathcal{S}_H = \mathcal{T}_{H_2V_2} \mathcal{S}_V \mathcal{T}_{V_1H_1} = \begin{pmatrix} 1 & -s_{H2}/n_2 \\ 0 & 1 \end{pmatrix} \begin{pmatrix} c & d \\ a & b \end{pmatrix} \begin{pmatrix} 1 & s_{H1}/n_1 \\ 0 & 1 \end{pmatrix} = \begin{pmatrix} 1 & 0 \\ a & 1 \end{pmatrix} \tag{11.43}$$

主点位置 s_{H1}，s_{H2} には式 (11.25) を用いた。上式で対角成分の1は主点どうしの横倍率が1であること，1行2列成分の0は前後主点が共役関係にあること，2行1列成分の a は光学系固有の値で座標変換でも不変であることを表す。

焦点間のシステム行列 $\mathcal{S}_F$ と節点間のシステム行列 $\mathcal{S}_N$ は，同様にして

$$\mathcal{S}_F = \begin{pmatrix} 0 & -1/a \\ a & 0 \end{pmatrix}, \quad \mathcal{S}_N = \begin{pmatrix} n_1/n_2 & 0 \\ a & n_2/n_1 \end{pmatrix} \tag{11.44a, b}$$

で表せる。基準座標の変換により，上記のように，各行列成分の物理的意味が明確になったり，設計上有用になったりする。

11.4 球面反射鏡による結像特性

屈折率 n の媒質中に球面反射鏡（曲率半径 R，曲率中心 O）がある（**図 11.5**）。$R>0$ は凸面鏡，$R<0$ は凹面鏡を表す。反射鏡の頂点 V の前方 s_1 にある物体から出た光線が，反射鏡に到達した後，像が頂点 V の前方 s_2 にできるとする。物体と像の基底ベクトルを式 (11.15) で $n=n_1=n_2$ とおく。このとき，物体から像に至る光線伝搬は，反射行列の式 (11.7) と転送行列を用いて次式で書ける。

$$Q_{\text{im}} = \mathcal{D}_{\text{refl}} Q_{\text{ob}} \tag{11.45}$$

$$\mathcal{D}_{\text{refl}} = \mathcal{T}_{\text{im}} \mathcal{R}_{\text{refl}} \mathcal{T}_{\text{ob}} = \begin{pmatrix} 1-2s_2/R & s_1/n+(s_2/n)(1-2s_1/R) \\ -2n/R & 1-2s_1/R \end{pmatrix} \tag{11.46}$$

$$\mathcal{T}_{\text{im}} = \begin{pmatrix} 1 & s_2/n \\ 0 & 1 \end{pmatrix}, \quad \mathcal{R}_{\text{refl}} = \begin{pmatrix} 1 & 0 \\ -2n/R & 1 \end{pmatrix}, \quad \mathcal{T}_{\text{ob}} = \begin{pmatrix} 1 & s_1/n \\ 0 & 1 \end{pmatrix} \tag{11.47}$$

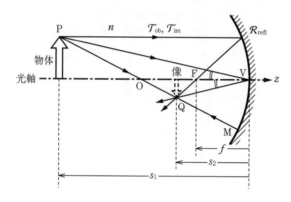

$R = \text{OM}$：球面の曲率半径，
O：球面の曲率中心，
F：焦点，図は $R<0$ の場合

図 11.5 球面反射鏡による結像

式 (11.46) の 1 行 2 列成分 $=0$ より，球面反射鏡による結像式を $-1/s_1 - 1/s_2 = 1/f$ で，2 行 1 列成分 $a=-2n/R$ と式 (11.26b) より，焦点距離を $f=n/a=-R/2$ で得る。横倍率は 1 行 1 列成分または 2 行 2 列成分の逆数に f を用いて，$\beta = f/(f+s_1) = (f+s_2)/f$ で得る。これらは 4.1 節や 6.3 節での結果と一致する。

11.5 合成光学系の結像特性

本節では，複数のレンズからなる**合成光学系**の結像特性の求め方や，その関連事項を説明する。これは収差の除去や光学系の可変焦点距離に利用される。

簡単な例として，**図 11.6** に示すように，二つのレンズの頂点間隔が d_s，間の媒質の屈折率が n_s であるとする。第 1・第 2 レンズのシステム行列 $\mathcal{S}_1$，$\mathcal{S}_2$ と，両レンズ間の転送行列 $\mathcal{T}_s$ が次式で表されているとする。

11.5 合成光学系の結像特性

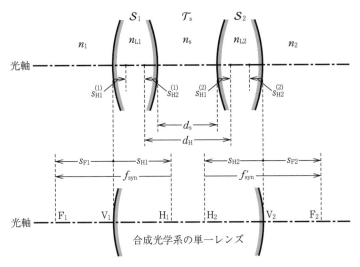

$\mathcal{S}$: システム行列, $\mathcal{T}$: 転送行列, d_s: レンズ間隔, d_H: 主点間の間隔,
n_i: 屈折率, $s_{H1}^{(i)}, s_{H2}^{(i)}$: 第 i レンズの前側・後側主点位置,
H_1, H_2: 合成系の主点, F_1, F_2: 合成系の焦点,
f_{syn}, f'_{syn}: 合成系の前側・後側焦点距離, V_1, V_2: 合成系の前側・後側頂点

図 11.6 厚肉レンズによる合成光学系

$$\mathcal{S}_1 = \begin{pmatrix} c_1 & d_1 \\ a_1 & b_1 \end{pmatrix}, \quad \mathcal{S}_2 = \begin{pmatrix} c_2 & d_2 \\ a_2 & b_2 \end{pmatrix}, \quad \mathcal{T}_s = \begin{pmatrix} 1 & -d_s/n_s \\ 0 & 1 \end{pmatrix} \tag{11.48}$$

ただし,システム行列の成分 $a_i \sim d_i$ ($i=1, 2$) はガウス定数である。合成光学系を単一レンズとみなすとき,そのシステム行列 $\mathcal{S}$ は次式で書ける。

$$\mathcal{S} \equiv \begin{pmatrix} c & d \\ a & b \end{pmatrix} = \mathcal{S}_2 \mathcal{T}_s \mathcal{S}_1 \qquad (|\mathcal{S}| = bc - ad = 1) \tag{11.49}$$

$$a \equiv a_1 b_2 + a_2 (c_1 - a_1 d_s / n_s), \qquad b \equiv b_1 b_2 + a_2 (d_1 - b_1 d_s / n_s) \tag{11.50a, b}$$

$$c \equiv a_1 d_2 + c_2 (c_1 - a_1 d_s / n_s), \qquad d \equiv b_1 d_2 + c_2 (d_1 - b_1 d_s / n_s) \tag{11.50c, d}$$

レンズが三つ以上縦続されている場合でも,合成光学系のシステム行列が同様にして求められる。

合成光学系の前・後方の媒質の屈折率を n_1 と n_2 で表す。このとき,合成系の前側・後側焦点距離 f_{syn} と f'_{syn} は,式 (11.26), (11.50a) と $a_1 = n_s/f'_{A1}$, $a_2 = n_2/f'_{A2}$ を用いて,次式で書ける。

$$\frac{n_2}{f'_{syn}} = -\frac{n_1}{f_{syn}} = a_1 b_2 + a_2 \left(c_1 - a_1 \frac{d_s}{n_s} \right) = \frac{n_s b_2}{f'_{A1}} + \frac{n_2 c_1}{f'_{A2}} - \frac{n_2}{f'_{A1} f'_{A2}} d_s \tag{11.51}$$

ただし,f'_{Ai} ($i=1, 2$) は厚肉単レンズの後側焦点距離である。式 (11.25a, b) より $b_2 = 1 - (n_2/f'_{A2})(s_{H2}^{(2)}/n_s)$, $c_1 = 1 + (n_s/f'_{A1})(s_{H2}^{(1)}/n_s)$ と書ける(主点での上付き (i) は第 i レンズを表す)。第 1 レンズの後側主点と第 2 レンズの前側主点との間隔を d_H とおくと,$d_H = d_s + s_{H1}^{(2)} - s_{H2}^{(1)}$ と書ける。これらより式 (11.51) が

$$\frac{n_2}{f'_{syn}} = -\frac{n_1}{f_{syn}} = \frac{n_s}{f'_{A1}} + \frac{n_2}{f'_{A2}} - \frac{n_2}{f'_{A1} f'_{A2}} d_H \tag{11.52}$$

で書ける。

164　　11. 行列法による厚肉レンズ等の結像特性

単レンズに薄肉レンズ近似を用いると，式 (11.51) でのガウス定数が $b_1 = b_2 = c_1 = c_2 = 1$ で表せるから，合成光学系の焦点距離が次式で表せる。

$$\frac{n_2}{f'_{\text{syn}}} = -\frac{n_1}{f_{\text{syn}}} = \frac{n_{\text{s}}}{f'_1} + \frac{n_2}{f'_2} - \frac{n_2}{f'_1 f'_2} d_{\text{s}} \tag{11.53}$$

厚肉レンズ系における d_{H} と焦点距離 f'_{Ai} を，薄肉レンズ系での d_{s} と焦点距離 f'_i とみなせば，合成光学系の焦点距離が形式的に同じ式となる。

特に，空気中にあるレンズ間隔 d_{s} がレンズの曲率半径に比べて十分微小なとき，式 (11.53) の最終項が無視できる。同様のことは N 枚の薄肉レンズが密着しているときにもあてはまる。
薄肉密着レンズ系の後側焦点距離は

$$\frac{1}{f'_{\text{syn}}} = \sum_{i=1}^{N} \frac{1}{f'_i} \tag{11.54}$$

で表せる。ただし，f'_i $(i = 1 \sim N)$ は薄肉単レンズの後側焦点距離である。焦点距離の逆数は**レンズの屈折力**と呼ばれ，式 (11.54) は薄肉密着レンズ系の屈折力が単レンズの屈折力の和で得られることを示す。

合成光学系を形成する各単レンズが厚肉レンズで，レンズ厚がレンズ間隔に比べて十分小さい場合を考える。合成光学系を単一レンズとみなすとき（図 11.6），前側・後側主点 H_1，H_2 の位置は，式 (11.50b, c) を式 (11.25a, b) に代入して

$$s_{\text{H1}} = -f_{\text{syn}} \frac{n_2}{n_{\text{s}}} \frac{d_{\text{H}}}{f'_{\text{A2}}} = f_{\text{syn}} \frac{d_{\text{H}}}{f_{\text{A2}}}, \qquad s_{\text{H2}} = -f'_{\text{syn}} \frac{d_{\text{H}}}{f'_{\text{A1}}} \tag{11.55a, b}$$

で表せる。前側・後側焦点 F_1，F_2 の位置は，式 (11.24a, b) より次式で得られる。

$$s_{\text{F1}} = f_{\text{syn}} \left(1 - \frac{n_2}{n_{\text{s}}} \frac{d_{\text{H}}}{f'_{\text{A2}}} \right) = f_{\text{syn}} \left(1 + \frac{d_{\text{H}}}{f_{\text{A2}}} \right), \qquad s_{\text{F2}} = f'_{\text{syn}} \left(1 - \frac{d_{\text{H}}}{f'_{\text{A1}}} \right) \tag{11.56a, b}$$

ここで，f_{Ai} $(i = 1, 2)$ は厚肉単レンズの前側焦点距離である。主点，焦点，焦点距離において，前側の値は第 1 レンズの前側頂点 V_1，後側の値は第 2 レンズの後側頂点 V_2 を基準とし，基準位置より右（左）側を正（負）としている。

各単レンズが薄肉レンズの場合の主点と焦点位置は，式 (11.55)，(11.56) における d_{H} を d_{s} に，また f'_{Ai} を f'_i，f_{Ai} を f_i に置き換えて求められる。

合成光学系の場合，後側焦点距離や主点・焦点位置を上記のようにして求め，像の位置は結像式 (11.34) や式 (11.40) を用いて求めることができる。

【例題 11.3】　空気中に焦点距離 20 cm の厚肉凸レンズと焦点距離 50 cm の厚肉凹レンズが，主点間隔 10 cm で配置されている。このとき，合成光学系におけるすべての焦点距離，主点・焦点位置を求めよ。合成光学系のレンズの凹凸，後側主点・焦点位置は具体的に分かりやすく説明せよ。

［解］　合成光学系の前側・後側焦点距離は，式 (11.52) に $f'_{\text{A1}} = 20$ cm，$f'_{\text{A2}} = -50$ cm，$d_{\text{H}} = 10$ cm を代入して $f_{\text{syn}} = -25$ cm，$f'_{\text{syn}} = 25$ cm となり，凸レンズと分かる。前側・後側主点位置は，式 (11.55)

を用いて $s_{H1} = -5\,\mathrm{cm}$, $s_{H2} = -12.5\,\mathrm{cm}$ で, 前側・後側焦点位置は, 式 (11.56) を用いて $s_{F1} = -30\,\mathrm{cm}$, $s_{F2} = 12.5\,\mathrm{cm}$ で得る。後側主点と後側焦点は, 第2レンズの後側頂点より左側に 12.5 cm, 右側に 12.5 cm の位置にある。 ∎

薄肉レンズ (4, 6章参照) と厚肉レンズ (本章) における結像特性の対応は次の通りである。物体・像の位置, 焦点位置, 焦点距離を測る基準位置を, 薄肉レンズにおけるレンズ頂点から厚肉レンズでは主点に置き換えると, 結像式や横倍率などが形式的に同じ形で表せる。

演 習 問 題

11.1 物点と像点の間で理想結像条件が満たされているとき, 物点と像点を入れ換えても共役関係が満たされることを, システム行列を用いて示せ。

11.2 空気中にある厚肉単レンズのシステム行列が

$$\mathcal{S} = \begin{pmatrix} 0.95 & -2 \\ a & 0.9 \end{pmatrix}$$

で与えられているとき, 次の各問に答えよ。

（1） ガウス定数 a と焦点距離の値を求めよ。また, レンズは正か負か。

（2） レンズの屈折率が $n_L = 1.5$ のとき, レンズの中心厚 d_L を求めよ。

（3） 第1, 第2球面の曲率半径を求めよ。

11.3 第1・第2曲面の曲率半径が $R_1 = 60$, $R_2 = 50$, レンズ厚 $d_L = 3$, 屈折率 $n_L = 1.5$ のレンズについて, 次の値を求めよ。レンズは空気中にあるとする。

（1） 前側・後側焦点距離　　（2） 前側・後側主点位置

11.4 図 11.1 (b) における厚肉レンズで, レンズ前後の屈折率を n_1, n_2 とする。このとき, 次に示す幾何学的関係に式 (11.24), (11.25), (11.28) を適用して求められる横倍率が, 式 (11.21) の表現と一致することを示せ。

（1） $\triangle F_2 H_2 A_2$ と $\triangle F_2 O_2 Q$ が相似形　　（2） $\triangle N_1 O_1 P$ と $\triangle N_2 O_2 Q$ が相似形

11.5 空気中で焦点距離 50 cm の凸レンズと焦点距離 30 cm の凹レンズを用い, レンズ間隔を変化させて合成光学系をつくるとき, 次の問に答えよ。ただし, 薄肉レンズとして計算せよ。

（1） 正レンズまたは負レンズになる間隔を求めよ。

（2） 焦点距離 60 cm の凸レンズとするには間隔をいくらにすればよいか (2レンズ間の間隔を変えて, 焦点距離を変化させる方法はズームレンズに利用されている)。

11.6 空気中に焦点距離 100 mm と 120 mm の薄肉凸レンズを 20 mm 離して配置した合成光学系がある。このとき, 次の問に答えよ。

（1） この合成系の後側焦点距離を求めよ。

（2） 第1レンズの前方 100 mm に物体を置くとき, 像の位置および横倍率を求めよ。

12章 光学系に関する諸概念

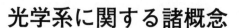

本章では光学系の設計や評価に関係する諸概念を，本書のこれより前の内容と関連づけて説明する。

12.1 節では，光学系を通過する光量に関係する開口絞りと，以下で説明する諸概念と密接な関係にある瞳を説明する。12.2 節では結像状態に関係する焦点深度を説明する。12.3 節では光を眼で感じる量と関係する測光について，光度や輝度，照度などを，12.4 節では前節の結果を用いて光学系の明るさを説明する。12.5 節では結像系による像のひずみに関係する収差として，単色収差と色収差の関連事項を説明する。12.6 節と 12.7 節では，光学系における微細構造の評価法として，回折と密接な関係にある分解能と光学伝達関数を説明する。

12.1 開口絞りと瞳

光学機器において，光学系を通過する光線束を制限するために，光軸に垂直に挿入される絞りを**開口絞り**（aperture stop）という（図 12.1）。開口絞りより物側および像側にある光学系で形成される像を，それぞれ**入射瞳**（entrance pupil），**射出瞳**（exit pupil），両者を合わせて**瞳**（pupils）という。入射瞳，開口絞り，射出瞳は，それぞれ近軸領域で互いに共役の関係にある。入射・射出瞳の位置が，それぞれ開口絞りより前・後方にあるとは限らない。

瞳の概念は以下で説明する，焦点深度や測光，光学系の明るさ，収差，光学伝達関数と密接な関係をもつ。

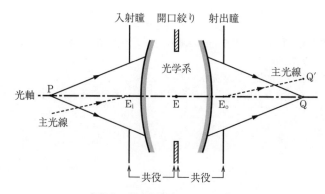

P, Q：光軸上の物点と像点，E：開口絞りの中心，
E_i, E_o：入射・射出瞳の中心，
Q′：光軸上以外から出た主光線の像面での位置
図 12.1 開口絞りと瞳に関する模式図

光軸上の物点から出た光線束は，瞳やレンズ枠などに遮られることなく，光学系を通過して像面に至る．しかし，光線が光学系に斜め入射するとき，一部の光線がレンズ枠などに遮られて像が暗くなる．この現象を**口径食**（vignetting）という．開口絞りを十分に絞ったときでも，光学系を通過する光線を**主光線**（chief ray）と呼ぶ．主光線は入射瞳の中心 E_i に入射し，射出瞳の中心 E_o から出て像点 Q′ に達する．

物点を出た光線は入射瞳に至るまで，また射出瞳を出た光線は像点に至るまで光学系の影響を受けない．そのため，入射瞳と射出瞳はそれぞれ光学系の入口と出口とみなせ，収差の影響は入射瞳と射出瞳の間でのみ生じる．

収差は光軸近傍の光線に対してだけ補正される．そのため，周縁光線などを遮断して視野を制限するために挿入される絞りを**視野絞り**（field stop）という．

12.2 焦点深度と被写界深度

物点から出てあらゆる方向に伝搬する光線は，理想結像条件の下では一つの像点に集束する．しかし，波動としての振る舞いや収差を考慮すると，像は点とはならずに広がりをもつ．

レンズに球面収差がある場合，光軸から離れた光線ほど屈折面の湾曲具合が大きく屈折力が大きいため，レンズ透過後は近軸光線よりもレンズ側に集束し，その結果，物体から出た光線束は近軸像点近傍で広がる（**図 12.2**）．光線が重なり合った部分では光線密度が高くなり，この光線束の包絡面を**火面**（caustic surface）と呼ぶ．光軸に垂直な断面で見られる明るい円を錯乱円，錯乱円のうちで最も小さい円を**最小錯乱円**（circle of least confusion）と呼ぶ．ここで最良像面が得られるが，最良像面と近軸像点の位置は必ずしも一致しない．

錯乱円が一定値よりも小さい範囲内では，実用上は鮮明な像を結んでいるとみなせる．この像面の光軸方向の許容範囲を**焦点深度**（depth of focus）と呼ぶ．最小錯乱円と光軸との交点

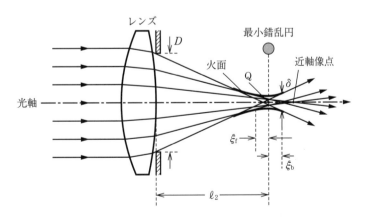

ξ_f, ξ_b：前方・後方焦点深度，D：射出瞳の口径，δ：錯乱円の直径
図 12.2 最小錯乱円と焦点深度

をQ,点Qより前方と後方の焦点深度をそれぞれξ_i (i=f, b) で表すことにする。

射出瞳の口径をD,錯乱円の直径をδ,レンズと点Qとの距離をℓ_2とおく。射出瞳の位置がレンズ近傍とすると,通常$\ell_2 \gg |\xi_i|$だから射出瞳と点Qの距離はℓ_2で近似できる。したがって,相似関係より前方・後方焦点深度が

$$\xi_i \fallingdotseq \frac{\delta}{D}\ell_2 \quad (i=f, b) \tag{12.1}$$

で近似できる。式 (12.1) は焦点深度が口径Dに反比例することを示す。

焦点深度はレンズで絞れる最小のスポットサイズと,口径Dに関して逆の関係となっており,この事実はレーザ加工やバーコードリーダなどで重要となる。

焦点深度に対応する,物体側での奥行き方向の許容範囲を被写界深度または物体深度と呼ぶ。

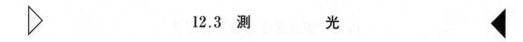

12.3 測　　　光

光源から放射される光エネルギーは,眼を通して視覚で認識される。測光ではエネルギーなどを計測機器の量で扱う物理量と,人間の眼の視感度も考慮した心理物理量が区別される。人間の眼で感じる明るさを基準として,光エネルギーや光強度を議論する科学技術分野を測光学 (photometry) という。以下では,主として心理物理量に関する光束,光度,輝度,照度などを説明する。

12.3.1　光束と比視感度

電磁波からの放射で,ある面を通過する単位時間当りのエネルギーを**放射束**という。放射束が様々な波長の光を含むとき,波長λ,波長幅$d\lambda$,単位波長幅当りの放射束を$\Phi_\lambda(\lambda)$と書くと,すべての波長に対する物理的な放射束が次式で表せる。

$$\Phi_e = \int_0^\infty \Phi_\lambda(\lambda) d\lambda \quad [\text{W}] \tag{12.2}$$

光波はエネルギーをもつから,立体角内に含まれる光線束の量が,光エネルギーの量に対応すると考えることができる (図 1.1 参照)。よって,放射束は光線束と次式で対応づけることができる。

$$\Phi_e = \langle|S|\rangle dS \quad [\text{W}] \tag{12.3}$$

ここで,Sはポインティングベクトル,$\langle|S|\rangle$は光強度で光線束の単位面積当りのエネルギー (式 (13.24) 参照),dSは光線束が通過する部分の断面積である。

光を感じるのは眼なので,測光量は式 (12.2) で示された物理量を,明るさに対する眼の感覚に変換して決められる。眼の感度は個人差だけでなく,周囲の明暗や季節,波長によっても異なる。波長依存性を分光視感度$K(\lambda)$で表すと,ある波長で眼が受ける光量は$K(\lambda)\Phi_\lambda(\lambda)$で表せる。視感度を最大値$K_m$で規格化した値を**比視感度** (relative luminosity) といい

$$V(\lambda) \equiv \frac{K(\lambda)}{K_m} \tag{12.4}$$

で表される．

比視感度を考慮した，ある断面から出る単位時間当りの光エネルギーを**光束**（luminous flux）といい，これは次式で定義される．

$$\Phi_v = \int_0^\infty K(\lambda)\Phi_e(\lambda)d\lambda = K_m \int_0^\infty V(\lambda)\Phi_e(\lambda)d\lambda \; [\mathrm{lm}] \tag{12.5}$$

光束 Φ_v は人間の感覚を考慮した心理物理量なので，その単位にはルーメン（lumen）〔lm〕が用いられており，K_m の単位は〔lm/W〕である．

比視感度を波長に対して表した曲線を**比視感度曲線**と呼び，定量的に比較できるように，これの国際的な規格が定められている（**図 12.3**）．明るい場所における明所視での最大視感度の値は，波長 555 nm（周波数 540 THz，緑色）で $K_m = 683\,\mathrm{lm/W}$ となる．暗い場所の暗所視では，光を感じる視細胞が錐体から桿体に代わり，感度が 10^3 ほど向上し，最大感度の波長が短波長側の 507 nm 付近に移動する[10]．この現象はプルキニエ（Purkinje）効果と呼ばれる．

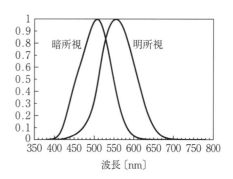

図 12.3 比視感度曲線（国際照明委員会のデータより）

測光では心理物理量と物理量が区別して用いられている．**表 12.1** に測光量（添え字 v）と放射量（添え字 e）における名称や記号，単位の対照表を，以下に説明する用語も含めて示す．測光量と放射量では単位系が異なる．

表 12.1 測光量と放射量の関係

測光量			放射量		
名称	記号	単位	名称	記号	単位
光量	Q_v	lm·s	放射エネルギー	Q_e	J
光束	Φ_v	lm	放射束	Φ_e	W = J/s
光度	I_v	cd = lm/sr	放射強度	I_e	W/sr
輝度	L_v	cd/m² = lm/(sr·m²)	放射輝度	L_e	W/(sr·m²)
照度	E_v	lx = lm/m²	放射照度	E_e	W/m²

lm：ルーメン，cd：カンデラ，lx：ルクス，sr：ステラジアン，s：秒

測光の単位系では，次項で述べる光度 I_v の国際単位，カンデラ（candela）〔cd〕=〔lm/sr〕を基準としている．カンデラはラテン語で「ろうそく」を意味し，1 カンデラの目安は，ろうそく 1 本が発する光度である．現在での 1 カンデラは，周波数 540 THz の単色放射を放出し，所定の方向の放射強度が (1/683) W/sr の光源による光度として定義されている．光束の単位である 1 ルーメンは，光度 1 カンデラの点光源から単位立体角に放出される光束の量である．

従来，電球や蛍光灯の明るさは電力消費量のワット〔W〕で表示されていた．しかし，LED

(light emitting diode，発光ダイオード）の消費電力は少なく，電力量は明るさを示す量として不都合となったため，LEDではルーメン〔lm〕が用いられるようになっている．

12.3.2 光度・輝度・照度

測光に関する光度，輝度，照度を求める際には，光束または放射束の変化量や密度で考える．そのとき，点光源を基礎として，面光源では点光源での結果を拡張する形で定義される．**点光源**とは，その大きさが光源と観測位置との距離に比べて十分に小さく，その広がりが無視できる程度の光源をいう．**面光源**は一定の大きさをもつ光源である．

点光源Oから出る光を円錐とし，円錐体がつくる微小立体角を $d\Omega$，そこを通過する光束を $d\Phi$ とする（**図12.4（a）**）．光源から出る光の強さを**光度**（luminous intensity）と呼び，これは単位立体角当りの光束の量として，次式で定義される．

$$I_v \equiv \frac{d\Phi_v}{d\Omega} \text{〔cd〕} \tag{12.6}$$

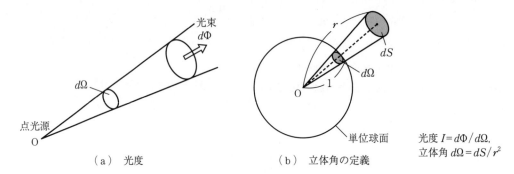

図 12.4 光度と立体角

立体角とは，図12.4（b）のように，点Oから距離 r にある円錐体や円環体の底面積が dS のとき，単位球面で切り取られる面積 $d\Omega$ のことをいい

$$d\Omega = \frac{dS}{r^2} \text{〔sr〕} \tag{12.7}$$

で表される．立体角の単位はステラジアン〔sr〕で，球面全体の立体角は 4π sr である．したがって，全空間に放出される光束は $4\pi I_v$ で表される．

図 12.5（a）に示す面光源で，この面上の微小面積 dS の法線と角度 θ をなす方向の光度 dI_θ は，θ 方向の単位立体角の円錐に放射される光束 $d\Phi_v$ で定義され，形式的に式（12.6）と同じになる．光源の明るさを表す指標である**輝度**（luminance）L_v は，観測点から見た見掛けの微小面積 $dS\cos\theta$ 当りの光度で定義され，次式で書ける[19]．

$$L_v \equiv \frac{dI_\theta}{dS\cos\theta} \text{〔cd/m}^2\text{〕} \tag{12.8}$$

単位面積当りの光度が角度 θ に依存しない面光源を**完全拡散面光源**と呼ぶ．微小面積 dS の

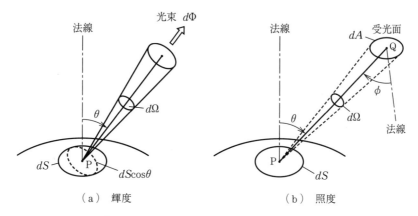

$dΩ$：立体角，dA：受光面の微小面積，$θ$, $φ$：各面の法線と光束方向がなす角度，$r=$PQ
点光源の場合，点Pはその位置であり，面光源の場合，その面積がdSである

図12.5 輝度と照度

法線方向の光度を dI_0 とおくと，これは $dI_θ$ と

$$dI_θ = dI_0 \cos θ \tag{12.9}$$

で関係づけられる。式(12.9)は**ランベルトの法則**（Lambert's law）と呼ばれ，この法則は実用的に使えることが多い。この法則が成り立つとき，角度 $θ$ 方向の輝度 $L_θ$ が式(12.9)を用いて $L_θ = dI_θ/dS\cos θ = dI_0/dS = L_0$ で表せる。これは，完全拡散面光源での輝度がどの方向から見ても一定となることを示す。

図12.5(b)のように，点光源Pから距離 r にある位置Qにおける微小面積を dA，dA が点光源Pに対して張る立体角を $dΩ$，dA における法線とPQのなす角度を $φ$ とする。このとき，幾何学的関係より次式が得られる。

$$dA\cos φ = r^2 dΩ \tag{12.10}$$

点光源Pから発せられる光度 I_v と，dA に到達する光束 $dΦ_v$ の関係は式(12.6)で得られている。光に照らされた面の明るさを表す値を**照度**（illuminance）E_v と呼び，微小面積 dA が受け取る単位面積当りの光束 $dΦ_v$ で定義される。このとき式(12.10)を用いて，照度 E_v は光度 I_v と次式で関係づけられる。

$$E_v \equiv \frac{dΦ_v}{dA} = \frac{I_v dΩ}{dA} = \frac{I_v \cos φ}{r^2} \;\;[\text{lx}] \tag{12.11}$$

照度の単位はルクス（lux）[lx] = [lm/m²] で表される。式(12.11)は照度の余弦法則と呼ばれ，測光における基礎方程式である。

面光源上の微小面積 dS から，dS の法線と角度 $θ$ をなす方向の距離 r にある微小面積 dA に発せられる光束を $dΦ_v$，そこでの光度を dI_v，面光源上の1点が dA に対して張る立体角を $dΩ$ とする（図12.5(b)）。このとき，式(12.8)，(12.10)を利用して，式(12.6)における光束が

$$dΦ_v = dI_v dΩ = L_v dS\cos θ \cdot dΩ = \frac{L_v \cos θ \cos φ \, dS dA}{r^2} \tag{12.12}$$

で書ける。ここで，ϕ は dA における法線と PQ のなす角度である。面光源（面積 dS）による照度は次式で表せる。

$$dE_v \equiv \frac{d\Phi_v}{dA} = L_v \frac{\cos\theta\cos\phi}{r^2} dS \quad [\text{lx}] \tag{12.13}$$

面光源全体による照度は式 (12.13) を積分して求められる。

【例題 12.1】 全方位に均等に放射する光束 $2\,000\pi$ lm の点光源が二つある。これらの光源が地面での間隔 6 m，高さ 4 m の位置に設置されている。地面の中間地点 Q における水平面での照度 E_h を求めよ。

[解] 均等点光源だから，点光源一つ当りの光度は $I_v = 2\,000\pi/4\pi = 500$ cd となる。点光源と点 Q との距離は $\sqrt{3^2+4^2} = 5$ m。光源からの鉛直線と点 Q がなす角度を ϕ とすると $\cos\phi = 4/5$。求める水平面照度は，式 (12.11) を用いて $E_h = 2\cdot 500(4/5)5^2 = 32$ lx となる。 ∎

 ## 12.4 光学系の明るさ

光軸上に輝度 L_{ob} の完全拡散面光源があり，ランベルトの法則を満たしているとして，光学系を介した像面での照度を求めよう（**図 12.6**）。入射・射出瞳に到達する光束の量は，式 (12.6)，(12.8) を用いて次式で表せる。

$$\Phi_v = I_v d\Omega = L_v \cos\zeta d\Omega dA \tag{12.14}$$

ただし，I_v は光度，L_v は輝度，$d\Omega$ は対象部分から瞳に向かう光線束の立体角，ζ は光線が光軸となす角度，dA は対象部分の面積である。

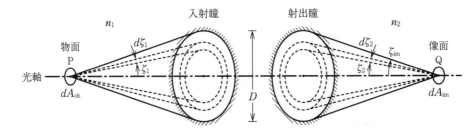

D：有効口径，ζ_{im}：像側で主光線が光軸となす角度，n_i：屈折率，ζ_i：光線が光軸となす角度，$d\zeta_i$：微小角，dA_{ob}, dA_{im}：物体と像の面積

図 12.6 光学系における像の照度

物体の輝度を L_{ob}，像の輝度を L_{im}，光学系における反射や吸収などに伴う強度透過率を $\mathcal{T}$ とすると，光束の総量が保存されて次式が満たされる。

$$L_{ob}\mathcal{T}\cos\zeta_1 d\Omega_1 dA_{ob} = L_{im}\cos\zeta_2 d\Omega_2 dA_{im} \tag{12.15}$$

ここで，dA_{ob} と dA_{im} はそれぞれ物体と像の面積とする。光学系より物側の屈折率を n_1，像側の屈折率を n_2 とする。物体と像が共役の場合，光線束に対してクラウジウス（Clausius）の関係式

$$n_1^2 \cos\zeta_1 d\Omega_1 dA_{ob} = n_2^2 \cos\zeta_2 d\Omega_2 dA_{im} \tag{12.16}$$

が成り立っている。

式 (12.15)，(12.16) の辺々を割った結果より，像側の輝度 L_{im} が

$$L_{\mathrm{im}} = L_{\mathrm{ob}} \mathscr{T} \left(\frac{n_2}{n_1} \right)^2 \tag{12.17}$$

で表せる。物側と像側の屈折率が等しく，光学系で損失がないとき，式 (12.17) より像の輝度 L_{im} が光源の輝度 L_{ob} と等しくなる，これは輝度不変の法則と呼ばれている。式 (12.17) は，光学系部分に輝度 L_{im} の仮想的な光源があると考えてよいことを意味する。

光束の式 (12.14) における立体角は，dA の中心を原点とした極座標 (r, ζ, ϕ) を用いて $d\Omega = rd\zeta \cdot r\sin\zeta \cdot d\phi / r^2 = \sin\zeta d\zeta d\phi$ で表せる。よって，輝度 L に対する像面の照度 E は

$$E_{\mathrm{im}} = \frac{d\Phi}{dA_{\mathrm{im}}} = L_{\mathrm{im}} \int \cos\zeta d\Omega = L_{\mathrm{im}} \iint \cos\zeta \sin\zeta d\zeta d\phi \tag{12.18}$$

で計算できる。主光線が像側で光軸となす角度を ζ_{im} とすると，上式に式 (12.17) を代入して，像面の照度が次式で表せる[1,10]。

$$E_{\mathrm{im}} = L_{\mathrm{ob}} \mathscr{T} \left(\frac{n_2}{n_1} \right)^2 \int_0^{\zeta_{\mathrm{im}}} \int_0^{2\pi} \cos\zeta \sin\zeta d\zeta d\phi = 2\pi \frac{L_{\mathrm{ob}}}{2} \mathscr{T} \left(\frac{n_2}{n_1} \right)^2 \int_0^{\zeta_{\mathrm{im}}} \sin 2\zeta d\zeta$$

$$= \pi \frac{L_{\mathrm{ob}}}{n_1^2} \mathscr{T} (n_2 \sin\zeta_{\mathrm{im}})^2 \tag{12.19}$$

式 (12.19) は，光学系における像面の明るさ，つまり照度 E_{im} を物体の輝度 L_{ob} や物体側の屈折率 n_1 と関係づけたものである（演習問題 12.2 参照）。

式 (12.19) に現れている，光線が光軸となす角度 ζ_{im} の最大値を ζ_{M} とおく。ζ_{M} の正弦と屈折率 n との積

$$NA \equiv n\sin\zeta_{\mathrm{M}} \tag{12.20}$$

で定義される値を **開口数**（**NA**：numerical aperture）と呼び，これは NA で表されることが多い。式 (12.19) は，像面での明るさが開口数の 2 乗に比例することを表す。開口数は光学系の明るさの目安となるだけでなく，空間分解能にも関係する（式 (12.37) 参照）。開口数は顕微鏡対物レンズや光ファイバでよく使用され，顕微鏡では物側の NA が用いられる。

次に，物体が無限遠にあるときの特性を調べるため，光学系を図 4.5 の薄肉レンズ（有効口径の直径 D，後側焦点距離 f）で考える。光軸との距離 $D/2$ の平行光線が無限遠（$s_1 = -\infty$）からレンズに入射するとする。後述する正弦条件の式 (12.25) を利用する際，そのままでは使えないので，両辺にレンズから物体までの距離 s_1 を掛けた後に極限をとると，次式を得る[1]。

$$\lim_{s_1 \to -\infty} s_1 \sin\zeta_{\mathrm{ob}} = \frac{D}{2}, \qquad \lim_{s_1 \to -\infty} s_1 \beta = \lim_{s_1 \to -\infty} s_1 \frac{s_2/n_2}{s_1/n_1} = \frac{n_1}{n_2} f \tag{12.21}$$

ただし，β は横倍率，s_2 はレンズから像までの距離である。式 (12.21) を式 (12.25) に適用すると，次式が成り立つ。

$$\frac{D}{2} = f\sin\zeta_{\mathrm{im}} \tag{12.22}$$

有効口径の焦点距離 f に対する比 D/f を口径比と呼ぶ。口径比の逆数

$$F \equiv \frac{f}{D} \tag{12.23}$$

で定義される値を **F 数**（F number）または F 値と呼ぶ。無限遠物体に対して，F 数と開口数は逆数関係にある。

無限遠物体に対する像面での照度 E_{im} は，式 (12.22)，(12.23) を式 (12.19) に代入して次式で表せる。

$$E_{im} = \frac{\pi L_{ob} \mathcal{T}}{4F^2} \left(\frac{n_2}{n_1} \right)^2 \tag{12.24}$$

これは，像面の明るさが F 数の 2 乗に反比例することを示す。よって，光学系は F 数が小さいほど明るくなる。

12.5 収　　差

光学系において物点から出てあらゆる方向に伝搬する光線が，像面で 1 点に集束することなく，広がったり歪んだりする像になることを**収差**（aberration）という。単色光の場合に生じる収差を単色収差と呼ぶ。これには記述法の違いにより光線収差と波面収差があるが，物理的実体は同じである。多色光の場合に波長の違いで生じる結像位置の違いを色収差という。

本節では，光学系による単色収差と色収差の要因と性質，および色消しレンズや収差の評価に関係する光線追跡を説明する。

12.5.1 光　線　収　差

近軸光線の下の結像理論では，光線が光軸となす角度を ζ で表すとき，$\sin\zeta \fallingdotseq \zeta$ を利用していた。周縁光線では，この近似からずれて収差を生じる。

レンズや反射鏡は球面で形成されることが多い。この場合，物点から出たすべての光線が一つの像点に集束するわけではなく，ずれた位置に到達する光線もある（4.1.1 項参照）。その結果，単一周波数の光であっても，ぼけた像となる。このような像の乱れを**単色収差**（monochromatic aberration）と呼ぶ。単色収差は光線収差と波面収差という異なる方法で表されるが，両収差は相互に変換が可能である。以下では光線収差と波面収差を順次説明する。

光学系での光線の通過域は開口絞りで制限され，光学系に対する入口と出口は入射瞳と射出瞳となる。光線収差では射出瞳面上で極座標 (ρ, ϕ) をとり，物点から出てここを通過する光線について，屈折面で光の屈折法則を適用するとき，$\sin\zeta \fallingdotseq \zeta - \zeta^3/3!$，$\cos\zeta \fallingdotseq 1 - \zeta^2/2!$ まで近似して，像面での結像位置を求める。像面で近軸像点と実際の像点位置とのずれで表すものを**光線収差**（ray aberration）という。

光線収差を系統的に分類すると 5 種類に分けることができ，研究者の名にちなんで**ザイデル**

12.5 収 差　175

（Seidel）**の５収差**，または３次項までの近似で得られているので**３次収差**とも呼ばれる。ザイデルの５収差には，球面収差，コマ収差，非点収差，像面湾曲，歪曲収差があるが，一般にはこれらが混在して現れる。ザイデルの５収差の概要を**表12.2**に示す。

表12.2　ザイデルの５収差の概要

	球面収差	コマ収差	非点収差	像面湾曲	歪曲収差
要因	光軸から離れた光線ほど，光学系透過後に軸上での像点が手前になる。	光軸より離れた物点の横倍率が，入射高に依存。	子午光線と球欠光線に対するレンズの曲率半径の違い。	入射高や像高が非ゼロのとき，子午・球欠光線が異なる位置に結像。	結像位置が像高の３乗に比例するため，光軸からの距離に依存。
特徴	光軸上の物体に対して生じる唯一の収差。近軸像面上でのぼけが開口の大きさに依存。	円形開口では一方向に尾をひいた彗星状，軸上物体に対しては生じない。	子午焦線と球欠焦線の間で光線束の断面の小さい最良像面が得られる。回転対称系ではなし。	子午光線と球欠光線が１点に結像するが，同一面上に結像しない。	像は鮮明。正方形が樽形や糸巻形になる，航空測量用では致命的。fθレンズに利用。
光学系への影響	球面収差は画面全体に影響を及ぼす。解像力に影響。	画質劣化への影響が大きい。光学系のコントラスト再現性や解像力に影響。	縦横の線の再現が異なるため，写真の画質劣化。開口の絞り込みでも変化なし。	ピント合わせで，中心部と周辺のいずれかがぼける。絞り込みで目立たなくなる。	画質の劣化はなし。開口の絞り込みでも変化なし。

　球面収差（spherical aberration）は射出瞳での光線の入射高に応じて決まる。球面収差は像高に依存しないので，他の収差と異なり，像面上のどこでも同量の収差を与える。これは軸上物体でも生じる唯一の収差である。開口径の増加に対して収差が急激に増えるので，開口を絞って球面収差を抑える。

　球面収差がある場合，レンズ透過後に，光軸に垂直に置いたスクリーンを，近軸像点近傍で光軸方向に移動させると，明るい円像が観測される。この像を錯乱円と呼び，錯乱円のうちで最も小さい円を最小錯乱円と呼ぶ（図12.2）。

　球面収差は球面反射鏡でも生じる（4.1.1項参照）。反射鏡で，光軸に平行に伝搬する周縁光線の光軸との距離 y_0 が大きくなるほど，球面で反射後に反射面から離れた位置で光軸と交わる（式（4.8）参照）。y_0 の値による集束位置のずれは，反射面が球面であることに起因しており，このずれを球面収差という。

　コマ収差（coma aberration）は，光軸から離れた物点の横倍率が，瞳への入射高に依存しているために生じている。円形開口のとき，点状の物体に対する収差が，開き角60°の尾をひいた彗星（coma）に似た形となるのが名前の由来である（**図12.7**（a））。コマ収差は軸上物体に対しては生じない。

　コマ収差は画質を著しく劣化させるので，カメラや顕微鏡など画面全体が重要な用途では，これの除去が不可欠である。コマ収差は横倍率の収差とみなせ，これを除去する条件はアッベの**正弦条件**（sine condition）と呼ばれ

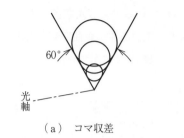

(a) コマ収差

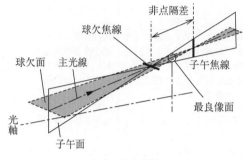

(b) 非点収差

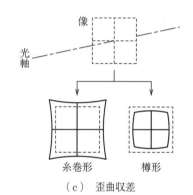

(c) 歪曲収差

いずれも光学系通過後の像部分を示す。図 (c) における破線は元の図形の正方形を示す

図12.7 単色収差の概略

$$\frac{n_1 \sin \zeta_{ob}}{n_2 \sin \zeta_{im}} = \beta \qquad (12.25)$$

で与えられる（付録 D 参照）。ただし，β は横倍率，n_1 (n_2) は物（像）側の屈折率，ζ_{ob} (ζ_{im}) は物（像）空間で光軸上から出る光線が光軸となす角度である。正弦条件はラグランジュ–ヘルムホルツの不変量の式 (11.23) を，近軸光線以外の一般の光線にも拡張した結果と解釈できる。

球面収差除去条件と正弦条件を合わせたものを**不遊条件**（aplanatic condition），不遊条件を満たす共役点を**不遊点**（aplanatic points）という（演習問題 12.3 参照）。不遊点結像では，球面波から球面への入射において無収差で結像できる。不遊点の性質は高倍率の顕微鏡における油浸対物レンズで使用されている。

球面収差とコマ収差を同時に除去している状態を**アプラナート**（Aplanat，ドイツ語）といい，これを実現したレンズを**不遊レンズ**または**アプラナートレンズ**という。これは高度な収差補正が必要な場合に使用される。

非点収差（astigmatism）は，子午面と球欠面に対するレンズの曲率半径の違いにより焦点距離が異なるため，光軸の奥行き方向での集束位置が異なって生じる（図 (b)）。これらの集束位置をそれぞれ子午焦線と球欠焦線といい，両焦線間の間隔を**非点隔差**（astigmatic difference）という。子午焦線と球欠焦線の間で光線束が最も小さい円形が得られ，そこを最良像面という。像が平面上では歪むが，湾曲面では鮮明となる場合を**像面湾曲**（field curvature）という。

歪曲収差（distortion）は，横倍率が像高に依存するために生じており，光軸から離れるほど歪が増加する。像は平面上で鮮明となるが，像の形状が歪む。例えば，正方形物体の像が糸巻形や樽形となる（図 (c)）。この収差は開口を絞ってもほとんど変化しない。歪曲収差は物体の形状を正確に反映しないので，測量のための航空写真用レンズでは致命的である。しかし，ビームの回転角と像面でのビームの移動距離を線形にする走査では，意図的に歪曲収差を

与えたレンズが必要となり，これを **fθ レンズ** と呼ぶ．

12.5.2 波面収差

収差のない光学系では，射出瞳を出た光は近軸像点 Q_0 に集束する（**図 12.8**）．このとき，近軸像点を中心として射出瞳の中心 C を通る波面 S_0 を球面（半径 R）で描くことができる．この球面を **参照球面** または参照波面と呼ぶ．光学系に収差がある場合，射出瞳を出た光は点 Q_0 と異なる像点 Q に到達し，これに対応する波面 S' は参照球面とずれている．波面 S' を **収差波面** と呼ぶ．

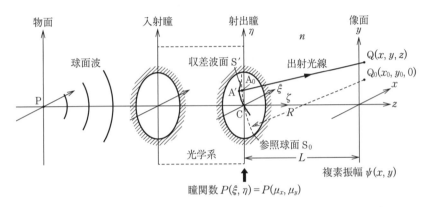

(ξ, η, ζ)：射出瞳座標，(x, y, z)：像面座標，C：射出瞳の中心，Q_0：近軸像点，
P：物点，Q：像点，n：像空間の屈折率，A'A_0：波面収差

図 12.8 波面収差と瞳関数

収差を評価するため，収差波面と参照球面を射出瞳の中心 C で一致させる．光学系からの出射光線と参照球面 S_0 との交点を $A_0(\xi, \eta, \zeta)$，収差波面 S' との交点を $A'(\xi', \eta', \zeta')$ と設定する．このとき，収差波面と参照球面のずれ A'A_0 を，光路長の形で示すものを **波面収差**（wavefront aberration）と呼ぶ．

物点を P とし，光路長を [ ] で表示すると，波面収差 W が次式で表せる．

$$W(\xi, \eta) = [\mathrm{A'A_0}] = [\mathrm{PA_0}] - [\mathrm{PA'}] \tag{12.26}$$

これを計算して求めると，波面収差 W は x, y 方向の光線収差 ε_x, ε_y と

$$\varepsilon_x = \frac{R}{n}\frac{\partial W}{\partial \xi}, \qquad \varepsilon_y = \frac{R}{n}\frac{\partial W}{\partial \eta} \tag{12.27}$$

で関係づけられる．ただし，n は像空間の屈折率である．一方，光線収差から波面収差を求める式は，式 (12.27) より次式で得られる．

$$W(\xi, \eta) = \frac{n}{R}\int \varepsilon_x d\xi + \frac{n}{R}\int \varepsilon_y d\eta \tag{12.28}$$

積分は射出瞳上で行う．光線収差と波面収差は相互に変換できる．

波面収差の利点は，光学系が縦続されているときの収差が，部分系での収差の寄与を相加し

178   12. 光学系に関する諸概念

て求められる点である。波面収差は高い結像性能をもつ光学系の評価に有用であり，光学伝達関数の計算でも使用される（12.7.2 項参照）。

12.5.3 色収差と色消しレンズ

光学系で使用される光学レンズの材料には，ガラスやプラスチックがよく用いられる。これらの屈折率は波長や温度に依存し，とりわけ屈折率分散への配慮はレーザなどの準単色光を除いて重要となる。上記レンズに多色光や白色光が入射すると，レンズの屈折面での屈折角が波長により異なるため，集束位置が光の波長によって異なる。このような要因による像の滲みを**色収差**（chromatic aberration）という。色収差は近軸光線でも発生する。

顕微鏡や望遠鏡など，広い波長範囲にわたって観測・撮像・録画する機器では，色収差の除去が必須となる。色収差を除去することを**色消し**（achromatic），色消しを実現したレンズを**色消しレンズ**（achromatic lens）という。

色収差の除去は球面単レンズではできないので，複数のレンズを使用する必要がある。一番簡単な 2 枚の球面レンズを使用して色消しレンズを設計する場合，①同一材料の 2 枚のレンズを有限間隔で配置する方法と，②分散特性の異なる 2 枚のレンズを密着させる方法がある。①としてラムスデンの接眼レンズとホイヘンスの接眼レンズがあるが，ここでは②のみを以下で紹介する。

第 i 球面レンズ（$i=1, 2$）の後側焦点距離を f'_i とすると，空気中にある薄肉密着レンズ（合成光学系）の焦点距離 f'_c は式（11.54）を利用して次式で書ける。

$$\frac{1}{f'_c} = \frac{1}{f'_1} + \frac{1}{f'_2} \tag{12.29}$$

球面単レンズの焦点距離はレンズ材料の屈折率に依存する（式（4.26），（6.13），（11.27）参照）。

そこで，波長の変化によるレンズの屈折率の変化を δn_i，焦点距離の変化を $\delta f'_i$ とする。このとき，式（12.29）を波長で微分すると，合成系の色収差 $\delta f'_c$ は

$$-\frac{\delta f'_c}{f'^2_c} = -\frac{\delta f'_1}{f'^2_1} - \frac{\delta f'_2}{f'^2_2} \tag{12.30}$$

を満たす。上式の右辺の分子は，屈折率分散を表す**アッベ数**（Abbe's number）

$$\nu_i = \frac{n_i - 1}{\delta n_i} \tag{12.31}$$

と関係づけられる。$\delta f'_i = -f'_i / \nu_i$ を式（12.30）に適用して，次式が得られる。

$$-\frac{\delta f'_c}{f'^2_c} = \frac{1}{f'_1 \nu_1} + \frac{1}{f'_2 \nu_2} \tag{12.32}$$

焦点距離の色消しを実現するためには，式（12.32）より，次式とすればよい。

$$\frac{1}{f'_1 \nu_1} + \frac{1}{f'_2 \nu_2} = 0 \tag{12.33}$$

色消し条件を満たす 2 枚の薄肉レンズの焦点距離 f'_i は，式（12.29）と式（12.33）を連立さ

せて解き，次式で表せる．

$$f'_1 = f'_c \frac{\nu_1 - \nu_2}{\nu_1}, \qquad f'_2 = -f'_c \frac{\nu_1 - \nu_2}{\nu_2} \tag{12.34a, b}$$

アッベ数は自然界の物質では常に正だから，色消しの実現には正と負のレンズの組み合わせが必須となる．合成系の焦点距離が f'_c （>0）で $\nu_1 > \nu_2$ ならば，物側の第1レンズを化学的に安定な低分散クラウンガラスの凸レンズ，第2レンズを高分散フリントガラスの凹レンズにすればよい（演習問題12.4参照）．

このようにして2枚のレンズを密着させて色消しを実現したレンズを**色消し二重レンズ**（achromatic doublet）または色消しダブレットと呼ぶ（**図12.9**）．このレンズでは，波長によって途中の光線経路が異なるが，色消し対象の2波長は焦点で一致する．可視光を対象とするときは，フラウンホーファー線のC線

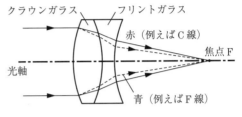

図12.9 色消し二重レンズ

（656.3 nm, 赤色）とF線（486.1 nm, 青色）の2波長に対して色消しを行う．

2波長に対して色消しを行い，かつアプラナートであることを**アクロマート**（achromat），これを実現したレンズを**アクロマートレンズ**（achromat lens）という．色消しが完全に実現できるのは設定した2波長だけであり，他の波長では色収差が残る．色収差をさらに抑えるためg線（435.8 nm, 青紫）も含めて，3波長で色消しを行うことを**超色消し**，そのレンズを**アポクロマートレンズ**（apochromat lens）という．

アッベ数は低分散ほど大きい値を示す（式（12.31）参照）．蛍石（CaF_2）はアッベ数が90以上と極度に低分散で，色収差を激減できるので重用される．

12.5.4 光線追跡

収差の除去は，カメラなど画像を対象とする光学機器の設計において必須である．収差を抑制するため，特性の異なる複数レンズの組み合わせや，非球面レンズが用いられる．収差を評価するのには，ザイデルの5収差やより高次の収差でも不十分である．

より高精度な収差評価をするのに**光線追跡**（ray tracing）が使用される．光線追跡では入射瞳面で面積を等分割して小区画を作り，一つの物点から出た光線が各小区画の中心を通過するようにする（**図12.10**（a））．屈折面で光の屈折法則を適用する際，子午光線とらせん光線の軌跡がコンピュータで厳密に計算される．追跡されたこれらの光線と像面との交点をスポットという．各スポット位置と近軸像点との距離が光線収差に相当する．

入射瞳面を通過するすべての光線について，像面でのスポット分布を描いた図形を**スポットダイアグラム**（spot diagram）という（図（b））．これから光線収差の様子を知ることができる．色収差の評価も必要なときは，フラウンホーファー線の3波長（C，F，d線）に対する

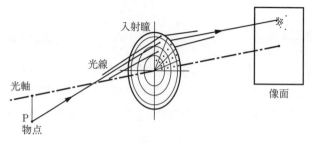
（a）光線追跡と入射瞳の分割

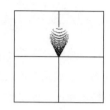
（b）スポットダイアグラムの例
（コマ収差が顕著な場合）

図 12.10 光線追跡とスポットダイアグラム

屈折率についても光線追跡を行う。

 12.6 光学系の空間分解能

物体情報を結像レンズなどの光学系を通して伝達するとき，物体の微細な情報がどの程度正確に伝達されているかを，定量的に評価するための指標として空間分解能や光学伝達関数があり，以下でこれらを説明する。

12.6.1 二つの円形開口からのフラウンホーファー回折像

離れた位置に2物体が近接してあるとき，それらが観察者から遠方にあれば2物体と認識できないが，近距離になると2物体と認識できるようになる。このように，2物体を識別できる物体間の最小距離や，観察者から見た2物体を挟む最小角度は，**分解能**（resolving power）や**解像度**と呼ばれる。

分解能を定義するため，二つの円形開口（直径 D，中心間隔 d）に，インコヒーレント光（波長 λ）が垂直入射するときの回折像を考える。この系の光軸を，二つの円形開口の中心を通り，この開口面に垂直な方向にとる。開口面と像面の間隔 L は開口に比べて十分大きい値とする。

インコヒーレント光では，別の円形開口を通過した光波とは干渉しない。よって，この系の回折像光強度は，単一円形開口での回折像光強度の式（9.58）で，像面での半径座標 r_im を $-d/2$ と $d/2$ だけずらした結果の重ね合わせとなり

$$I(r_\mathrm{im}) = \left(\frac{\pi D^2}{4}\right)^2 \left\{ \left[\frac{2J_1(R_\mathrm{N}-R_d)}{R_\mathrm{N}-R_d}\right]^2 + \left[\frac{2J_1(R_\mathrm{N}+R_d)}{R_\mathrm{N}+R_d}\right]^2 \right\} \tag{12.35}$$

$$R_\mathrm{N} \equiv \frac{\pi D r_\mathrm{im}}{\lambda L}, \qquad R_d \equiv \frac{\pi D d}{2\lambda L} \tag{12.36a, b}$$

で表せる。ただし，R_N は規格化半径，R_d は円形開口の光軸からのずれ量の規格値，J_1 は第1種1次ベッセル関数である。

上記の回折像光強度分布で，一方の円形開口のみを通過した光波による光強度が，最初にゼ

ロ（第1暗線）となる半径は，エアリーの円盤での半径と同じく，式 (9.59) の ε_A で得られる。

12.6.2 レイリーの分解能

物体から出る回折像は近軸像点を中心として広がるため，二つの円形開口による回折像の重なり具合は中心間隔 d により変化する。**図 12.11** は式 (12.35) の光強度を，$\varepsilon \equiv$ 近軸像点間隔/ε_A をパラメータとして描いたものである。

二つの円形開口が近接した $\varepsilon = 0.5$ の場合，像面での光強度が重なって一つの山となり，元の円形開口が二つあると認識できない。$\varepsilon = 2$ の場合は，二つの回折像の暗線位置が中央で一致しているため，二つの山が完全に分離されている。

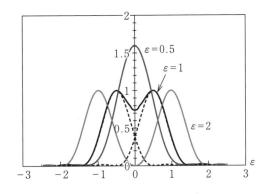

横軸は $\varepsilon =$ 近軸像点間隔/ε_A を単位とする（ε_A はエアリーの円盤半径）。破線は $\varepsilon = 1$ での個別円形開口による光強度分布

図 12.11 レイリーの分解能

しかし，ここまで離さなくても山が二つあることは判別できるはずである。

$\varepsilon = 1$，つまり一方の山の極大値位置が他方の山の第1暗線に一致する場合は（図中の破線参照），像面で二つの山が分離されて，元の円形開口が二つあると明確に判別できる。この状態を分解能の判定基準とするものを**レイリーの分解能**（Rayleigh's criterion for resolution）と呼ぶ。ちなみにこのとき，両回折光による中央の窪みでの光強度は，両近軸像点での極大値の約 74 % である。

レイリーの分解能における像点の中心間隔は，式 (12.36) より

$$\Delta r = \begin{cases} 1.22 \lambda L/D & :\text{距離 } L \text{ 離れた場合} \\ 1.22 \lambda f/D = 0.61 \lambda / NA & :\text{無収差レンズ（焦点距離 } f\text{）} \end{cases} \quad (12.37)$$

で表せる。式 (12.37) は円形開口に対する結果であり，方形に対しては比例係数を 1 とすればよい。式 (12.37) の下側は開口直後に無収差レンズを用いる場合の結果であり，開口数 NA が大きいほど分解能が上がることを示す。

式 (12.37) における Δr は**空間分解能**（spatial resolution）と呼ばれる。$\Delta r \ll L$ として，像が開口に対して張る角度で見積もると，次式を得る。

$$\Delta \theta = \frac{\Delta r}{L} = 1.22 \frac{\lambda}{D} \quad (12.38)$$

式 (12.38) を**角度分解能**（angular resolution）と呼ぶ。これは，例えば望遠鏡（対物レンズの有効直径 D）で観測する二つの星に対する実視角 $\Delta \theta$ で使える。

レイリーの分解能は，回折現象を基礎におき回折像の第1暗線を評価基準としているため，物理的意味が明確である。レイリーの分解能は，収差がほとんどない光学系に対して適用でき

るだけであるが，一般的によく用いられる．

12.7　光学伝達関数（OTF）

光学機器の高性能化や縦続化などの進展に伴い，物体の微細構造を評価するのにレイリーの分解能では限界があり，より定量的に測定する必要に迫られるようになった．この目的のために光学伝達関数が用いられる．

光学伝達関数（**OTF**：optical transfer function）は，正弦波状チャートに対する像のコントラストと位相の変化を，2次元の空間周波数 $\boldsymbol{\mu} \equiv (\mu_x, \mu_y)$ の関数として表すもので，$H(\boldsymbol{\mu})$ で表される．**空間周波数**（spatial frequency）は，空間情報の微細さを測る尺度として用いられ，単位長さ当りに含まれる同一幅の白黒の縞の対数を指す．空間周波数の単位は〔線対/mm〕（〔line pairs/mm〕）で，これが高いほど，細かい空間情報を含んでいることを意味する．

12.7.1　光学伝達関数の点像分布関数による記述：インコヒーレント結像

光学伝達関数を説明する手始めとして，物体から出た光波が光学系を介して像面上に像を結ぶ場合を考える（**図 12.12**）．これは電気系における時間 t に対する系の応答である伝達関数を，2次元に拡張して扱える．光軸を原点として物面座標を $\boldsymbol{u} \equiv (\xi, \eta)$，像面座標を $\boldsymbol{x} \equiv (x, y)$ の2次元で表示する．インコヒーレント結像では異なる物点から来る光波は干渉しないので，すべて強度で表示し，物面での物体の強度透過率を $f(\boldsymbol{u})$，像の光強度を $g(\boldsymbol{x})$ とおく．

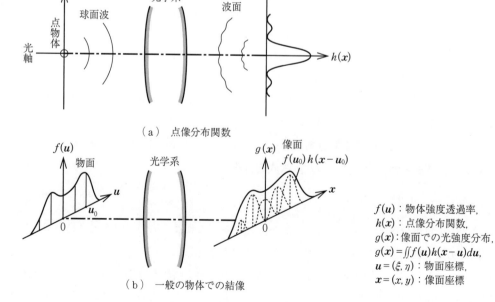

図 12.12　光学伝達関数（OTF）に関係する関数

12.7 光学伝達関数（OTF） 183

　物面上の 1 点 (ξ, η) から出た光波により，光学系を介して像面上にできる像は，近軸光線の範囲内では点像となる。しかし，回折やレンズの収差などの影響により，像面上では有限の広がりをもつ。このような，点状物体に対する回折広がりなどを考慮した像面での強度分布を**点像分布関数**（point spread function）と呼び，$h(\boldsymbol{x})$ で表す（図 12.12（a））。

　物面と像面間の間隔 L が，物面と像面での分布域に比べて十分に大きい場合，物点 $\boldsymbol{u}$ と像点 $\boldsymbol{x}$ の光軸に垂直な方向のずれは相対値 $\boldsymbol{x} - \boldsymbol{u}$ で近似でき，収差が光学系全体で一様とみなせる。物体の透過強度と像の強度が比例するものとすると，異なる光強度レベルも含めて，同一の点像分布関数 $h(\boldsymbol{x})$ が使える。

　物面上の特定の点 $\boldsymbol{u}_0$ が像面上の点 $\boldsymbol{x}$ に及ぼす光強度は $f(\boldsymbol{u}_0)h(\boldsymbol{x} - \boldsymbol{u}_0)$ で書ける。よって，像面上での光強度分布 $g(\boldsymbol{x})$ は，物面全体で積分して，次式で表せる（図（b））。

$$g(\boldsymbol{x}) \equiv f(\boldsymbol{u}) * h(\boldsymbol{x}) = \iint_{-\infty}^{\infty} f(\boldsymbol{u})h(\boldsymbol{x} - \boldsymbol{u})d\boldsymbol{u} \quad \text{（2 次元積分）} \tag{12.39}$$

ここで，$*$ は畳み込み積分を表す演算記号であり，物体が分布していない領域では $f(\boldsymbol{u}) = 0$ とする。式（12.39）は，像面での光強度分布 $g(\boldsymbol{x})$ が，物体の強度透過率 $f(\boldsymbol{u})$ と点像分布関数 $h(\boldsymbol{x})$ に関する畳み込み積分で得られることを表す。

　畳み込み積分の式（12.39）の両辺をフーリエ変換すると，次のように書ける。

$$\mathcal{F}[g(\boldsymbol{x})] = \mathcal{F}[f(\boldsymbol{u}) * h(\boldsymbol{x})] = \mathcal{F}[f(\boldsymbol{u})]\mathcal{F}[h(\boldsymbol{x})] \tag{12.40}$$

$$\tilde{q}(\boldsymbol{\mu}) \equiv \mathcal{F}[q(\boldsymbol{x})] = \iint_{-\infty}^{\infty} q(\boldsymbol{x})\exp[-i2\pi(\boldsymbol{x} \cdot \boldsymbol{\mu})]d\boldsymbol{x} \quad (q = f, g, h) \tag{12.41}$$

$$(\boldsymbol{x} \cdot \boldsymbol{\mu}) = x\mu_x + y\mu_y \tag{12.42}$$

ただし，$\mathcal{F}$ は 2 次元フーリエ変換を施すこと，$\sim$ を冠した値はフーリエ変換された値，$(\boldsymbol{x} \cdot \boldsymbol{\mu})$ はスカラー積を表す。

　式（12.40）より，点像分布関数のフーリエ変換が次式で表せる。

$$\tilde{h}(\boldsymbol{\mu}) = \frac{\tilde{g}(\boldsymbol{\mu})}{\tilde{f}(\boldsymbol{\mu})} = \iint_{-\infty}^{\infty} h(\boldsymbol{x})\exp[-i2\pi(\boldsymbol{x} \cdot \boldsymbol{\mu})]d\boldsymbol{x} \tag{12.43}$$

式（12.43）は像の光強度の物体透過率に対する比を，空間周波数 $\boldsymbol{\mu} \equiv (\mu_x, \mu_y)$ の関数として表したものであり，光学伝達関数の定義そのものである。これは，光学伝達関数が点像分布関数 $h(\boldsymbol{x})$ のフーリエ変換で表せることを示す。

　式（12.43）での光学伝達関数は，$\boldsymbol{0} = (0, 0)$ 周波数での値で規格化すると

$$H(\boldsymbol{\mu}) = \frac{\tilde{h}(\boldsymbol{\mu})}{\tilde{h}(\boldsymbol{0})} = |M(\boldsymbol{\mu})|\exp[i\phi(\boldsymbol{\mu})] \tag{12.44}$$

で表せる。ここで，$|M(\boldsymbol{\mu})|$ は**変調伝達関数**（MTF：modulation transfer function）と呼ばれ，入・出力像のコントラストの変化を表す。位相ずれ ϕ を含む指数関数部分は**位相伝達関数**（PTF：phase transfer function）と呼ばれ，入・出力像での空間ずれを表す。実際には，MTF単独で用いられることが多い。

　大きな収差のある結像では，光学伝達関数の値が負になることがあり得る。この負は，白黒

184   12. 光学系に関する諸概念

のパターンが反転していることを表す。

物体から最終的な像に至るまでに多くの像変換システムが縦続されている場合，システム全体の光学伝達関数は個別システムでの光学伝達関数の積で求めることができる。

12.7.2 光学伝達関数の瞳関数による記述：インコヒーレント結像

光学伝達関数を式 (12.43) から求めるには，一般に多くの労力を伴う（例題 12.2 参照）。そこで，もう少し楽に光学伝達関数を求める方法を説明する。

式 (12.43) 内にある点像分布関数には，光学系の収差の影響が含まれている。光学系における波面収差を $W(\xi, \eta)$ で表すとき（12.5.2 項参照）

$$P(\xi, \eta) = T(\xi, \eta)\exp[-ikW(\xi, \eta)] \tag{12.45}$$

で定義される関数を**瞳関数**（pupil function）と呼ぶ（図 12.8）。ただし，$T(\xi, \eta)$ は射出瞳での振幅透過率，k は像空間での光の波数を表す。

像面での複素振幅 $\psi(\boldsymbol{x})$ は，瞳関数のフーリエ成分 $P(\boldsymbol{\mu})$ を用いて

$$\psi(\boldsymbol{x}) = \iint_{-\infty}^{\infty} P(\boldsymbol{\mu})\exp[i2\pi(\boldsymbol{x}\cdot\boldsymbol{\mu})]d\boldsymbol{\mu} \tag{12.46a}$$

$$\boldsymbol{\mu} = (\mu_x, \mu_y) = \left(\frac{\xi}{\lambda R}, \frac{\eta}{\lambda R}\right) \tag{12.46b}$$

で記述できる。ここで，R は収差を評価する際の参照球面の曲率半径である。

点像分布関数は $h(\boldsymbol{x}) = |\psi(\boldsymbol{x})|^2$ で書ける。これを式 (12.43) に代入し，絶対値の 2 乗部分を分けて積分順序を変えた後，デルタ関数の定義を利用して

$$\tilde{h}(\boldsymbol{\mu}) = \iint_{-\infty}^{\infty} P(\boldsymbol{\mu}_1)P^*(\boldsymbol{\mu}_1 - \boldsymbol{\mu})d\boldsymbol{\mu}_1 \tag{12.47}$$

が導かれる。式 (12.47) は，光学伝達関数が点像分布関数を使わずに，瞳関数の自己相関関数で表せることを示す。上式でずれ量を相対的に $\boldsymbol{\mu}/2$ ずらすと，次式でも書ける。

$$\tilde{h}(\boldsymbol{\mu}) = \iint_{-\infty}^{\infty} P\left(\boldsymbol{\mu}_1 + \frac{\boldsymbol{\mu}}{2}\right)P^*\left(\boldsymbol{\mu}_1 - \frac{\boldsymbol{\mu}}{2}\right)d\boldsymbol{\mu}_1 \tag{12.48}$$

式 (12.48) は，光学伝達関数が瞳関数 $P(\boldsymbol{\mu})$ の中心を，空間周波数に対応して同量ずつ逆方向にずらした図形の重なり部分の面積から求められることを示しており，幾何学的意味が明確である。ずらす量が空間周波数に対応しているから，インコヒーレント結像での光学伝達関数は，高周波ほどその値が低下することが直ちに分かる。

ここで，式 (12.48) の物理的意味を述べる。平面波が開口に垂直入射すると，回折次数に応じて，光軸からずれた方向に伝搬する成分が生じる。±1 次回折光は光軸に対して逆方向に同量分ずれる（**図 12.13**）。このときの回折角を θ_{dif} で表すと，これは振幅における空間周波数成分 μ と $\tan\theta_{\mathrm{dif}} = \pm\lambda\mu$ で関係づけられる。

この考えを射出瞳にも適用する。射出瞳から出て ±1 次回折光が現れる像面での実座標 x と，射出瞳での実座標 ξ は，射出瞳での空間周波数の式 (12.46b) を利用すると

12.7 光学伝達関数（OTF）

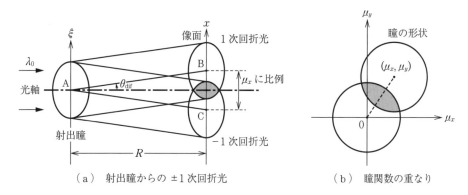

（a）射出瞳からの±1次回折光 　　（b）瞳関数の重なり

θ_{dif}：回折角，μ_x, μ_y：空間周波数

図 12.13 光学伝達関数と瞳関数の対応関係（インコヒーレント結像）

$$x = R\tan\theta_{\text{dif}} = \pm R\lambda\mu = \xi \tag{12.49}$$

で関係づけられる。これは，±1次回折光の像面での実座標 x と射出瞳での実座標 ξ が一致することを示す。つまり，射出瞳上で測る，回折による光波の横方向ずれ量そのものが，式（12.48）におけるずれ量 μ に一致する。

12.7.3 インコヒーレント結像での光学伝達関数の数値例

一例として，インコヒーレント光（波長 λ）が円形（直径 D）の射出瞳に入射する場合を考える。このときの瞳関数 $P(\mu_x, \mu_y)$ を，開口の後方の距離 L でのフラウンホーファー回折の式（9.57a）における第1暗線の位置で評価すると

$$P(\mu_x, \mu_y) = \begin{cases} T(\mu_x, \mu_y)\exp[-ikW(\mu_x, \mu_y)] & : \mu_x^2 + \mu_y^2 \leq D_N^2 \\ 0 & : \mu_x^2 + \mu_y^2 \geq D_N^2 \end{cases} \tag{12.50a}$$

$$D_N \equiv \frac{D}{2\lambda L} \tag{12.50b}$$

と書ける。ただし，μ_x, μ_y は瞳関数の空間周波数，D_N は規格化した開口径を表す。無収差の場合，振幅透過率を $T(\mu_x, \mu_y) = 1$，波面収差を $W(\mu_x, \mu_y) = 0$ とおける。光学系がレンズ（焦点距離 f，F数 F）で射出瞳が直径 D の円の場合，上記の式で L を f に置換すればよい。

光学伝達関数を式（12.50）に関して求め，$\tilde{h}(0, 0)$ で規格化すると

$$H(\mu_x, 0) = \begin{cases} 1 - \dfrac{\mu_x}{2\pi}\sqrt{4 - \mu_x^2} - \dfrac{2}{\pi}\sin^{-1}\left(\dfrac{\mu_x}{2}\right) & : 0 \leq \mu_x \leq 2 \\ 0 & : \mu_x \geq 2 \end{cases} \tag{12.51}$$

が得られる。式（12.51）では $H(0, 0) = 1$，$H(1, 0) = 0.391$，$H(2, 0) = 0$ である（**図 12.14**）。光学系を通過できる最大周波数を**限界周波数**（cut-off frequency）または**遮断周波数**と呼ぶ。これを μ_c で書くと，式（12.50）に対する限界周波数は

$$\mu_c = 2D_N = \frac{D}{\lambda L} \tag{12.52}$$

186   12. 光学系に関する諸概念

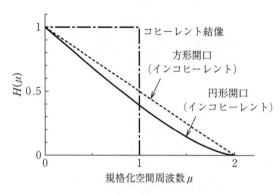

横軸の単位は $D_N=D/2\lambda L$, D：開口幅, L：開口面と像面の間隔, λ：光波の波長

図12.14 各種開口による光学伝達関数

で書ける。式(12.52)での値は，式(12.37)で示したレイリーの分解能に反比例している。つまり，光学伝達関数は古典的なレイリーの分解能を，より定量的に評価できるように拡張した概念といえる。

【例題12.2】 一辺の長さが D の正方形開口の直後に凸レンズ（焦点距離 f）を設置するとき，焦点面で得られる光学伝達関数について次の問に答えよ。ただし，ずれは x 方向のみとせよ。

（1） 式(12.43)における点像分布関数としてフラウンホーファー回折の式(9.46)を援用して，光学伝達関数を求めよ。計算では，フーリエ変換が
$$F(y)=\frac{1}{\sqrt{2\pi}}\int_{-\infty}^{\infty}f(x)\exp(ixy)dx$$
で定義されるとき
$$f(x)=\frac{\sin^2 x}{x^2} \text{ に対して } F(y)=\begin{cases} \sqrt{\pi/2}(1-|y|/2) & :|y|\leq 2 \\ 0 & :|y|\geq 2 \end{cases}$$
となることを利用せよ。

（2） 光学伝達関数を式(12.48)の定義に基づき無収差として求め，（1）の結果と一致することを確認せよ。

［解］（1） 式(9.46)における L を f に置換した結果を式(12.43)に代入して
$$\tilde{h}(\mu)=\int_{-\infty}^{\infty}\left[\frac{\sin(\pi Dx/\lambda f)}{\pi Dx/\lambda f}\right]^2\exp(-i2\pi x\mu)dx \quad \cdots ①$$
を得る。ここで，μ は空間周波数である。$q=\pi Dx/\lambda f$ と変数変換すると
$$\tilde{h}(\mu)=\frac{\lambda f}{\pi D}\int_{-\infty}^{\infty}\left(\frac{\sin q}{q}\right)^2\exp(-iqy)dq, \qquad y\equiv 2\pi\mu\frac{\lambda f}{\pi D} \quad \cdots ②$$
と書ける。与えられた公式を適用して，$\tilde{h}(\mu)=(\lambda f/D)[1-(\lambda f/D)|\mu|]$ を得る。求める光学伝達関数 $H(\mu)$ は，式(12.44)を用いて次式で表せる。
$$H(\mu)=\frac{\tilde{h}(\mu)}{\tilde{h}(0)}=1-\frac{\lambda f}{D}|\mu| \quad \cdots ③$$

（2） 式(12.48)の瞳関数から光学伝達関数を計算する場合，図形の重なり部分の面積を求める。重なり部分の面積がずれ量に対して単純に比例して減少するから，限界周波数は $\mu_c=D/\lambda f$ となり，上記式③と同じ結果を得る。このほうが（1）よりも，はるかに簡単に導けることが理解できる。■

12.7.4 コヒーレント結像での光学伝達関数

同一光源から出た光波が物体の異なる点に到達した後，別の位置で再び重なり合わせて結像させるとき，干渉する場合をコヒーレント結像という。コヒーレント結像では，インコヒーレ

ント結像と異なり，回折された光波などを含めて途中ではすべて複素振幅で扱い，最終的に記録や観測する像面で，複素振幅の絶対値の2乗をとって光強度を求める。

コヒーレント結像の場合，複素振幅での関数であることを示すために添え字aを用い，物面の振幅透過率を$f_a(\boldsymbol{u})$，点像分布関数を$h_a(\boldsymbol{x})$，像面での複素振幅を$g_a(\boldsymbol{x})$とおく。このとき，式(12.39)，(12.40)，(12.43)などにおける関数をすべて複素振幅のものに置き換えると，形式的に同じ式が成り立つ。式(12.43)をフーリエ逆変換すると，次式が書ける。

$$h_a(\boldsymbol{x}) = \iint_{-\infty}^{\infty} \widetilde{h}_a(\boldsymbol{\mu}) \exp[i2\pi(\boldsymbol{x}\cdot\boldsymbol{\mu})] d\boldsymbol{\mu} \tag{12.53}$$

もともと複素振幅で記述されている瞳関数を$P(\boldsymbol{\mu})$で表すと，この瞳関数に対する像面での複素振幅$\psi(\boldsymbol{x})$が点像の複素振幅分布に一致することより

$$h_a(\boldsymbol{x}) = \iint_{-\infty}^{\infty} P(\boldsymbol{\mu}) \exp[i2\pi(\boldsymbol{x}\cdot\boldsymbol{\mu})] d\boldsymbol{\mu} \tag{12.54}$$

が成り立つ。式(12.53)，(12.54)を比較することにより

$$\widetilde{h}_a(\boldsymbol{\mu}) = P(\boldsymbol{\mu}) \tag{12.55}$$

が得られ，コヒーレント結像での光学伝達関数$H_a(\boldsymbol{\mu})$が次式で表せる。

$$H_a(\boldsymbol{\mu}) = \frac{\widetilde{h}_a(\boldsymbol{\mu})}{\widetilde{h}_a(0)} = \frac{P(\boldsymbol{\mu})}{P(0)}, \qquad \boldsymbol{\mu} = (\mu_x, \mu_y) \tag{12.56}$$

これは，コヒーレント結像では光学伝達関数が瞳関数に一致することを示す。

コヒーレント結像では，射出瞳での透過率が1で無収差の場合，光学伝達関数$H_a(\boldsymbol{\mu})$は$0 \leq \mu_x \leq 1$で常に$H_a(\boldsymbol{\mu}) = 1$となる（図12.14）。これは，インコヒーレント結像での帯域はコヒーレント結像での2倍あるが，高周波になるほど減少しているのと対照的である。

コヒーレント結像では干渉することによる欠点もある。物体の各部分から生じる不要な散乱光も像面で干渉してしまうため，これは斑点状のスペックル雑音となり，光学系の空間分解能を著しく低下させる。

演 習 問 題

12.1 物体が空気中で薄肉凸レンズ（焦点距離：f，F数$=2$）の前方$8f$にある。錯乱円の半径が$f/1000$まで許容されるとき，焦点深度をfのみで表せ。

12.2 空気中に薄肉凸レンズ（焦点距離$f=20$ cm，有効直径$D=4$ cm，屈折率1.5）がある。凸レンズの前方100 cmの光軸上に，半径1 cm，光度10 cdの円形の完全拡散面光源が光軸に垂直に設置されている。このとき，像面における照度を次の手順で求めよ。
 （1） 像の位置と像側から見た開口数を求めよ。
 （2） 光源の輝度を求めよ。
 （3） レンズは湾曲しているが，平面と仮定してレンズでの強度透過率を求めよ。ただし，吸収や散乱がないものとする。
 （4） 凸レンズを用いた場合の像面における照度を求めよ。
 （5） レンズを用いない場合，上記配置における像面での照度を求めよ。

12.3 曲率半径R（>0），曲率中心Oの球面があり，球面外・内の屈折率をそれぞれn_1，n_2とする

（図 12.15）。光軸上で点 O から距離 $(n_2/n_1)R$ の点を P，距離 $(n_1/n_2)R$ の点を Q とおく。点 P を中心とした球面外の波面を Σ とし，Σ 上の任意の点 B から点 P へ向かう光線と球面との交点を A とする。このとき，光線 BAQ に関する次の問に答えよ。

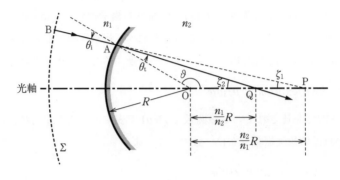

図 12.15

(1) 光線 BAQ は光の屈折法則を満たすことを示せ。
(2) Σ 上の任意の点 B から点 P に向かって入射する光線は，屈折後に必ず点 Q を通過することを示せ。
(3) 光線 BAQ は正弦条件を満たすことを示せ。

上記（2）は球面収差除去条件であり，（3）と合わせると，上記 2 点 P，Q は球面に関しての不遊点である。

12.4 空気中で使用する色消し二重レンズを，第 1 レンズのクラウンガラス（$n_1=1.52$，アッベ数 $\nu_1=59$）と第 2 レンズのフリントガラス（$n_2=1.62$，$\nu_2=37$）を貼り合わせて作製する場合，以下の問に答えよ。ただし，薄肉レンズ近似を用いよ。
(1) 合成光学系の焦点距離を 100 cm にする場合，各レンズの焦点距離を求めよ。
(2) これを実現するために必要な，第 1 レンズの第 1 球面の曲率半径に対する拘束条件を求めよ。
(3) 第 1 レンズの第 1 球面の曲率半径を 28 cm とするとき，第 2 レンズの第 1・第 2 球面の曲率半径を求めよ。

12.5 無収差の写真レンズに関する次の問に答えよ。
(1) 正弦条件が満たされた写真レンズを用いる場合，F 数の限界値を求めよ。
(2) F 数 2.0 の写真レンズを用いて遠方の物体を観測するとき，波長 500 nm の光に対する分解能を求めよ。
(3) 上記写真レンズを同じ波長で用いるとき，濃淡チャートに対する光学伝達関数の遮断周波数を求めよ。

12.6 射出瞳面に幅 D，中心間隔 d の二つの透過部をもつ短冊がある。これに対する，コヒーレント結像とインコヒーレント結像による光学伝達関数を求め，図示せよ。ただし，$d>D$ とする。

13章 電磁波の特性

本章では光を含む電磁波の理論的解析に関係する内容を説明する。13.1 節では媒質中も含めた電磁波の振る舞いを記述する，マクスウェル方程式と構成方程式を，13.2 節では無損失・等方性物質における波動方程式を説明する。13.3 節では電磁波を形成する電磁界と伝搬方向を関係づける式を，13.4 節では電磁波エネルギーの伝搬に関係するポインティングベクトルとエネルギー定理を説明する。最後の 13.5 節では屈折率が不連続となっている境界面において，電磁界成分の接続条件を決める境界条件を説明する。

13.1 媒質中のマクスウェル方程式と構成方程式

光波や X 線，電波は電磁波の一種であり，その特性は電磁気学の基本式であるマクスウェル方程式を用いて解析できる。**マクスウェル方程式**（Maxwell's equations）は，媒質中での特性も含めると次式で表すことができる。

$$\mathrm{rot}\,\boldsymbol{E} = \nabla \times \boldsymbol{E} = -\frac{\partial \boldsymbol{B}}{\partial t} \quad : \text{ファラデーの電磁誘導法則} \tag{13.1a}$$

$$\mathrm{rot}\,\boldsymbol{H} = \nabla \times \boldsymbol{H} = \frac{\partial \boldsymbol{D}}{\partial t} + \boldsymbol{J} \quad : \text{アンペールの法則} \tag{13.1b}$$

$$\mathrm{div}\,\boldsymbol{D} = \nabla \cdot \boldsymbol{D} = \rho \quad : \text{電束に関するガウスの法則} \tag{13.1c}$$

$$\mathrm{div}\,\boldsymbol{B} = \nabla \cdot \boldsymbol{B} = 0 \quad : \text{磁束に関するガウスの法則} \tag{13.1d}$$

SI（国際単位系）のもとで，$\boldsymbol{E}$ 〔V/m〕は電界，$\boldsymbol{H}$ 〔A/m〕は磁界，$\boldsymbol{D}$ 〔C/m^2〕は電束密度，$\boldsymbol{B}$ 〔T=Wb/m^2：テスラ〕は磁束密度，$\boldsymbol{J}$ 〔A/m^2〕は電流密度，ρ 〔C/m^3〕は電荷密度を表す。また，×はベクトル積，・はスカラー積を表す。

電荷の移動が電流となるから，電流密度 $\boldsymbol{J}$ と電荷密度 ρ は不可分であり，これらは次の**連続の方程式**（equation of continuity）を満たす。

$$\frac{\partial \rho}{\partial t} + \mathrm{div}\,\boldsymbol{J} = 0 \tag{13.2}$$

式 (13.2) は**電荷保存則**を表し，任意の閉曲面から流入出する電流が，その内部での電荷の増加・減少量に等しいことを示す。

電界の時空間的な変化は，式 (13.1a, b) により磁束や磁界の変化を誘起し，さらに磁界の変化が電束や電界の変化を引き起こす。このように，電界と磁界が相互に新たな成分を誘起しな

がら伝搬する波動が生まれる。この波動を**電磁波**（electromagnetic wave）と呼ぶ。

電流密度Jは吸収による損失の要因となる。本書では媒質を無損失として扱うので，$J=0$として議論する。

電磁波が物質に入射すると，巨視的には誘電体中で電気分極P〔C/m²〕を，磁性体中で磁化M〔T〕を発生させる。媒質中を伝搬する電磁波では，これらは電束密度Dや磁束密度Bに寄与し，次式で表せる。

$$D \equiv \varepsilon_0 E + P \tag{13.3a}$$

$$B \equiv \mu_0 H + M \tag{13.4a}$$

ここで，ε_0は真空の誘電率，μ_0は真空の透磁率であり，これらは

$$\varepsilon_0 = 8.854\,188 \times 10^{-12}\,\mathrm{F/m}\ (=10^7/4\pi c^2) \tag{13.5}$$

$$\mu_0 = 1.256\,637 \times 10^{-6}\,\mathrm{H/m}\ (=4\pi \times 10^{-7}) \tag{13.6}$$

で定義されている。ただし，cは真空中の光速である。

電界Eや磁界Hがそれほど大きくなく，電気分極Pと磁化MがそれぞれEとHに比例しているとき，$P=\chi_\mathrm{e}\varepsilon_0 E$，$M=\chi_\mathrm{m}\mu_0 H$（$\chi_\mathrm{e}$：電気感受率，$\chi_\mathrm{m}$：磁化率）で書ける。これらを式(13.3a)，(13.4a)に代入すると，電束密度Dと磁束密度Bが次式で表せる。

$$D \equiv \varepsilon \varepsilon_0 E, \quad \varepsilon = 1 + \chi_\mathrm{e} \tag{13.3b}$$

$$B \equiv \mu \mu_0 H, \quad \mu = 1 + \chi_\mathrm{m} \tag{13.4b}$$

ここで，εは媒質の**比誘電率**（relative dielectric permittivity），μは媒質の**比透磁率**（relative magnetic permeability）と呼ばれる。εとμは真空での値に対する相対比を表し，等方性物質ではスカラーとなる。光学では，屈折率nが式(1.3)に示すように，比誘電率εと比透磁率μで表せるので，これらがよく用いられる。

比誘電率εと比透磁率μの値は，真空では$\varepsilon = \mu = 1$である。物質中ではεとμは分極機構で決まり，一般に角周波数に依存する。光の領域で磁性体以外の自然界の物質を対象とする場合，物質の構成単位であるボーア半径が可視光の波長に比べて約4桁小さいので，比透磁率を実質的に$\mu = 1.0$，つまり非磁性としても差し支えない。

電磁界と物質との関係を表す式(13.3)，(13.4)は**構成方程式**（constitutive equations）または物質方程式と呼ばれる。媒質中における電磁波の特性は，マクスウェル方程式と構成方程式を連立させて解き求めることができる。

 ## 13.2　無損失・等方性物質での波動方程式

本節では，無損失・等方性物質中における3次元波動方程式を導く。式(13.3b)，(13.4b)における比誘電率εと比透磁率μがともに時間的変化をもたず，空間的に緩やかに変化（εとμの1波長当りの変化が微小）しているとする。

13.2 無損失・等方性物質での波動方程式 191

マクスウェル方程式 (13.1a) を比透磁率 μ で割った後に両辺の $\nabla\times$ をとった式と，式 (13.1b) の両辺を t で偏微分した式が

$$\nabla\times\left[\frac{1}{\mu}\left(\nabla\times E\right)\right]=-\mu_0\nabla\times\frac{\partial H}{\partial t}, \qquad \nabla\times\frac{\partial H}{\partial t}=\varepsilon\varepsilon_0\frac{\partial^2 E}{\partial t^2} \tag{13.7a, b}$$

で書ける。上記第 2 式を第 1 式の右辺に代入して H を消去すると

$$\mathrm{rot}\left(\frac{1}{\mu}\,\mathrm{rot}\,E\right)=-\varepsilon\varepsilon_0\mu_0\frac{\partial^2 E}{\partial t^2} \tag{13.8}$$

が得られる。式 (13.8) の左辺でベクトル演算 $\mathrm{rot}(fA)=f\mathrm{rot}A+(\mathrm{grad}f)\times A$ を用いた後に，μ の空間的変化が緩やかであること，およびベクトル公式 $\mathrm{rot}\ \mathrm{rot}=\mathrm{grad}\ \mathrm{div}-\nabla^2$ を利用すると

$$\mathrm{grad}(\mathrm{div}E)-\nabla^2 E+\varepsilon\varepsilon_0\mu\mu_0\frac{\partial^2 E}{\partial t^2}=0 \tag{13.9}$$

が導かれる。これに式 (13.1c) より得られる $\mathrm{div}E=0$ を第 1 項に適用すると，電界 E に関して次式が得られる。

$$\nabla^2 E(r, t)-\frac{n^2}{c^2}\frac{\partial^2 E(r, t)}{\partial t^2}=0 \tag{13.10}$$

ただし，$c=1/\sqrt{\varepsilon_0\mu_0}$ は真空中の光速，$n=\sqrt{\varepsilon\mu}$ は媒質の屈折率，r は位置ベクトルを表す。

　磁界 H に対しても，上と同様の手順で式 (13.1a, b) から E を消去すると，形式的に電界に関する式 (13.10) と同じ式を得る。

　したがって，無損失の等方性物質で比誘電率と比透磁率の空間的変化が緩やかなとき，電界 E と磁界 H に対する微分方程式が同じ次式で表される。

$$\nabla^2\Psi(r, t)-\frac{n^2}{c^2}\frac{\partial^2\Psi(r, t)}{\partial t^2}=0 \qquad (\Psi=E\text{ または }H) \tag{13.11}$$

式 (13.11) は媒質中の電磁波に対する 3 次元**波動方程式**（wave equation）である。これにより電界と磁界が成分ごとの微分方程式で求められ，形式的に同形で得られる。参考のため，応用上よく現れる座標系におけるラプラシアン ∇^2 の表現を付録 B に示す。

　電磁界が一定の角周波数 ω で変動している場合，式 (13.11) で時間変動項を含めて $\Psi(r, t)=\exp(i\omega t)\psi(r)$ とおいて計算すると，次式が得られる。

$$\nabla^2\psi(r)+k^2\psi(r)=0 \tag{13.12}$$

$$k\equiv|k|=\omega\sqrt{\varepsilon\varepsilon_0\mu\mu_0}=\sqrt{\varepsilon\mu}\,\frac{\omega}{c}=nk_0 \tag{13.13}$$

ただし，k は媒質中の光の波数ベクトルであり，その向きは波面の伝搬方向に一致し，大きさは媒質中の光の波数 $k=|k|$ で表される。また，$k_0=2\pi/\lambda_0$ は真空中の光の波数，λ_0 は真空中の光の波長である。式 (13.12) は電磁波の位置 r に関する情報を含み，**ヘルムホルツ方程式** （Helmholtz equation）と呼ばれる。

　電磁波の各種特性および性質は，式 (13.11) や式 (13.12) を出発式として導けるので，これらの方程式は重要である。

13.3 電磁波を形成する電磁界の関係式

　無損失の等方性物質に対する3次元波動方程式 (13.11) の解は，1次元波動と同様にして，時間 t と位置ベクトル r に依存する項に関する変数分離法で求めることができる．その解は

$$\Psi = \exp[i(\omega t \mp \bm{k} \cdot \bm{r})] \quad (\Psi = \bm{E} \text{ または } \bm{H}) \tag{13.14}$$

で得られる（付録C参照）．ここで，ω は角周波数，$\bm{k}$ は媒質中の光の波数ベクトルである．式 (13.14) の複号のうち，$-(+)$ は前進（後進）波を表す．1次元波動と異なり，3次元では波数部分がベクトルで表される．

　電磁波の波面に垂直な**波面法線ベクトル**（wave-normal vector）を $\bm{s} = \bm{k}/|\bm{k}|$ ($|\bm{s}|=1$) で表すと，無損失・等方性物質中の平面電磁波は

$$\Psi = \Psi(\bm{r} \cdot \bm{s} - vt) \quad (\Psi = \bm{E} \text{ または } \bm{H}) \tag{13.15}$$

でも書ける．これらを式 (13.1) に適用すると，電界 $\bm{E}$，磁界 $\bm{H}$，波数ベクトル $\bm{k}$，波面法線ベクトル $\bm{s}$ が次式で関係づけられる．

$$\bm{E} = \frac{1}{\omega \varepsilon \varepsilon_0} \bm{H} \times \bm{k} = \frac{\omega \mu \mu_0}{k} \bm{H} \times \bm{s} \left(= \frac{Z_0}{n} \bm{H} \times \bm{s} \right) \tag{13.16a}$$

$$\bm{H} = -\frac{1}{\omega \mu \mu_0} \bm{E} \times \bm{k} = -\frac{\omega \varepsilon \varepsilon_0}{k} \bm{E} \times \bm{s} \left(= -\frac{n}{Z_0} \bm{E} \times \bm{s} \right) \tag{13.16b}$$

$$\bm{k} = \frac{\omega \varepsilon \varepsilon_0}{|\bm{H}|^2} \bm{E} \times \bm{H} = \frac{k^2}{\omega \mu \mu_0 |\bm{H}|^2} \bm{E} \times \bm{H} \left(= \frac{nk}{Z_0} \frac{\bm{E}}{|\bm{H}|} \times \frac{\bm{H}}{|\bm{H}|} \right) \tag{13.16c}$$

$$\bm{s} = \frac{\bm{k}}{|\bm{k}|} = \frac{\omega \varepsilon \varepsilon_0}{k|\bm{H}|^2} \bm{E} \times \bm{H} = \frac{k}{\omega \mu \mu_0 |\bm{H}|^2} \bm{E} \times \bm{H} \left(= \frac{n}{Z_0} \frac{\bm{E}}{|\bm{H}|} \times \frac{\bm{H}}{|\bm{H}|} \right) \tag{13.16d}$$

$$Z_0 \equiv \sqrt{\frac{\mu_0}{\varepsilon_0}} = 4\pi c \times 10^{-7} = 120\pi \, \Omega = 377.0 \, \Omega \, [\text{オーム}] \tag{13.17}$$

$$Y_0 \equiv \frac{1}{Z_0} = \sqrt{\frac{\varepsilon_0}{\mu_0}} = 2.65 \times 10^{-3} \, \text{S} \, [\text{ジーメンス}] \tag{13.18}$$

ここで，Z_0 は**真空インピーダンス**（impedance of free space），Y_0 は**真空アドミタンス**（admittance of free space），Z_0/n は波動インピーダンスである．式 (13.16a～d) での ( ) 内は比透磁率が $\mu = 1$ のときの表現である．

　式 (13.16) は，電磁波が電界 $\bm{E}$ から磁界 $\bm{H}$ 方向に右ネジを回したときの進行方向に伝搬することを表す．これは，無損失・等方性物質からなる自由空間では，電磁波が伝搬軸方向の電磁界成分をもたない**横波**（transverse wave）であり，これを **TEM波**（transverse electro-magnetic wave）ともいう（図 13.1）．

　光ファイバなどのように屈折率が異なる2層からなる誘電体導波路では，伝搬軸方向の電磁界成分をもつハイブリッドモード（HE波やEH波）が現れる．

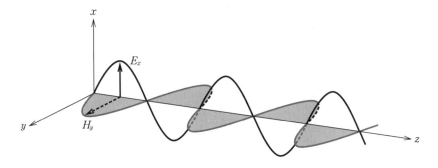

図 13.1 1 次元波動（TEM 波）の伝搬

【例題 13.1】 ある平面波の媒質中の波長 600 nm，周波数 333 THz，波面法線ベクトル $s = (\sin\theta, 0, \cos\theta)$，振幅 2.0 V/m の電界 $\boldsymbol{E} = (0, E_y, 0)$ がある。このとき，次の手順に従って各値を求めた後，電界と磁界を $A\exp[i(\omega t - \boldsymbol{k}\cdot\boldsymbol{r})]$ の形で表せ。ただし，デカルト座標系とする。

（1） 角周波数と媒質中の波数　　（2） 媒質中の光速と屈折率
（3） スカラー積 $\boldsymbol{k}\cdot\boldsymbol{r}$ の表示　　（4） 電界の形式　　（5） 磁界の形式

［解］（1） 角周波数は $\omega = 2\pi\nu = 2.09\times10^{15}$ rad/s，波数は $k = 2\pi/\lambda = 1.05\times10^{7}$ m^{-1}。
（2） 媒質中の光速は式 (1.10a) より $v = \omega/k = 1.99\times10^{8}$ m/s，屈折率は式 (1.2) より $n = c/v = 1.51$。
（3） $\boldsymbol{k}\cdot\boldsymbol{r} = k\boldsymbol{s}\cdot\boldsymbol{r} = k(x\sin\theta + z\cos\theta) = 1.05\times10^{7}(x\sin\theta + z\cos\theta)$。
（4） 電界は $E_y = 2.0\exp\{i[2.09\times10^{15}t - 1.05\times10^{7}(x\sin\theta + z\cos\theta)]\}$ 〔V/m〕。
（5） 磁界は式 (13.16b) より，次式で求められる（$\boldsymbol{e}_i$：i 方向の単位ベクトル）。

$$\boldsymbol{H} = \frac{n}{Z_0}\boldsymbol{s}\times\boldsymbol{E} = \frac{1.51}{120\pi}\begin{vmatrix}\boldsymbol{e}_x & \boldsymbol{e}_y & \boldsymbol{e}_z \\ \sin\theta & 0 & \cos\theta \\ 0 & 1 & 0\end{vmatrix}E_y = 4.01\times10^{-3}E_y(-\cos\theta\,\boldsymbol{e}_x + \sin\theta\,\boldsymbol{e}_z)$$

$H_x = -8.02\cos\theta\exp\{i[2.09\times10^{15}t - 1.05\times10^{7}(x\sin\theta + z\cos\theta)]\}$ 〔A/m〕
$H_z = 8.02\sin\theta\exp\{i[2.09\times10^{15}t - 1.05\times10^{7}(x\sin\theta + z\cos\theta)]\}$ 〔A/m〕 ■

 ## 13.4　電磁波エネルギーとポインティングベクトル

電磁界は外部に対して機械的な仕事をすることができ，これは電磁波がエネルギーをもつことを意味する。本節では，無損失（$\boldsymbol{J} = \rho = 0$）の等方性物質を想定して，電磁波により運ばれるエネルギーやポインティングベクトル，光強度などを説明する。

電磁波を形成する電磁界により蓄えられる，単位体積当りのエネルギー密度 U は，マクスウェル方程式および式 (13.3b)，(13.4b) を用いて

$$U = U_\mathrm{e} + U_\mathrm{m} \quad [\mathrm{J/m^3}] \tag{13.19a}$$

$$U_\mathrm{e} = \frac{1}{2}\boldsymbol{E}\cdot\boldsymbol{D} = \frac{1}{2}\boldsymbol{E}\cdot(\varepsilon\varepsilon_0\boldsymbol{E}), \qquad U_\mathrm{m} = \frac{1}{2}\boldsymbol{H}\cdot\boldsymbol{B} = \frac{1}{2}\boldsymbol{H}\cdot(\mu\mu_0\boldsymbol{H}) \tag{13.19b, c}$$

で表される。ただし，U_e は電気エネルギー密度，U_m は磁気エネルギー密度，・はスカラー積を表す。電磁波では，電気エネルギーと磁気エネルギーが等量ずつで運ばれる（演習問題

13.2 参照)。

次に，電磁波が伝搬する場合の電磁波エネルギーの変化を調べる。議論を分かりやすくするため，**図 13.2**（a）に示すように，z方向に伝搬する平面電磁波（$E_z = H_z = 0$）がある断面に入射する場合を考える。このとき，電磁波エネルギーUの時間変化は，式(13.19a)を時間tで偏微分すると，次式で書ける。

$$\frac{\partial U}{\partial t} = \varepsilon\varepsilon_0\left(E_x\frac{\partial E_x}{\partial t} + E_y\frac{\partial E_y}{\partial t}\right) + \mu\mu_0\left(H_x\frac{\partial H_x}{\partial t} + H_y\frac{\partial H_y}{\partial t}\right) \tag{13.20}$$

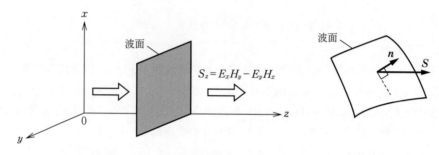

(a) 光がz方向に伝搬する場合　　(b) 一般の方向への伝搬

S_z：ポインティングベクトルSのz成分，n：曲面での外向き単位法線ベクトル
図 13.2　ポインティングベクトル

式(13.20)の右辺を空間に対する偏微分で表すため，マクスウェル方程式(13.1a,b)から得られる

$$\varepsilon\varepsilon_0\frac{\partial \boldsymbol{E}}{\partial t} = \nabla \times \boldsymbol{H} = \left(\frac{\partial 0}{\partial y} - \frac{\partial H_y}{\partial z}\right)\mathbf{e}_x + \left(\frac{\partial H_x}{\partial z} - \frac{\partial 0}{\partial x}\right)\mathbf{e}_y + 0\mathbf{e}_z$$

$$\mu\mu_0\frac{\partial \boldsymbol{H}}{\partial t} = -\nabla \times \boldsymbol{E} = -\left(\frac{\partial 0}{\partial y} - \frac{\partial E_y}{\partial z}\right)\mathbf{e}_x - \left(\frac{\partial E_x}{\partial z} - \frac{\partial 0}{\partial x}\right)\mathbf{e}_y - 0\mathbf{e}_z$$

($\mathbf{e}_i$：i方向の単位ベクトル)

を用いて整理すると，次式を得る。

$$\frac{\partial U}{\partial t} + \frac{\partial}{\partial z}(E_xH_y - E_yH_x) = 0 \tag{13.21}$$

式(13.21)第2項は，ベクトル積$\boldsymbol{S} = \boldsymbol{E} \times \boldsymbol{H}$の$z$成分$S_z = E_xH_y - E_yH_x$を$z$で偏微分したものに等しい。

上記議論を電磁波の一般の伝搬方向に拡張すると，式(13.21)を参照して次式を得ることができる。

$$\frac{\partial U}{\partial t} + \mathrm{div}\boldsymbol{S} = 0 \tag{13.22}$$

$$\boldsymbol{S} \equiv \boldsymbol{E} \times \boldsymbol{H} \;[\mathrm{W/m^2}] \tag{13.23}$$

式(13.23)で定義される$\boldsymbol{S}$は**ポインティングベクトル**（Poynting vector）と呼ばれる。これは，電磁波により単位時間・単位面積当りに運ばれるエネルギーの大きさと伝搬の向きを表す。

13.4 電磁波エネルギーとポインティングベクトル　　195

式 (13.22) は**エネルギー定理**（energy theorem）と呼ばれる。これは，任意の方向に伝搬する電磁波がある断面を通過するとき，電磁波のエネルギー密度 U の時間変化が，ポインティングベクトル S に伴うエネルギーの流入出のみで決まることを示しており，電磁波に関する**エネルギー保存則**を表す。

光波では波面に垂直な方向にエネルギーが運ばれ，また波面に垂直な方向には光線が定義されている（1.1 節参照）。したがって，エネルギー伝搬の向きを表すポインティングベクトル S の長時間平均は

$$\langle S \rangle = v \langle U \rangle s = \langle |S| \rangle s, \qquad |s| = 1 \tag{13.24}$$

で表せる。式 (13.24) は，ポインティングベクトル S が電磁界の平均エネルギー密度 $\langle U \rangle$，媒質中の光速 $v = c/n$ で，波面法線ベクトル s の方向に伝搬することを示しており，$\langle |S| \rangle$ を光線束のエネルギー密度と考えることができる。

式 (13.24) は，等方性物質では光エネルギーの流れの向きが，ポインティングベクトル S，および光線の向き s に一致していることを表す。しかし，異方性物質では光エネルギーの伝搬方向と光線の向きが一致するとは限らない。

単位時間・単位面積当りの長時間平均された光エネルギーを**光強度**（optical intensity）という。屈折率 n の一様媒質中を伝搬する単色平面波の場合，光強度 I が次式で表せる。

$$I = \langle |S| \rangle = \frac{1}{2} |E \times H^*| = \frac{1}{2} n \sqrt{\frac{\varepsilon_0}{\mu_0}} |E|^2 = \frac{1}{2} \frac{n}{Z_0} |E|^2 \ \left[\mathrm{W/m^2}\right] \tag{13.25}$$

ここで，ε_0 は真空の誘電率，μ_0 は真空の透磁率，Z_0/n は波動インピーダンスである。この式における $1/2$ は，光波のエネルギーを測定する場合，長時間平均が瞬時値の半分になることを示す（1.3.2 項参照）。屈折率が異なる境界にまたがる議論では，光強度として $n|E|^2$ を用いる必要があるが（式 (3.40)，(8.58) 参照），厳密な議論をしない場合は $|E|^2$ で記述されることも多い。式 (13.25) 最右辺の式は，電気領域で電圧を V，抵抗を R とおくと，電力が V^2/R で得られることに対応する。

U が時間的に変化する（$\partial U/\partial t \neq 0$）とき，$\mathrm{div}\, S = -\partial U/\partial t$ は断面から流出する電磁波のエネルギー密度を表す。これを断面での外向き単位法線ベクトル n を用いて断面 S で積分すると，次式を得る（図 13.2）。

$$P = \int_S S \cdot n \, dS \ \left[\mathrm{W}\right] \tag{13.26}$$

P は電磁波の単位時間当りの伝搬エネルギーを表す。これは光波領域では**光パワ**（optical power）または**光電力**と呼ばれ，その実用単位は〔W〕である。

光エネルギーに関連する物理量では，瞬時値と長時間平均の違いに留意する必要がある。

【例題 13.2】 屈折率 $n = 3.5$ の一様媒質中を伝搬する平面電磁波の光強度が $2.0\,\mathrm{mW/mm^2}$ であるとき，電界 E の大きさを求めよ。

[解] 電界は，式 (13.25) 右辺を用いて $E=\sqrt{2IZ_0/n} = \{[2\cdot 2.0\times 10^{-3}/(10^{-3})^2]377/3.5\}^{1/2} = 6.56\times 10^2 \mathrm{V/m}$ となる。∎

          ## 13.5　不連続面での境界条件

媒質中で屈折率 n，いい換えれば比誘電率 ε や比透磁率 μ が，ある面を境として不連続となっている場合に，電磁界成分の変化の仕方を規定するものを**境界条件**（boundary condition）といい，これもマクスウェル方程式から導かれる。屈折率の異なる境界面がある場合，波動方程式から求められる電界や磁界の形式解のうち，境界条件を満たすものだけが物理的に意味をもつ。

媒質 1，2 における ε と μ が，ある境界面を境として不連続となっている場合を図 13.3 に示す。電界 E は式 (13.1a) を満たしており，図 (a) のように不連続面を含む領域で積分路をとると，ストークスの定理（付録の式 (B.7)）を用いて

$$\int_S (\mathrm{rot}\,E)\cdot b\,dS = \int_C E\cdot dl = -\int_S \frac{\partial B}{\partial t}\cdot b\,dS \tag{13.27}$$

が導ける。ここで，dS は方形 S に関する面積分，dl は方形の外周に沿った閉曲線 C に関する線素ベクトル，b は方形面に垂直な方向の単位ベクトル，・はスカラー積を表す。

厚さ δh が十分に薄く，積分路の距離 δl が微小なとき，上式の被積分項における E と $\partial B/\partial t$ は定数とみなせる。中辺と右辺より，次の近似式を得る。

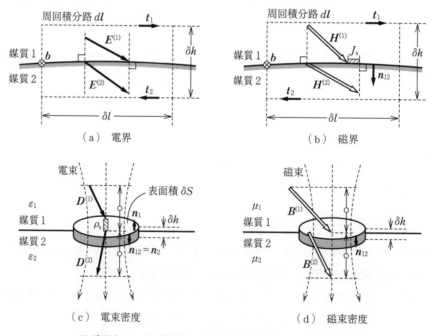

ε_i：比誘電率，μ_i：比透磁率，J_s：表面電流密度，ρ_s：表面電荷密度
図 13.3　電磁界に対する境界条件

$$(\boldsymbol{E}^{(1)}\cdot\boldsymbol{t}_1+\boldsymbol{E}^{(2)}\cdot\boldsymbol{t}_2)\delta l \fallingdotseq -\frac{\partial\boldsymbol{B}}{\partial t}\cdot\boldsymbol{b}\delta l\delta h \tag{13.28}$$

ただし，$\boldsymbol{t}_i\ (i=1,2)$ は境界面における接線方向の単位ベクトルであり，上付き () 内で媒質を区別する。式 (13.28) で $\delta h\to 0$ の極限をとると右辺が消失する。$\boldsymbol{t}_2=-\boldsymbol{t}_1$ を用いると，次式が成り立つ。

$$\boldsymbol{E}^{(2)}\cdot\boldsymbol{t}_1=\boldsymbol{E}^{(1)}\cdot\boldsymbol{t}_1 \tag{13.29}$$

式 (13.29) は，電界 $\boldsymbol{E}$ の境界面に対する接線成分（tangential component）が連続となることを意味する。

　磁界 $\boldsymbol{H}$ では式 (13.1b) を用いて，電界と同様に考える。ただし，電流密度 $\boldsymbol{J}$ については $\boldsymbol{J}$ を $\iiint\boldsymbol{J}dV=\iint\boldsymbol{J}_s dS$（$dS$ は方形に関する面積要素，dV は面積要素と境界面に垂直な方向からなる体積要素）で定義した表面電流密度 $\boldsymbol{J}_s$〔A/m〕に変換する。その結果は次式で近似できる。

$$(\boldsymbol{H}^{(1)}\cdot\boldsymbol{t}_1+\boldsymbol{H}^{(2)}\cdot\boldsymbol{t}_2)\delta l \fallingdotseq \frac{\partial\boldsymbol{D}}{\partial t}\cdot\boldsymbol{b}\delta l\delta h+\boldsymbol{J}_s\cdot\boldsymbol{b}\delta l \tag{13.30}$$

上式で $\delta h\to 0$ とし，$\boldsymbol{t}_1=-\boldsymbol{b}\times\boldsymbol{n}_{12}$（$\boldsymbol{n}_{12}$：媒質 1 から 2 に向かう単位法線ベクトル）とスカラー3 重積の公式（付録の式 (B.4)）を用いて

$$\boldsymbol{n}_{12}\times\boldsymbol{H}^{(2)}=\boldsymbol{n}_{12}\times\boldsymbol{H}^{(1)}+\boldsymbol{J}_s \tag{13.31}$$

が導ける。式 (13.31) は，磁界 $\boldsymbol{H}$ の接線成分が境界面で表面電流密度 $\boldsymbol{J}_s$ 分だけ変化することを表す。これは図 (b) に示すように，電流と磁界（磁力線）が不可分であることを反映している。式 (13.31) は，電流がない場合，磁界 $\boldsymbol{H}$ の接線成分が境界面で連続となることを表す。

　電束密度 $\boldsymbol{D}$ では式 (13.1c) より，図 (c) の微小円筒内での体積積分に対してガウスの定理（付録の式 (B.8)）を適用して，次式が成り立つ。

$$\int_V \mathrm{div}\,\boldsymbol{D}dV=\int_S \boldsymbol{D}\cdot\boldsymbol{n}\,dS=\int_V \rho\,dV \tag{13.32}$$

ただし，$\boldsymbol{n}$ は円筒表面での外向き単位法線ベクトルを表す。式 (13.32) の中辺と右辺の積分を行う際，磁界のときと同じく，電荷密度 ρ の代わりに表面電荷密度 ρ_s〔C/m^2〕を $\iiint\rho dV=\iint\rho_s dS$ で定義する。円筒厚を十分薄くして側壁の寄与を無視し，円筒断面積を δS とすると

$$(\boldsymbol{D}^{(1)}\cdot\boldsymbol{n}_1+\boldsymbol{D}^{(2)}\cdot\boldsymbol{n}_2)\delta S=[(\boldsymbol{D}^{(2)}-\boldsymbol{D}^{(1)})\cdot\boldsymbol{n}_{12}]\delta S=\rho_s\delta S \qquad (\boldsymbol{n}_2=\boldsymbol{n}_{12}=-\boldsymbol{n}_1)$$

より，次式が導ける。

$$\boldsymbol{D}^{(2)}\cdot\boldsymbol{n}_{12}=\boldsymbol{D}^{(1)}\cdot\boldsymbol{n}_{12}+\rho_s \tag{13.33}$$

式 (13.33) は，電束密度 $\boldsymbol{D}$ の境界面に対する法線成分（normal component）が表面電荷密度 ρ_s 分だけ不連続となることを意味する。電荷密度がないときは，電束密度 $\boldsymbol{D}$ の境界面に対する法線成分が連続となる。

　最後に，磁束密度 $\boldsymbol{B}$ は式 (13.1d) より，電束密度の場合と同じく円筒厚 δh を十分に薄くして側壁の寄与を無視すると，次式で導かれる（図 (d)）。

$$\boldsymbol{B}^{(2)}\cdot\boldsymbol{n}_{12}=\boldsymbol{B}^{(1)}\cdot\boldsymbol{n}_{12} \tag{13.34}$$

198　　13. 電 磁 波 の 特 性

式 (13.34) は，磁束密度 B の境界面に対する法線成分が境界面で連続となることを意味する。

　特に，誘電体のように，媒質が非磁性で無損失 ($J_s = \rho_s = 0$) の場合，境界条件では次の電磁気諸量が境界面で連続となる。すなわち，①電界 E の接線成分，②磁界 H の接線成分，③電束密度 D の法線成分，④磁束密度 B の法線成分，である。

演 習 問 題

13.1 一様媒質中を z 方向に伝搬する光波の磁界成分が

$$H_x = -\sin\left[8\pi\times10^{14}\left(t-\frac{z}{0.667c}\right)\right]\mathrm{A/m}, \qquad H_y = \sin\left[8\pi\times10^{14}\left(t-\frac{z}{0.667c}\right)\right]\mathrm{A/m}, \qquad H_z = 0$$

で表されるとき，次の各値を求めよ。ただし，c は真空中の光速である。

（1） 媒質中の光速　（2） 屈折率　（3） 周波数　（4） 媒質中の波長　（5） 電界成分

13.2 無損失媒質で運ばれる光エネルギーは，電気エネルギー密度 U_e と磁気エネルギー密度 U_m が等量であることを示せ。

13.3 屈折率 n の等方性物質中で，z 軸の正方向に伝搬する光波の電界成分が次式で表されているとする。

$$E_x = A\sin(\omega t - kz + \phi_0), \qquad E_y = E_z = 0$$

このとき，次の各問に答えよ。

（1） 電界を E，光の波面法線ベクトルを s として，磁界 H が式 (13.16b) の ( ) 内で表せる。磁界成分を，E_x を含む形で表せ。

（2） 光エネルギー密度 U を，E_x を含む形で表せ。

（3） ポインティングベクトル S を，E_x を含む形で表せ。

（4） 上記 (2) と (3) の結果がエネルギー定理を満たすことを示せ。

付　　　録

A.　SI（国際単位系）での接頭語

名　称	記　号	大きさ	名　称	記　号	大きさ
クエタ quetta	Q	10^{30}	デシ deci	d	10^{-1}
ロナ ronna	R	10^{27}	センチ centi	c	10^{-2}
ヨタ yotta	Y	10^{24}	ミリ milli	m	10^{-3}
ゼタ zetta	Z	10^{21}	マイクロ micro	μ	10^{-6}
エクサ exa	E	10^{18}	ナノ nano	n	10^{-9}
ペタ peta	P	10^{15}	ピコ pico	p	10^{-12}
テラ tera	T	10^{12}	フェムト femto	f	10^{-15}
ギガ giga	G	10^{9}	アト atto	a	10^{-18}
メガ mega	M	10^{6}	ゼプト zepto	z	10^{-21}
キロ kilo	k	10^{3}	ヨクト yocto	y	10^{-24}
ヘクト hecto	h	10^{2}	ロント ronto	r	10^{-27}
デカ deca	da	10^{1}	クエクト quecto	q	10^{-30}

B.　ラプラシアンの表現とベクトル公式

$$\nabla^2 = \frac{\partial^2}{\partial x^2} + \frac{\partial^2}{\partial y^2} + \frac{\partial^2}{\partial z^2} \qquad \text{：デカルト座標系 } (x, y, z) \qquad (B.1)$$

$$\nabla^2 = \frac{\partial^2}{\partial r^2} + \frac{1}{r}\frac{\partial}{\partial r} + \frac{1}{r^2}\frac{\partial^2}{\partial \theta^2} + \frac{\partial^2}{\partial z^2} \qquad \text{：円筒座標系 } (r, \theta, z) \qquad (B.2)$$

$$\nabla^2 = \frac{\partial^2}{\partial r^2} + \frac{2}{r}\frac{\partial}{\partial r} + \frac{1}{r^2}\left(\frac{\partial^2}{\partial \theta^2} + \cot\theta\frac{\partial}{\partial \theta} + \frac{1}{\sin^2\theta}\frac{\partial^2}{\partial \varphi^2}\right) \qquad \text{：極座標系 } (r, \theta, \varphi) \qquad (B.3)$$

$$\boldsymbol{A}\cdot(\boldsymbol{B}\times\boldsymbol{C}) = \boldsymbol{B}\cdot(\boldsymbol{C}\times\boldsymbol{A}) = \boldsymbol{C}\cdot(\boldsymbol{A}\times\boldsymbol{B}) \qquad \text{：スカラー3重積} \qquad (B.4)$$

$$\boldsymbol{A}\times(\boldsymbol{B}\times\boldsymbol{C}) = (\boldsymbol{A}\cdot\boldsymbol{C})\boldsymbol{B} - (\boldsymbol{A}\cdot\boldsymbol{B})\boldsymbol{C} \qquad \text{：ベクトル3重積} \qquad (B.5)$$

　ある領域 V で2階連続微分可能な関数 f と g があり，この領域を囲む十分大きな閉曲面を S とする。このとき，次式が成り立つ。

$$\int_V (f\nabla^2 g - g\nabla^2 f)dV = \int_S \left(f\frac{\partial g}{\partial n} - g\frac{\partial f}{\partial n}\right)dS \quad \text{：グリーンの定理} \qquad (B.6)$$

ただし，n は閉曲面上での外向き法線方向を表す。

　ベクトル場 $\boldsymbol{A}$ の中に，任意の閉曲線 C を縁とする曲面 S があるとき

$$\int_S \text{rot}\,\boldsymbol{A}\cdot\boldsymbol{n}\,dS = \int_C \boldsymbol{A}\cdot d\boldsymbol{l} \quad \text{：ストークスの定理} \qquad (B.7)$$

が成立する。ただし，n は曲面 S の外向き単位法線ベクトル，$d\boldsymbol{l}$ は閉曲線 C 上の線素ベクトルである。また，領域 V を囲む閉曲面を S とすると，次式が成立する。

$$\int_V \text{div}\,\boldsymbol{A}\,dV = \int_S \boldsymbol{A}\cdot\boldsymbol{n}\,dS \quad \text{：ガウスの定理} \qquad (B.8)$$

C. 波動方程式 (13.11) のスカラー解の導出

等方性物質中で電流も電荷も存在せず，屈折率 n が一様とする．このとき，波動方程式 (13.11) のスカラー解を変数分離形で $\Psi(r, t) = \exp(\pm i\omega t)\psi(r)$ （ω：角周波数）で表すと，$\psi(r)$ に関する微分方程式が

$$\nabla^2 \psi(r) + \frac{n^2\omega^2}{c^2} \psi(r) = 0 \tag{C.1}$$

で得られる．式 (C.1) で $k = n\omega/c$ （k：媒質中の光の波数，式 (1.10a) 参照）とおくと

$$\nabla^2 \psi(r) + k^2 \psi(r) = 0 \tag{C.2}$$

を得る．上式における ω と k の物理的意味はすでに 1.3.1 項で説明した．

式 (C.2) の解が分かりやすくなるように 1 次元波動で考える．光がデカルト座標系 (x, y, z) で z 軸方向に伝搬するとして，式 (C.2) は次式で表せる．

$$\frac{d^2\psi}{dz^2} + k^2\psi = 0 \tag{C.3}$$

式 (C.3) は定数係数の微分方程式であり，その解を $\psi = \pm\exp(\pm ikz)$ で得る．これと時間項を合わせると，式 (C.1) の複素関数表示での形式解が

$$\psi_f = \exp[i(\omega t - kz)], \qquad \psi_b = \exp[i(\omega t + kz)] \tag{C.4a, b}$$

で書ける．形式解の 1 次結合をとると，解は三角関数を用いて次式でも表せる．

$$\psi_c = \cos(\omega t \mp kz), \qquad \psi_s = \sin(\omega t \mp kz) \tag{C.5a, b}$$

式 (C.2) の一般解は，$\psi(r) = \exp[i(\xi_1 x + \xi_2 y + \xi_3 z)]$ とおくことにより

$$\psi = A\exp[i(\omega t \mp \boldsymbol{k}\cdot\boldsymbol{r})], \qquad \boldsymbol{k}\cdot\boldsymbol{r} \equiv k_x x + k_y y + k_z z \tag{C.6}$$

で求められる．ただし，k_i は媒質中の光の i 方向の波数成分を表す．

D. 正弦条件の式 (12.25) の導出

クラウジウスの関係式 (12.16) をここに再掲する．

$$n_1^2 \cos\zeta_1 d\Omega_1 dA_{ob} = n_2^2 \cos\zeta_2 d\Omega_2 dA_{im} \tag{D.1}$$

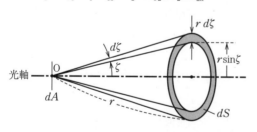

図付 1 正弦条件の説明用の光線束

図 12.6 に準じた物側と像側で，光線束の輝度が光軸となす角度 ζ に依存する場合を扱う（**図付 1**）．基準位置 O から距離 r で，角度 ζ 方向の微小角 $d\zeta$ の円環の面積が次式で得られる．

$$dS = 2\pi \cdot r\sin\zeta \cdot rd\zeta \tag{D.2}$$

これに対応する立体角は式 (12.7) を用いて次式で得る．

$$d\Omega = \frac{dS}{r^2} = 2\pi\sin\zeta d\zeta \tag{D.3}$$

このとき，式 (D.1) が次式に書き直せる．

$$n_1^2 dA_{ob} \cos\zeta_1 \sin\zeta_1 d\zeta_1 = n_2^2 dA_{im} \cos\zeta_2 \sin\zeta_2 d\zeta_2 \tag{D.4}$$

光線が光軸となす角度 ζ_1（ζ_2）に関して，式 (D.4) の両辺を 0 から ζ_{ob}（ζ_{im}）まで連動させて積分すると

$$n_1^2 dA_{ob} \int_0^{\zeta_{ob}} \sin 2\zeta_1 d\zeta_1 = n_2^2 dA_{im} \int_0^{\zeta_{im}} \sin 2\zeta_2 d\zeta_2 \tag{D.5}$$

で書き表せる．この積分結果

$$n_1^2 dA_{ob} \sin^2\zeta_{ob} = n_2^2 dA_{im} \sin^2\zeta_{im} \tag{D.6}$$

に，物体と像の大きさに関する $dA_{ob} = \pi x_{ob}^2$，$dA_{im} = \pi x_{im}^2$ を代入する．さらに，横倍率の定義式 (11.21) を用いて，正弦条件の式 (12.25) を得る．

参 考 図 書

　本書を執筆するに際して用いた書籍，およびこの分野を学習する際に参考となる書籍を以下に掲載する。

【光学全般】

1) 久保田広：光学，岩波書店（1964）.
2) M. Born and E. Wolf: *Principles of Optics*, Pergamon press（1970）.
3) ボルン，ウォルフ（草川徹・横田英嗣訳）：光学の原理（Ⅰ・Ⅱ・Ⅲ），東海大学出版会（1974）.
4) ロッシ（福田国也・中井祥夫・加藤利三訳）：光学（上・下），吉岡書店（1967）.
5) 久保田広：波動光学，岩波書店（1971）.
6) 村田和美：光学，サイエンス社（1979）.
7) 石黒浩三：光学，裳華房（1982）.
8) E. Hecht：*Optics*, Addison-Wesley Publishing（1987）.
9) ヘクト（尾崎義政・朝倉利光訳）：ヘクト 光学（Ⅰ・Ⅱ・Ⅲ），丸善（2004）.
10) 鶴田匡夫：応用光学（Ⅰ・Ⅱ），培風館（1990）.
11) 左貝潤一：光学の基礎，コロナ社（1997）.

【その他の光学】

12) 松居吉哉：レンズ設計法，共立出版（1972）.
13) 早水良定：光機器の光学（Ⅰ・Ⅱ），日本オプトメカトロニクス協会（1989）.
14) 黒田和男：物理光学－媒質中の光波の伝搬－，朝倉書店（2011）.
15) 左貝潤一：光の数理，コロナ社（2021）.

【結晶光学】

16) 土井康弘：偏光と結晶光学，共立出版（1975）.
17) 応用物理学会光学懇話会編：結晶光学，森北出版（2003）.

【光工学】

18) 飯塚啓吾：現代光工学の基礎，オーム社（1980）.
19) 龍岡静夫：光工学の基礎，昭晃堂（1984）.

演習問題解答

[**1章**]

1.1 （1） 式 (1.9) を用いて，クラウンガラスでは $\lambda = 388.2\,\mathrm{nm} = 3.882 \times 10^{-7}\,\mathrm{m}$，フリントガラスでは $\lambda = 363.8\,\mathrm{nm} = 3.638 \times 10^{-7}\,\mathrm{m}$。

（2） 式 (1.7) を用いて，クラウンガラスで $k = 2\pi/\lambda = 1.619 \times 10^{7}\,\mathrm{m}^{-1}$，フリントガラスでは $k = 1.727 \times 10^{7}\,\mathrm{m}^{-1}$。

1.2 式 (1.8) より $\omega = 2.79 \times 10^{15}\,\mathrm{s}^{-1}$，式 (1.10a) より媒質中での波数が $k = \omega/v = 1.40 \times 10^{7}\,\mathrm{m}^{-1}$。式 (1.13a) の $\sin$ における初期条件 $E = 5.0\sin\phi_0 = 5.0$ より初期位相 $\phi_0 = \pi/2$ を得る。これらの値を式 (1.13a) に代入し，電界が $E = 5.0\cos(2.79 \times 10^{15}t - 1.40 \times 10^{7}z)\,\mathrm{V/m}$。

1.3 （1） 媒質中の光速は式 (1.13c) を参照して，$v = 0.625c = 1.875 \times 10^{8}\,\mathrm{m/s}$。

（2） 屈折率は式 (1.2) より $n = 1.6$。

（3） 周波数は式 (1.6) より $\nu = \omega/2\pi = 2.89 \times 10^{14}\,\mathrm{s}^{-1}$。

（4） 媒質中の波長は式 (1.11) より $\lambda = v/\nu = 6.49 \times 10^{-7}\,\mathrm{m} = 649\,\mathrm{nm}$。

1.4 与式を式 (1.13a) と比較して，$\omega = 2.78 \times 10^{15}\,\mathrm{s}^{-1}$，$k = 1.39 \times 10^{7}\,\mathrm{m}^{-1}$。

（1） 周波数は式 (1.6) を利用して $\nu = 4.42 \times 10^{14}\,\mathrm{s}^{-1}$。

（2） 媒質中の波長は式 (1.7) より $\lambda = 4.52 \times 10^{-7}\,\mathrm{m} = 452\,\mathrm{nm}$。

（3） 媒質中の光速は式 (1.11) より $v = \nu\lambda = 2.00 \times 10^{8}\,\mathrm{m/s}$。

（4） 屈折率は式 (1.11) 右辺より $n = c/v = 1.50$。

[**2章**]

2.1 2.1 節，とりわけ 2.1.2 項参照。干渉と波長がポイント。

2.2 波面が x, y, z 軸と交わる位置は，m を定数としてそれぞれ $\mathrm{P}(6m, 0, 0)$，$\mathrm{Q}(0, 3m, 0)$，$\mathrm{R}(0, 0, 2m)$。波面の法線方向の単位ベクトルを $s(a, b, c)$ で表すと，スカラー積 $\overrightarrow{\mathrm{PQ}} \cdot s = \overrightarrow{\mathrm{PR}} \cdot s = 0$。$-6a + 3b = 0$，$-6a + 2c = 0$ より $b = 2a$，$c = 3a$。これらを式 (2.8) に代入して $\cos\alpha = a = 1/\sqrt{14}$，$\cos\beta = b = 2/\sqrt{14}$，$\cos\gamma = c = 3/\sqrt{14}$。式 (1.6)，(1.11)，(1.7) を用いて，角周波数が $\omega = kv$。これらを式 (2.7) に代入し，平面波が $\psi = A\exp\{ik[vt - (x + 2y + 3z)/\sqrt{14}] + i\phi_0\}$ で表せる。

2.3 PQ 間の距離を r とすると，$r = \sqrt{(x - x_0)^2 + (y - y_0)^2 + (z - z_0)^2}\cdots$①。球面波の形式解は，式 (2.3a) に $k = 2\pi/\lambda$ を用い，式 (2.10a) より $\psi = (1/r)f(t - r/v) = (A'/r)\sin(\omega t - 2\pi r/\lambda + \phi_0)$ …②。単位球面 $r = 1$ での振幅が A だから $A' = A$。よって，$\psi = (A/r)\sin(\omega t - 2\pi r/\lambda + \phi_0)$。

2.4 （1） 第 1 輪帯は同位相のみだから，点 Q での振幅は正で明るい。

（2） 第 1 と第 2 輪帯は逆相であるが，第 2 輪帯は少し角度がついている。よって，点 Q での振幅はほぼゼロに近いが，傾斜因子の効果により，ほんの少しだけ明るさがある。

（3） 第 1 と第 3 輪帯は同相である。よって，第 1 輪帯後半と第 2 輪帯全体と第 3 輪帯前半が打ち消し合う。そして，第 1 輪帯の前半と第 3 輪帯後半が同相で残り，明るい。第 3 輪帯のほうが第 1 輪帯よりも角度がついているので，傾斜因子の効果により（1）の場合よりも少しだけ明るさが減少する。

[**3章**]

3.1 入射角を θ_i，屈折角を θ_t とすると。$1.0\sin\theta_i = n\sin\theta_t$。像は入射光線の延長線と鉛直線の交点に見える。見掛け上の深さ s_{ap} は $s_{ap}\tan\theta_i = s\tan\theta_t$ を満たす。各角度を微小として $s_{ap} = s\tan\theta_t/\tan\theta_i \approx s\sin\theta_t/\sin\theta_i = s/n$ となる。

3.2 （1） 式 (3.2) より $\theta_{t2} = \sin^{-1}[(n_1\sin\theta_1)/n_2]$。

（2） $\theta_{t1} = \sin^{-1}[(n_2\sin\theta_2)/n_1]$。

（3） 前問（2）での関係より $\theta_2 = \sin^{-1}[(n_1\sin\theta_{t1})/n_2]$，これと（1）の結果より $\theta_{t1} = \theta_1$。同一の屈折率の物質間の屈折では，入射角と屈折角を入れ換えても屈折法則が成り立ち，これは光の逆進性を表す。

3.3 プリズムの頂角を α，入射角と出射角を $\theta_1 = \theta_2 = 49.46°$ とし，入射角と出射角に対応するプリズム内の角度を $\theta_1' = \theta_2'$ とおくと，

$$\alpha = \theta_1' + \theta_2' \qquad \cdots ①$$
$$n = \sin\theta_i/\sin\theta_i' \quad (i = 1, 2) \quad \cdots ②$$

式①より $\theta_1' = \theta_2' = \alpha/2 = 30°$。$\theta_1 = 49.46°$ と $\theta_1' = 30°$ を式②に代入して $n = 1.52$。

演 習 問 題 解 答　　203

3.4　式 (3.18) 中辺で $r_S = 1$ とおいた式から $n_2 \cos\theta_t = 0$, $n_2 \neq 0$ より $\theta_t = \pi/2$。式 (3.20) で $r_P = 1$ とおき $n_1 \cos\theta_t = 0$ より $\theta_t = \pi/2$。いずれの結果を屈折法則の式 (3.2) に適用しても $n_1 \sin\theta_i = n_2$。入射角 θ_i $= \sin^{-1}(n_2/n_1)$ は臨界角の式 (3.5) に一致。

3.5　振幅透過・反射率では振幅と位相が関係するので，このときにエネルギー保存則と関係するのは，式 (3.42) ではなく式 (3.26)。

3.6　媒質 1 側から入射する S 偏光の振幅透過率は式 (3.19) を用いて $t_S = 2\sin\theta_t \cos\theta_i / \sin(\theta_i + \theta_t)$。$t'_S$ は同じ式で添え字 i と t を交換して得られ，これらの積は，倍角の公式を利用して

$$t_S t'_S = \frac{2\sin\theta_t \cos\theta_i}{\sin(\theta_i + \theta_t)} \frac{2\sin\theta_i \cos\theta_t}{\sin(\theta_i + \theta_t)} = \frac{\sin(2\theta_i)\sin(2\theta_t)}{\sin^2(\theta_i + \theta_t)} = \mathcal{T}_S$$

となり，式 (3.40) と一致。P 偏光の振幅透過率に関しても式 (3.21) より同様にして $t_P = 2\sin\theta_t \cos\theta_i /$ $\sin(\theta_i + \theta_t)\cos(\theta_i - \theta_t)$ で，積は $t_P t'_P = \sin(2\theta_i)\sin(2\theta_t)/\sin^2(\theta_i + \theta_t)\cos^2(\theta_i - \theta_t) = \mathcal{T}_P$ となり，式 (3.41) と一致。反射率に関する結果は，S 偏光では式 (3.18)，(3.38) より，また，P 偏光では式 (3.20)，(3.39) より容易に分かる。

3.7　（1）　式 (3.31) より $\theta_B = \tan^{-1}(n_2/n_1) = \sin^{-1}[(n_2/n_1)/\sqrt{1+(n_2/n_1)^2}]$, $\theta'_B = \tan^{-1}(n_1/n_2)$。
（2）　ブルースター角では式 (3.30) より $\theta_B + \theta_t = \pi/2$ となり，S 偏光の光強度透過率の式 (3.40) の分母が 1。よって，$\mathcal{T}_S = 4\sin\theta_B \cos\theta_B \sin\theta_t \cos\theta_t$ を求めればよい，これに $\cos\theta_t = \sin\theta_B = (n_2/n_1)/$ $\sqrt{1+(n_2/n_1)^2}$, $\sin\theta_t = \cos\theta_B = 1/\sqrt{1+(n_2/n_1)^2}$ を代入して与式を得る。P 偏光では透過光のみだから $\mathcal{T}_{PB} = 1$。
（3）　各値を代入して $\theta_B = 56.31°$, $\theta'_B = 33.69°$, $\mathcal{T}_{SB} = 0.852$。$N \log \mathcal{T}_{SB} < -1$ より $N > 14.4$。

3.8　屈折角は式 (3.2) を利用して $\theta_t = 8.33°$。S 偏光では式 (3.38)，(3.40) より $\mathcal{R}_S = 0.355$, $\mathcal{T}_S = 0.645$, $\mathcal{R}_S + \mathcal{T}_S = 1$。P 偏光では式 (3.39)，(3.41) より $\mathcal{R}_P = 0.253$, $\mathcal{T}_P = 0.747$, $\mathcal{R}_P + \mathcal{T}_P = 1$。

[4章]

4.1　$R = -80$ を式 (4.14b) に代入して焦点距離 $f = 40$ cm。横倍率を式 (4.15) で得，実像では倒立となり $\beta = f/(f+s_1) = -2$ を解き，$s_1 = -3f/2 = -60$ cm。これらを式 (4.14a) に代入して $s_2 = -120$。虚像では正立で $\beta = f/(f+s_1) = 2$ を解き $s_1 = -f/2 = -20$。これらを式 (4.14a) に代入して $s_2 = 40$。

4.2　式 (4.15) に $\beta = 1/2$ を代入して
$$s_2 = -s_1/2 \quad \cdots ①$$
式 (4.14b) に $R = 100$ と式①を代入して
$$s_1 = -50 \text{ cm} \quad \cdots ②$$
式②を式①に代入して $s_2 = 25$ cm。

4.3　（1）　地球と月の平均距離が焦点距離よりもはるかに長いので，式 (4.14a) より像は近似的に焦点にできる。
（2）　横倍率は式 (4.15) に $s_1 = -3.84 \times 10^8$ m, $f = 1.0$ m を代入して $\beta = f/(f+s_1) \fallingdotseq 1/(-3.84 \times 10^8)$ $= -2.60 \times 10^{-9}$ で倒立像。月の直径は $x_{ob} = x_{im}/|\beta| = 3.48 \times 10^6$ m $= 3.48 \times 10^3$ km。

4.4　（1）　式 (4.26) に各値を代入して後側焦点距離 $f' = 75$ で，凸レンズ。
（2）　前側焦点距離 f は後側焦点距離 f' と符号が反転し $f' = -f = -75$ で，凹レンズ。
（3）　同様にして $f' = -f = -300$ でメニスカス凹レンズ。
（4）　式 (4.24) を利用して，（1）について $s_1 = -200$, $f' = 75$ を代入して $s_2 = 120$，横倍率は式 (4.27a) より $\beta = (f'-s_2)/f' = -0.6$ で倒立実像。（2）について $s_1 = -200$, $f = 75$ を代入して $s_2 = -54.5$，横倍率は $\beta = f/(f-s_1) = 0.273$ で，正立虚像。（3）について $s_1 = -200$, $f = 300$ を代入し $s_2 = -120$，横倍率 $\beta = f/(f-s_1) = 0.6$ で正立虚像。

[5章]

5.1　（1）　式 (5.4) を用いて $\varphi = 148.2$ mm。
（2）　式 (5.6) を用いて $\phi = 1.47 \times 10^6$ rad。

5.2
$$\varphi = n_0 \int_0^{2\pi/\xi} (1 + 0.05\sin\xi z)dz = n_0[2\pi/\xi - (0.05/\xi)(\cos 2\pi - 1)] = 2\pi n_0/\xi$$

5.3　平行平面板では，どの層においても媒質の屈折率と光線角度の正弦の積が同じ。途中で全反射しないから，水の層での出射角を θ_t とおき，式 (5.11) を用いて $1.0\sin 10° = 1.33\sin\theta_t$ より $\theta_t = 7.5°$。

5.4　与式で被積分関数を
$$F(x, z, z') = n(x)\sqrt{1+z'^2} \quad \cdots ①$$
とおく。これに対するオイラー方程式は式 (5.23) より式②となり，これより式③が得られる。

204   演 習 問 題 解 答

$$0 - (d/dx)[n(x)z'/\sqrt{1+z'^2}] = 0 \quad \cdots ②$$
$$n(x)z'/\sqrt{1+z'^2} = C \quad (C：定数) \quad \cdots ③$$

入射面 $z=0$ で $x=x_0$, $z'=dz/dx=1/\tan\gamma_0$ だから

$$C = n(x_0)/[\tan\gamma_0\sqrt{1+(1/\tan\gamma_0)^2}] = n(x_0)\cos\gamma_0 \quad \cdots ④$$

式③を z' に対して整理し，式④を代入し $dz/dx = C/\sqrt{n^2(x)-C^2} = \cos\gamma_0/\sqrt{[n(x)/n(x_0)]^2 - \cos^2\gamma_0}$．これを x_0 から x まで積分し，光線経路が $z = \int_{x_0}^{x}\cos\gamma_0/\sqrt{[n(x)/n(x_0)]^2-\cos^2\gamma_0}\,dx$ で得られる。

[**6章**]

6.1 （1） 図4.1（c）と同様に考える。曲率中心 O を原点とし，点 O を通り光軸に垂直に y 軸をとる。点 A の座標を (x_0, h) とすると，球面は

$$x_0^2 + h^2 = -R^2 \qquad\qquad \cdots ①$$
$$\mathrm{OH} = x_0 \fallingdotseq -R + h^2/2R \qquad\qquad \cdots ②$$
$$\mathrm{VH} = \mathrm{OV} - \mathrm{OH} = (-R) - x_0 = -h^2/2R \quad \cdots ③$$

（2）

$$\mathrm{AQ} = [(s-\mathrm{VH})^2 + h^2]^{1/2} \fallingdotseq s + (h^2/2)(1/s + 1/R) \quad \cdots ④$$

y 軸から測った周縁光線の点 Q までの光路長は，式②，④を用いて

$$\varphi_2 = n(\mathrm{OH}+\mathrm{AQ}) = n[-R+s+(h^2/2)(1/s+2/R)] \quad \cdots ⑤$$

光軸上を伝搬する光線の光路長は式⑥，光路長差は式⑦となる。

$$\varphi_1 = n(\mathrm{OH}+\mathrm{VQ}) = n(-R+s) \quad \cdots ⑥$$
$$\varphi_2 - \varphi_1 = n(h^2/2)(1/s+2/R) \quad \cdots ⑦$$

（3） 焦点距離は h^2 の微小量の範囲内で $\varphi_2 - \varphi_1 = 0$ を満たす位置で $f=-R/2$。

6.2 式 (6.13) を用いて，空気中では $f'=50$，水中では $f'=195.6$。

6.3 （1） 式 (6.13) に $n_1=1.33$, $n_2=1.0$, $n_\mathrm{L}=1.5$ を代入して，後側焦点距離は $f'=R_1 R_2/(0.17R_2 - 0.5R_1)$。

（2） 前問での結果に $R_1=80$, $R_2=-60$ を代入して $f'=95.6\,\mathrm{cm}$。式 (6.13) より $f=-f'n_1/n_2 = -127.1\,\mathrm{cm}$。

（3） 式 (6.12) に $s_2=626$, f' 等を代入して $s_1=-150\,\mathrm{cm}$ より深さが $1.5\,\mathrm{m}$。横倍率は式 (4.27) を用いて $\beta=-5.55$ で，円板の半径が $55.5/|\beta|=10\,\mathrm{cm}$。角倍率は式 (4.28) を用いて $\gamma=-1.33/(1\cdot5.55) = -0.240$。

[**7章**]

7.1 まず，位相での共通項 $\omega_\mathrm{c}t$ を省いて計算し，最後にこれを元に戻す。図7.1（b）を参照し，原点を O，$\omega_\mathrm{c}t$ を省いた第1〜3項のベクトル表示の先端を点 A，B，C とする。$\overrightarrow{\mathrm{OA}}$ と $\overrightarrow{\mathrm{OB}}$ の和は x 軸上にある。OD の長さは，第2余弦定理を用いて $\mathrm{OD}^2 = \mathrm{OA}^2 + \mathrm{AD}^2 - 2\mathrm{OA}\cdot\mathrm{AD}\cos(\angle\mathrm{DAO})$，$\angle\mathrm{DAO} = \pi - 2\omega_\mathrm{m}t$ より $\mathrm{OD} = \sqrt{A_1^2 + A_1^2 - 2A_1^2\cos(\pi-2\omega_\mathrm{m}t)} = 2A_1\cos(\omega_\mathrm{m}t)$。OD と OC の偏角は同じ x 軸上にあり，これらの長さの和は $A_2 + 2A_1\cos(\omega_\mathrm{m}t)$。求める解は位相項を戻して $\psi = [A_2 + 2A_1\cos(\omega_\mathrm{m}t)]\cos(\omega_\mathrm{c}t)$。この和は搬送波と側波帯の重ね合わせ。

7.2 求める式は $\exp\{i[\omega t+(m-1)\phi_0]\}$ の実部。フェーザ表示では，t の増加ですべての項が原点の回りに同じ角度だけ回転するので，$t=0$ として計算した後，同じ角度分を加える。項数を $N=4$，位相変化を $\Theta=\phi_0$ として，四つの光波のベクトルを図7.2と同じように設定。各ベクトルを接続してできる合成波の円の半径 r は，式 (7.12) より $r=(A_0/8)/\sin(\Theta/2)$，合成波の振幅 A は式 (7.13) より $A = 2r\sin(4\Theta/2) = (A_0/4)\sin(2\phi_0)/\sin(\phi_0/2)$。振幅は倍角の公式と積和の変換公式を用いて，$A = A_0\cos\phi_0\cos(\phi_0/2) = (A_0/2)[\cos(3\phi_0/2)+\cos(\phi_0/2)]$。合成波の位相は式 (7.15) より $\phi=3\phi_0/2$，これに ωt を加算して $\psi = (A_0/2)\cos(\omega t + 3\phi_0/2)$。

7.3 式 (7.24b) とオイラーの公式を用いて次式を得る。

$$F(t) = \frac{A}{\omega_\mathrm{p}}\int_{\omega_0-\omega_\mathrm{p}/2}^{\omega_0+\omega_\mathrm{p}/2}\exp[i(\omega-\omega_0)t]\,d\omega = \frac{A}{\omega_\mathrm{p}t/2}\sin\left(\frac{\omega_\mathrm{p}}{2}t\right)$$

これを式 (7.25) に適用し，式 (7.14) を利用して，求める解が次のようになる。

$$\Psi(z,t) = A\exp\left\{i\left[\omega_0\left(t-\frac{z}{v_\mathrm{p}}\right)\right]\right\}\mathrm{sinc}\left[\frac{\omega_\mathrm{p}(t-z/v_\mathrm{g})}{2\pi}\right]$$

7.4 （1） 位相速度は式 (1.11) より $v_\mathrm{p} = \omega/k = \omega^{1-p}/C$。

（2） 屈折率は式 (1.2) と前問の結果を用いて $n = cA/\omega^{1-p}$。

演習問題解答　205

（3）　群速度は式 (7.22) より $v_g = 1/Cp\omega^{p-1} = v_p/p$。

（4）　$v_g = v_p$ となるのは（3）より $p = 1$ のとき，屈折率は $n = cA$ で定数。

7.5（1）　定在波が生じるためには，光波が逆方向に伝搬している必要があり，2 光波の重ね合わせを $\psi = A\sin(\omega_1 t - k_1 z) + A\cos(\omega_2 t + k_2 z)$ で表す。上式は和積の公式を用いて $\psi = 2A\sin\{[(\omega_1 + \omega_2)t + (k_2 - k_1)z]/2\}\cos\{[(\omega_1 - \omega_2)t - (k_1 + k_2)z]/2\}$。$\sin$ が t のみ，$\cos$ が z のみになる条件は $k_1 = k_2$，$\omega_1 = \omega_2$ で，合成波は $\psi = 2A\sin(\omega_1 t)\cos(k_1 z)$。

（2）　角周波数と波数が，与式との比較および式 (1.10a, b) より $\omega_1 = \omega_2 = k_0 c = (6\pi/5) \times 10^{15}$ rad/s，$k_1 = k_2 = nk_0 = (3\pi/5) \times 10^7$ m^{-1}。両式より $k_0 = \omega/c = (2\pi/5) \times 10^7$ m^{-1}，$n = k/k_0 = 1.5$，$\lambda_0 = 2\pi/k_0 = 5 \times 10^{-7}$ m $= 500$ nm。

[8 章]

8.1（1）　垂直入射時の反射光強度の極大条件は式 (8.49b) より $2nd = 600(m + 1/2)$ nm，極小条件は式 (8.48b) より $2nd = 500m'$ nm。これらの式で左辺が等しく，m，m' が整数。600 nm と 500 nm の比が 6：5 であることを考慮すると，$(m + 1/2)$ と m' の比が 5：6 になればよい。$m = 0$，1 のとき適解なし。$m = 2$ のとき $m' = 3$ で $d = 500 m'/2n = 563.9$ nm。

（2）　$2nd = 1500$ nm だから他の極大波長は $m = 3$ のとき 428.6 nm，極小波長は $m' = 2$ のとき 750 nm。

8.2（1）　式 (2.7) で方向余弦を (l_{in}, m_{in}, n_{in})，$l_{in} = \sin\theta$，$n_{in} = \cos\theta$，$m_{in} = 0$ とおき，x 成分のみ逆符号とする。

（2）　$z = 0$ での合成波の複素振幅は $\psi = \psi_1 + \psi_2 = A\exp[i(\omega t - k_0 z\cos\theta)][\exp(-ik_0 x\sin\theta) + \exp(ik_0 x\sin\theta)] = 2A\exp(i\omega t)\cos(k_0 x\sin\theta)$。

（3）　時間項と空間項が分離されているので定在波（7.4 節参照）。

（4）　光強度は $I = |\psi|^2 = 4|A|^2\cos^2(k_0 x\sin\theta) = 4|A|^2\cos^2(2\pi x\sin\theta/\lambda_0)$，$(2\pi/\lambda_0)\Lambda\sin\theta = \pi$ より，周期は $\Lambda = \lambda_0/2\sin\theta$。

8.3（1）　平凹レンズと両凸レンズの接触点を通り，平凹レンズの平面に平行な面を基準とすると，レンズ間の間隙の厚さ d は，式 (8.51) を用いて $d = x^2/2R_2 - x^2/2R_1 = x^2(R_1 - R_2)/2R_1 R_2$。

（2）　式 (8.46c) における光路長差 $\delta\varphi_r = 2nd\cos\theta_t$ の部分を $2d$ に置き換えて，反射光強度が $I_r = 4r^2\sin^2[\pi x^2(R_1 - R_2)/\lambda_0 R_1 R_2]$。

（3）　光路長差を $2n_w d$ として，反射光強度が $I_r = 4r^2\sin^2[\pi x^2 n_w(R_1 - R_2)/\lambda_0 R_1 R_2]$。

（4）　空気層のとき，m 番目の暗環の位置 x_m は $x_m = \sqrt{m\lambda_0 R_1 R_2/(R_1 - R_2)}$。水のとき，$m$ 番目の暗環の位置 x_m は $x_{m'} = \sqrt{m'\lambda_0 R_1 R_2/[n_w(R_1 - R_2)]}$。

（5）　前問の結果より得られる式に各数値を代入して $R_2 = R_1 x_m^2/(m\lambda_0 R_1 + x_m^2) = 1.005$ m。

8.4（1）　くさび形の角度はどこでも同じ。式 (8.50) で厚さ d_1 での干渉次数を m とすると，$d_1 = m\lambda_0/2n$，$d_2 = (m + N)\lambda_0/2n$。これらより $d_2 - d_1 = N\lambda_0/2n$。

（2）　この式に所与の値を代入して $d_2 - d_1 = 2.5$ μm。

8.5（1）　式 (8.66) より最大次数は $m = 2n_2 d\cos\theta_2/\lambda_{0m} = 8.49 \times 10^4$。

（2）　光強度反射率 $R = r^2 = 0.95$ を式 (8.69) に代入して，フィネス $F = \pi\sqrt{R}/(1 - R) = 61.2$。

（3）　半値全幅は式 (8.68) より $\delta\lambda_h = \lambda_0^2/2n_2 dF = 1.13 \times 10^{-13}$ m $= 0.113$ pm。

（4）　最大の分解能は式 (8.70) を用いて $\mathcal{R}_{FP} = mF = 5.20 \times 10^6$。

8.6（1）　無反射の振幅条件の式 (8.72) を用いて $n_2 = \sqrt{n_1 n_3} = 1.33$。

（2）　位相条件の式 (8.73) を用いて $d = \lambda_0/4n_2 = 94.0$ nm。

（3）　各屈折率の値を式 (8.74) に代入して，光強度反射率が $\mathcal{R}_T = 0.0013$ で約 0.13 % となり，ほとんど無反射。

8.7（1）　2 アームでの光路差は $\ell_1 - \ell_2 = 2(0.75 - 0.5) = 0.5$ m，複素干渉度は式 (8.77) を用いて $\gamma_{12}(\tau) = \exp(-0.5/2.0) = 0.78$。

（2）　BS の光強度透過率を T，光源を単位光強度とすると，両アームを通過した光強度は $I_1 = T(1 - T)$ と $I_2 = (1 - T)T$。これらを式 (8.3) に代入して，光検出器での光強度分布が $I = 2T(1 - T)[1 + 0.78\cos\phi]$。

（3）　観測位置での可視度 V は，式 (8.79) より $V = |\gamma_{12}(\tau)| = 0.78$。

（4）　光強度は $I = -2(T - 1/2)^2 + 1/2$ と書け，$T = 1/2$ で最大化できる。

（5）　半透鏡にすればよい。

[9 章]

9.1（1）　バビネの原理により，これは針金と同一幅の単スリットからの回折光強度で求められる。式 (9.27)，(9.44) で L を焦点距離 f に置き換え x [mm] として，$Dx/\lambda f = 10x$ [mm] より，光強度は $\mathrm{sinc}^2(Dx/\lambda f) = [\sin(10\pi x)/10\pi x]^2$。

（2）　暗線位置は式（9.30）で L を f に置き換え，$x = m/10$〔mm〕より，$m=1$ のとき $x=0.1$ mm。

9.2　異なる波長どうしでは干渉しないので，2 波長を個別に扱う。単スリットによる回折像の極小位置は式（9.30）で，L を f に置換する。波長 λ_1 について $\lambda_1 = 6.25 \times 10^{-4}$ mm $= 625$ nm，波長 λ_2 について $\lambda_2 = 5.0 \times 10^{-4}$ mm $= 500$ nm。

9.3　（1）　共通：回折角が波長に比例，開口幅に反比例。相違点：比例係数。
（2）　光波の波動性に起因。光ディスク（径が一定）のデータ保存容量を増加させるため，CD，DVD，BD と順に使用波長が短くなっている。

9.4　包絡線の極小（暗線）条件は式（9.71）で，微細構造に対する極大条件は式（9.72）で得られる。欠線の場合，これらの位置が極大条件の次数 $m=5$ に対して一致するから，$m'\lambda L/2 = m\lambda L/d$，$d/2 = m/m' = 5/m'$。$d/D$ が整数比 m/m' と一致するには，包絡線の次数が $m'=1$ のとき $d=10$，$m'=2$ のとき $d=5$。

9.5　（1）　真ん中の正方形の中心が光軸上にあるとする。式（9.64），（9.45）で開口幅を $D = D_x = D_y$，$\Theta = 2\pi dx/\lambda L$，$N=3$ とおき，$\psi_3(x,y) = \psi_{\mathrm{sq}}(x,y) \sum_{m=0}^{2} \exp[i(m-1)\Theta] = A\,\mathrm{sinc}(Dx/\lambda L)\mathrm{sinc}(Dy/\lambda L)[1+2\cos(2\pi dx/\lambda L)]$。光強度は $I_3(x,y) = |\psi_3(x,y)|^2 = A^2\mathrm{sinc}^2(Dx/\lambda L)\mathrm{sinc}^2(Dy/\lambda L)[1+2\cos(2\pi dx/\lambda L)]^2$。
（2）　式（9.69）の一部で $N=3$，$\mu_x = x/\lambda L$ とおき，3 倍角と半角の公式を利用して $[\sin(3\pi d\mu_x)/\sin(\pi d\mu_x)]^2 = [-4\sin^2(\pi d\mu_x)+3]^2 = [1+2\cos(2\pi d\mu_x)]^2$。この項は三つの正方形の開口による干渉効果を表す。
（3）　（1）と同様に考えて $\Theta_x = 2\pi d_x x/\lambda L$，$\Theta_y = 2\pi d_y y/\lambda L$ とおくと

$$\psi_{\mathrm{cross}} = \psi_{\mathrm{sq}}(x,y)[1 + \exp(i\Theta_x) + \exp(-i\Theta_x) + \exp(i\Theta_y) + \exp(-i\Theta_y)]$$
$$= \psi_{\mathrm{sq}}(x,y)[1 + 2\cos(2\pi d_x x/\lambda L) + 2\cos(2\pi d_y y/\lambda L)]$$
$$I_{\mathrm{cross}} = A^2\mathrm{sinc}^2(Dx/\lambda L)\mathrm{sinc}^2(Dy/\lambda L)[1 + 2\cos(2\pi d_x x/\lambda L) + 2\cos(2\pi d_y y/\lambda L)]^2$$

9.6　像面の極座標を $(r_{\mathrm{im}}, \theta_{\mathrm{im}})$ とする。輪帯開口による像面での複素振幅 ψ_{dbl} は，バビネの原理により，半径 R_2 による回折の複素振幅から，半径 R_1 による回折の振幅を減算して得られる。式（9.57a）を利用して，光強度が $I_{\mathrm{dbl}} = |\psi_{\mathrm{dbl}}|^2$ より

$$I_{\mathrm{dbl}} = A^2\left[\pi R_2^2 \frac{J_1(R_{\mathrm{N2}})}{R_{\mathrm{N2}}/2} - \pi R_1^2 \frac{J_1(R_{\mathrm{N1}})}{R_{\mathrm{N1}}/2}\right]^2 = A^2\left(\frac{\lambda L}{r_{\mathrm{im}}}\right)^2[R_2 J_1(R_{\mathrm{N2}}) - R_1 J_1(R_{\mathrm{N1}})]^2,$$

$R_{\mathrm{N}i} \equiv 2\pi R_i r_{\mathrm{im}}/\lambda L$（$i=1,2$）で得られる。

9.7　式（9.81）を利用。垂直入射では $L_{\mathrm{h}} = L$，$x_{\mathrm{e}} = x$ で，求める位置を x〔mm〕で表すと，式（9.80）より $p_1 = x\sqrt{2/\lambda L} = 2x$。極大値をとる位置は $x = 1.22/2 = 0.61$ mm，1.17 mm，1.54 mm，極小値をとる位置は $x = 0.935$ mm，1.37 mm，1.70 mm。

9.8　正・負の輪帯板を合わせると，全体が遮蔽される。バビネの原理により，両者の集束位置での位相は π 変わるが，光強度は不変で集束位置も変わらない。両輪帯板はともに式（9.92）を満たしていることからも同じ結果を得る。

9.9　（1）　式（9.94）に $\theta_{\mathrm{in}} = 20°$，$\theta_{\mathrm{dif}} = 55°$ を代入すると，$\lambda = 320(\sin 20° + \sin 55°)/m = 372/m$〔nm〕となり，どの回折次数 m でも可視光が観測できない。
（2）　$380 \leq 320(\sin 20° + \sin\theta_{\mathrm{dif}})/m \leq 780$ を満たす θ_{dif} の範囲を求める。$m=1$ のとき $\sin^{-1}(380/320 - \sin 20°) = 57.7°$，$780/320 - \sin 20° = 2.1$ で $57.7° \leq \theta_{\mathrm{dif}} \leq 90°$。2 次以上では解なし。蛍光灯などの白色光源を背にして BD を上記角度で設定したときに色づいて見える。

[**10 章**]

10.1　式（10.1）を利用。
（1）　主軸方位角が $60°$ で $A_x = A/2$，$A_y = (\sqrt{3}/2)A$。直線偏光では x，y 成分の位相角が等しく $E_x = (1/2)A\cos(\tau + \phi_x)$，$E_y = (\sqrt{3}/2)A\cos(\tau + \phi_x)$。
（2）　円偏光では x，y 成分の振幅 A が等しく，相対位相差が $\phi = (2m'+1)\pi/2$（m'：整数），左回りとなるには $\sin\phi < 0$ で $\phi = 3\pi/2$ または $\phi = -\pi/2$ ゆえ $E_x = A\cos(\tau + \phi_x)$，$E_y = A\cos(\tau + \phi_x - \pi/2) = A\sin(\tau + \phi_x)$。
（3）　楕円偏光で x，y 軸を主軸としているから，相対位相差が $\phi = (2m'+1)\pi/2$（m'：整数），右回りとなるには $\sin\phi > 0$ で $\phi = \pi/2$，式（10.5）より長・短軸の長さが $A_x = 2A$，$A_y = A$。$E_x = 2A\cos(\tau + \phi_x)$，$E_y = A\cos(\tau + \phi_x + \pi/2) = -A\sin(\tau + \phi_x)$。

10.2　（1）　式（10.7）より主軸方位角は $\tan 2\psi = 0$ より $\psi = 0°$。式（10.8b）より $a^2 = 4$，$b^2 = 1$ で楕円の主軸半径は $a = 2$ と $b = 1$，偏光楕円率は式（10.9）より $\tan\chi = b/a = 0.5$，$\chi = 26.6°$。

（2）　完全偏光で $S_0=1$。式（10.13a–c）を用い $S_1=0.600$，$S_2=0$，$S_3=0.800$。

（3）　完全偏光だから球表面で，経度 $2\psi=0°$，緯度 $2\chi=53.1°$。

10.3　成分ごとに和をとると，和積の変換公式を用いて合成波を次式で得る。

$$\left\{\begin{array}{c} E_x \\ E_y \end{array}\right\}=A\left[\left\{\begin{array}{c}\cos\\\sin\end{array}\right\}(\tau+\phi_{\mathrm{L}x})\pm\left\{\begin{array}{c}\cos\\\sin\end{array}\right\}(\tau+\phi_{\mathrm{R}x})\right]=2A\cos\left(\tau+\frac{\phi_{\mathrm{L}x}+\phi_{\mathrm{R}x}}{2}\right)\left\{\begin{array}{c}\cos\\\sin\end{array}\right\}\left(\frac{\phi_{\mathrm{L}x}-\phi_{\mathrm{R}x}}{2}\right)$$

上下の表現と複号が対応する。電界の x，y 成分の比は $E_y/E_x=\tan[(\phi_{\mathrm{L}x}-\phi_{\mathrm{R}x})/2]$ で書け，これは x 軸と角度 $(\phi_{\mathrm{L}x}-\phi_{\mathrm{R}x})/2$ 傾いた直線偏光を表す。

10.4（1）　式（10.27）に $\delta\phi=\pi$ を適用し，厚さ $d=\lambda_0/2(n_{\mathrm{e}}-n_{\mathrm{o}})=32.4$ μm。

（2）　水晶の厚さを d とし，位相差を式（10.27）より $\delta\phi=2\pi(n_{\mathrm{e}}-n_{\mathrm{o}})d/\lambda_0=2m\pi+\pi/2$（$m$：整数）とする。求める波長は $\lambda_0=(n_{\mathrm{e}}-n_{\mathrm{o}})d/(m+1/4)$ より，$m=4$ のとき 642 nm。

10.5　左回り・右回り偏光のジョーンズベクトルをそれぞれ $\boldsymbol{J}_{\mathrm{L}}$，$\boldsymbol{J}_{\mathrm{R}}$ とおき，図10.6を参考にする。

（1）　式（10.41）で $\phi=\pi$ として

$$\begin{pmatrix}-i&0\\0&i\end{pmatrix}\boldsymbol{J}_{\mathrm{L}}=\frac{-i}{\sqrt{2}}\begin{pmatrix}1\\i\end{pmatrix}=-i\boldsymbol{J}_{\mathrm{R}},\qquad\begin{pmatrix}-i&0\\0&i\end{pmatrix}\boldsymbol{J}_{\mathrm{R}}=\frac{-i}{\sqrt{2}}\begin{pmatrix}1\\-i\end{pmatrix}=-i\boldsymbol{J}_{\mathrm{L}}$$

（2）　式（10.41）で $\phi=\pi/2$ として

$$\frac{1}{\sqrt{2}}\frac{1}{\sqrt{2}}\begin{pmatrix}1-i&0\\0&1+i\end{pmatrix}\begin{pmatrix}1\\\mp i\end{pmatrix}=\frac{1}{2}\begin{pmatrix}1-i\\\pm(1-i)\end{pmatrix}=\frac{1-i}{\sqrt{2}}\frac{1}{\sqrt{2}}\begin{pmatrix}1\\\pm1\end{pmatrix}$$

最終結果は，左回り・右回り円偏光がそれぞれ x 軸と $\pm45°$ 傾いた直線偏光に変換されることを表す。

［11章］

11.1　式（11.20）で物点と像点を入れ換えることは，右辺の行列 A の逆行列を求めることであり，逆行列が次式で表せる。

$$\mathrm{A}^{-1}=\begin{pmatrix}b+as_1/n_1&0\\-a&c-as_2/n_2\end{pmatrix}$$

この行列でも 1 行 2 列成分が 0 なので，共役関係が満たされる。

11.2（1）　システム行列 $\mathcal{S}$ はユニモジュラーで $|\mathcal{S}|=1$ より $a=0.0725$，後側焦点距離は式（11.26b）より $f'_{\mathrm{A}}=1/a=13.79$，$f'_{\mathrm{A}}>0$ ゆえ正レンズ。

（2）　$\mathcal{S}$ の 1 行 2 列成分と式（11.10）より $d_{\mathrm{L}}=2n_{\mathrm{L}}=3$。

（3）　1 行 1 列成分と式（11.12）より $\phi_1=0.025$，$R_1=20$，2 行 2 列成分と式（11.12）より $\phi_2=0.05$，$R_2=-10$。

11.3（1）　式（11.27）より，前側焦点距離 $f_{\mathrm{A}}=666.7$，後側焦点距離 $f'_{\mathrm{A}}=-666.7$ で凹レンズ。

（2）　式（11.30a, b）を用いて，前側主点 $s_{\mathrm{H}1}=13.3$，後側主点 $s_{\mathrm{H}2}=11.1$ となり，両主点がレンズの外側にある。

11.4（1）　図11.1（b）での相似関係から求める横倍率を β' とおくと，光軸を挟んで反対側の倍率が負になることより，$\beta'=-(s_2-s_{\mathrm{F}2})/(s_{\mathrm{F}2}-s_{\mathrm{H}2})$ で表せる。これに式（11.24b），（11.25b）を代入し整理した結果に式（11.21）を適用すると，最終結果が式（11.21）に一致する。

$$\beta'=-\frac{s_2-n_2c/a}{n_2c/a-n_2(c-1)/a}=\frac{(c-as_2/n_2)n_2}{n_2}=c-\frac{as_2}{n_2}=\beta$$

（2）　横倍率が $\beta'=(s_2-s_{\mathrm{N}2})/(s_1-s_{\mathrm{N}1})$ で表せる。これに式（11.28）を代入し整理した結果に式（11.21）を適用すると，最終結果が式（11.21）に一致する。

$$\beta'=\frac{s_2-s_{\mathrm{N}2}}{s_1-s_{\mathrm{N}1}}=\frac{s_2-(cn_2-n_1)/a}{s_1-(n_2-bn_1)/a}=\frac{-(c-as_2/n_2)+n_1/n_2}{(n_1/n_2)(b+as_1/n_1)-1}=\frac{-\beta+n_1/n_2}{(n_1/n_2)(1/\beta)-1}=\beta$$

11.5（1）　$f'_1=50$，$f'_2=-30$ を式（11.53）に代入し

$$1/f'_{\mathrm{syn}}=(d_{\mathrm{s}}-20)/1500 \quad\cdots①$$

正レンズは $f'_{\mathrm{syn}}>0$ だから $d_{\mathrm{s}}-20>0$ よりレンズ間隔が $d_{\mathrm{s}}>20$ cm，負レンズは $f'_{\mathrm{syn}}<0$ だから $0<d_{\mathrm{s}}<20$ cm。

（2）　式①より得られる $d_{\mathrm{s}}=1500/f'_{\mathrm{syn}}+20$ に $f'_{\mathrm{syn}}=60$ を代入して $d_{\mathrm{s}}=45$ cm。

11.6（1）　後側焦点距離は，式（11.53）に $f'_1=100$，$f'_2=120$，$d_{\mathrm{s}}=20$ を代入して，$f'_{\mathrm{syn}}=60$ mm。

（2）　像の位置は，式（4.24）に $s_1=-100$ を代入して $s_2=150$ mm で，像が第 2 レンズの後方 150 mm にできる。横倍率は式（4.27）に f'_{syn} と s_2 を代入して $\beta=-1.5$ より倒立実像。

208   演 習 問 題 解 答

[**12章**]

12.1 結像式 (4.24) に $s_1 = -8f$ を代入して，像の位置が $s_2 = 8f/7$。錯乱円の直径を δ として $\delta/2 = f/1\,000$。式 (12.23) より口径が $D = f/F = f/2$。焦点深度は式 (12.1) より前・後方を合わせて $2\xi = 2\delta s_2/D = 0.009\,1f$。

12.2 （1）像の位置は式 (4.24) または式 (6.12) より $s_2 = 25$ cm。開口数は $\sin\zeta_{im} \fallingdotseq \zeta_{im} = (D/2)/s_2 = 0.08$。

（2）輝度は式 (12.8) より $L_v = I_v/dS = 10^5/\pi$ cd/m^2。

（3）光学系での強度透過率 $\mathcal{T}$ は，レンズ2面での反射を考慮して，式 (3.43a) より $\mathcal{T} = 0.92$。

（4）像面での照度は，式 (12.19) に上で求めた値を代入して $E_{im} = 589$ lx。

（5）面光源と像面が対向しているから，式 (12.13) を光源全体で積分する。光源と像の距離は（1）の結果より 125 cm，光源の輝度は（2）の結果を利用して，像面での照度は $E_v = 6.4$ lx。凸レンズを用いたことにより，像面での照度が2桁上昇している。

12.3 （1）図 12.15 で $\triangle$AQO と $\triangle$APO に余弦定理を適用し，OQ，OP の長さを代入し整理して
$$AQ^2 = OQ^2 + R^2 - 2R\,OQ\cos\vartheta = (R^2/n_2^2)(n_1^2 + n_2^2 - 2n_1 n_2 \cos\vartheta) \quad \cdots \text{①}$$
$$AP^2 = OP^2 + R^2 - 2R\,OP\cos\vartheta = (R^2/n_1^2)(n_1^2 + n_2^2 - 2n_1 n_2 \cos\vartheta) \quad \cdots \text{②}$$
式①，②より
$$n_1 AP = n_2 AQ \quad \cdots \text{③}$$
正弦定理より
$$\frac{AP}{\sin\vartheta} = \frac{OP}{\sin\theta_i} = \frac{R}{\sin\zeta_1} \quad \cdots \text{④}, \qquad \frac{AQ}{\sin\vartheta} = \frac{OQ}{\sin\theta_t} = \frac{R}{\sin\zeta_2} \quad \cdots \text{⑤}$$
式③〜⑤と OQ，OP の長さを利用して
$$\frac{\sin\theta_t}{\sin\theta_i} = \frac{AP}{OP}\frac{OQ\sin\vartheta}{AQ} = \frac{AP}{AQ}\frac{OQ}{OP} = \frac{n_2}{n_1}\frac{(n_1/n_2)R}{(n_2/n_1)R} = \frac{n_1}{n_2} \quad \cdots \text{⑥}$$
より，屈折法則の式⑦を得る。
$$n_1 \sin\theta_i = n_2 \sin\theta_t \quad \cdots \text{⑦}$$

（2）光線 BAQ の光路長が ϑ に依存せず一定値になることを示す。BP の幾何学的長さを p とおくと $p = BP = BA + AP$。BAP 間の光路長は，式③を用いて以下の式で表せるため，一定値となる。
$$[BAQ] = n_1 BA + n_2 AQ = n_1(p - AP) + n_2(n_1/n_2)AP = n_1 p \quad \cdots \text{⑧}$$

（3）物体と像の大きさを x_{ob}，x_{im} として，横倍率 β は式④，⑤を代入した後，屈折法則の式⑦を適用して，式⑨は正弦条件の式 (12.25) となる。
$$\beta \equiv \frac{x_{im}}{x_{ob}} = \frac{OQ}{OP} = \frac{R\sin\theta_t/\sin\zeta_2}{R\sin\theta_i/\sin\zeta_1} = \frac{n_1 \sin\zeta_1}{n_2 \sin\zeta_2} \quad \cdots \text{⑨}$$

12.4 （1）式 (12.34a, b) を用いて，第1レンズの焦点距離 $f_1' = 37.3$ cm，第2レンズの焦点距離 $f_2' = -59.5$ cm。

（2）第 i レンズの第 j 曲面の曲率半径を $R_j^{(i)}$，第 i レンズの屈折率を n_{Li} とおく。レンズの焦点距離を式 (4.26) または式 (6.13) から求めると，貼り合わせ面での曲率半径が
$$1/R_2^{(1)} = 1/R_1^{(1)} - 1/[f_1'(n_{L1} - 1)] \quad \cdots \text{①}$$
$$1/R_1^{(2)} = 1/R_2^{(2)} + 1/[f_2'(n_{L2} - 1)] \quad \cdots \text{②}$$
で書ける。貼り合わせ面で $R_2^{(1)} = R_1^{(2)}$ だから，式①，②より
$$1/R_1^{(1)} - 1/[f_1'(n_{L1} - 1)] = 1/R_2^{(2)} + 1/[f_2'(n_{L2} - 1)] \quad \cdots \text{③}$$
式③に各値を代入して
$$1/R_2^{(2)} = 1/R_1^{(1)} - 0.024\,5 > 0 \quad \cdots \text{④}$$
より $R_1^{(1)} < 40.8$ cm。式②に式④を代入して
$$1/R_1^{(2)} = 1/R_1^{(1)} - 0.051\,6 < 0 \quad \cdots \text{⑤}$$
より $R_1^{(1)} > 19.4$ cm。よって，19.4 cm $< R_1^{(1)} < 40.8$ cm。

（3）$R_1^{(1)} = 28$ を式⑤，④に代入して $R_1^{(2)} = -62.9$ cm，$R_2^{(2)} = 89.3$ cm。

12.5 （1）式 (12.22)，(12.23) より，F 数は $F = f/D = 1/(2\sin\zeta_{im})$。$0 \leqq \sin\zeta_{im} \leqq 1$ だから $F \geqq 0.5$。F 数は 0.5 未満にならない。

（2）式 (12.23) の F 数の定義より，式 (12.37) の空間分解能は $\Delta r = 1.22\lambda F = 1.22 \times 10^{-6}$ m $= 1.22$ μm。

（3）遮断周波数は式 (12.52) で L を焦点距離 f に置き換えて $\mu_c = 1/\lambda F = 10^6$ m$^{-1} = 10^3$ 線対/mm。空間分解能と光学伝達関数の遮断周波数はほぼ逆数関係にある。

12.6 短冊の中心を原点にとると，瞳座標を ξ として，瞳関数が次式で書ける。

$$P(\xi) = \begin{cases} 1 & : d-D/2 \leq |\xi| \leq d+D/2 \\ 0 & : その他 \end{cases} \cdots ①$$

コヒーレント結像での光学伝達関数 H は，瞳関数と同じで，空間周波数 μ を用い式①で $\mu = \xi$ とおいて得られる。インコヒーレント結像での H は，式 (12.48) より瞳関数の自己相関関数で求められる。ずれ量は空間周波数に一致し，これを μ とおく。

$0 \leq \mu \leq D$ のとき
　　$H = 2(D-\mu)/2D = 1-\mu/D$ 　$\cdots ②$
$D \leq \mu \leq d$ のとき
　　$H = 0$ 　$\cdots ③$
$d \leq \mu \leq d+D$ のとき
　　$H = (\mu-d)/2D$ 　$\cdots ④$
$d+D \leq \mu \leq d+2D$ のとき
　　$H = [(d+2D)-\mu]/2D$ 　$\cdots ⑤$
$d+2D \leq \mu$ のとき
　　$H = 0$ 　$\cdots ⑥$

となる（**図解 1**）。

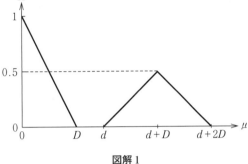

図解 1

[**13 章**]

13.1（1）磁界成分を書き直すと $H_x = -\sin[8\pi \times 10^{14}(t-z/0.667c)]$。媒質中の光速は式 (1.13c) を参照して $v = 0.667c = 2.00 \times 10^8$ m/s。
（2）屈折率は式 (1.2) より $n = 1.5$。
（3）周波数は式 (1.6) より $\nu = 4 \times 10^{14}$ s^{-1}。
（4）媒質中の波長は式 (1.11) より $\lambda = v/\nu = 5.00 \times 10^{-7}$ m $= 500$ nm。
（5）電界成分は式 (13.16a) を用いて

$$E = \frac{Z_0}{n} \begin{vmatrix} \mathbf{e}_x & \mathbf{e}_y & \mathbf{e}_z \\ H_x & H_y & H_z \\ 0 & 0 & 1 \end{vmatrix} = 251(\mathbf{e}_x + \mathbf{e}_y)\sin\left[8\pi \times 10^{14}\left(t - \frac{1}{0.667c}z\right)\right]$$

$E_x = E_y = 251\sin(8\pi \times 10^{14}t - 4\pi \times 10^6 z)$ V/m で書ける。

13.2 磁気エネルギー密度 U_m の式 (13.19c) に式 (13.16b) を代入し，スカラー3重積の公式 (B.4) を用いて $U_\mathrm{m} = [\mu_0(nY_0)^2/2]\mathbf{s} \cdot [\mathbf{E} \times (\mathbf{s} \times \mathbf{E})]$。これの後半はベクトル3重積の公式 (B.5) を適用して $\mathbf{E} \times (\mathbf{s} \times \mathbf{E}) = (\mathbf{E} \cdot \mathbf{E})\mathbf{s} - (\mathbf{E} \cdot \mathbf{s})\mathbf{E} = E^2\mathbf{s}$。これを U_m の式に戻し，式 (13.18) を用いて $U_\mathrm{m} = (\varepsilon\varepsilon_0/2)\mathbf{E}^2$。これは電気エネルギー密度 U_e の式 (13.19b) に一致。

13.3（1）磁界は式 (13.16b) を用いて

$$H = -\frac{n}{Z_0}\begin{vmatrix} \mathbf{e}_x & \mathbf{e}_y & \mathbf{e}_z \\ E_x & 0 & 0 \\ 0 & 0 & 1 \end{vmatrix} = \frac{n}{Z_0}E_x\mathbf{e}_y, \qquad H_y = \frac{n}{Z_0}E_x, \qquad H_x = H_z = 0$$

（2）以下では，長時間平均で計算する。等方性物質では電気エネルギー密度と磁気エネルギー密度が等しいから，光エネルギー密度は，式 (13.19a〜c) より

$$U = 2U_\mathrm{e} = (1/2)\mathbf{E} \cdot \mathbf{D}^* = (1/2)\varepsilon\varepsilon_0(|E_x|^2 + |E_y|^2 + |E_z|^2) = (1/2)n^2\varepsilon_0|E_x|^2$$

（3）ポインティングベクトルは式 (13.23) より

$$S = \frac{1}{2}\mathbf{E} \times \mathbf{H}^* = \frac{1}{2}\begin{vmatrix} \mathbf{e}_x & \mathbf{e}_y & \mathbf{e}_z \\ E_x & 0 & 0 \\ 0 & H_y^* & 0 \end{vmatrix} = \frac{1}{2}E_x H_y^* \mathbf{e}_z = \frac{n}{2Z_0}|E_x|^2\mathbf{e}_z, \qquad S_z = \frac{n}{2Z_0}|E_x|^2, \qquad S_x = S_y = 0$$

（4）E_x の表式を利用し，（2）と（3）の結果を用いて次式を得る。

$$\partial U/\partial t = (\partial/\partial t)[(1/2)n^2\varepsilon_0|E_x|^2] = (1/2)n^2\varepsilon_0|A|^2(\partial/\partial t)[\sin^2(\omega t - kz + \phi_0)]$$
$$= n^2\varepsilon_0\omega|A|^2\sin(\omega t - kz + \phi_0)\cos(\omega t - kz + \phi_0)$$
$$\mathrm{div}\,S = \partial S_z/\partial z = (n/2Z_0)|A|^2(\partial/\partial z)[\sin^2(\omega t - kz + \phi_0)]$$
$$= -(n/Z_0)k|A|^2\sin(\omega t - kz + \phi_0)\cos(\omega t - kz + \phi_0)。$$

式 (13.22) 左辺で，振幅項 A^2 と三角関数以外の和は，式 (13.17)，(1.1) を用いて $n^2\varepsilon_0\omega - (n/Z_0)k = n^2\varepsilon_0\omega - (n^2\omega/\sqrt{\mu_0/\varepsilon_0})\sqrt{\varepsilon_0\mu_0} = n^2\varepsilon_0\omega - n^2\varepsilon_0\omega = 0$ で，エネルギー定理が成り立つ。

索　引

【あ】

アクロマート	179
アクロマートレンズ	179
厚肉レンズ	151
アッベ数	132, 178
アッベの零不変量	41
アプラナート	176
アプラナートレンズ	176
アポクロマートレンズ	179

【い】

移行行列	154
位　相	4
位相型回折光学素子	131
位相型ゾーンプレート	131
位相子	146, 149
位相条件（反射防止膜）	99
位相速度	3, 73
位相伝達関数	183
位相板	146
位相変化	4, 50
伝搬による——	50
一様な媒質	3
異方性物質	142
色消し	178
色消しダブレット	179
色消し二重レンズ	179
色消しレンズ	178
色収差	178
インコヒーレント結像	182
インコヒーレント光	100

【う】

薄肉密着レンズ系	164
薄肉レンズ近似	43

【え】

エアリーの円盤	120
エタロン	96
エネルギー定理	195
エネルギー保存則	195
エバネッセント成分	32
エバネッセント波	32
円形開口	118
遠視野像	107

【お】

オイラーの公式	74
オイラー方程式	55
オイラー–ラグランジュ方程式	55
凹面鏡	37
凹レンズ	44

【か】

開　口	104
開口絞り	166
開口数	173, 181
回　折	11, 103
円形開口による——	118
単スリットによる——	109
凸レンズを用いた——	107
方形開口による——	117
回折角	113
回折限界	113, 120
回折光	111
0次——	111
±1次——	111
回折格子	120
反射型——	132
平面——	132
回折格子の式	132
解像度	180
ガウス行列	155
ガウス定数	155
ガウスのレンズ公式	43
可干渉距離	100
可干渉時間	100
可干渉性	100
角周波数	4
角倍率	45, 157, 159
重ね合わせの原理	68
カージオイド曲線	105
可視光	2
可視度	101
偏　り	135
火　面	167
干　渉	76, 77
多重反射による——	93
多重ピンホールによる——	80, 109, 121
干渉縞	77
干渉フィルタ	98
カンデラ	169

【き】

基底ベクトル	153
輝　度	170
輝度不変の法則	173
キノフォーム	131
逆　相	6
球欠焦線	176
球欠面	153
球面波	10, 14
球面レンズ	42
境界条件	196
鏡面反射	21, 132
共　役	39, 60
共役点	39
行列法	153
虚　像	40, 59
キルヒホッフ近似	104
近軸光線	36, 153
近視野像	106

【く】

空間周波数	182
くさび形干渉	102
グース–ヘンヒェンシフト	32, 33
屈折行列	155
屈折法則	20, 24, 52
屈折率	3
絶対——	20
屈折率楕円体	141
屈折率分散	3
屈折力	
光学系の——	156
レンズの——	164
クラウジウスの関係式	172, 200
群速度	72

【け】

傾斜因子	16, 104
結　晶	141
一軸——	141
双軸——	141
単軸——	141
二軸——	141
欠　線	124
結像式	
厚肉レンズによる——	159
薄肉レンズによる——	43, 64

球面反射鏡による——　39, 62, 162
単一球面による——　41
限界周波数　185
検光子　146

【こ】
光学距離　49
光学系の屈折力　156
光学軸　141
光学的に互いに共役　39
光学伝達関数　182
光学薄膜　98
口径食　167
口径比　174
光軸　22
後進波　14
合成光学系　162
構成方程式　190
光線　1
　異常——　143
　子午——　36, 153
　周縁——　36
　常——　143
　正常——　143
　らせん——　153
光線収差　174
光線追跡　174
光線方程式　56
構造色　133
光束　169
光速度不変の原理　3
後退波　14
光度　170
光波　1
光路長　49
コヒーレンス　100
コヒーレンス時間　100
コヒーレンス長　100
コヒーレント結像　186
コヒーレント光　100
　部分的——　101
固有偏光　143
コルニューの渦巻　126
コルニューのらせん　126

【さ】
最小光路長の原理　49
最小時間の原理　49
ザイデルの5収差　174
最良像面　167, 176
錯乱円　167, 175

最小——　167, 175
サジタル面　153
参照球面　177
参照波面　177

【し】
磁気エネルギー密度　193
子午焦線　176
子午面　36, 153
システム行列　155
自然光　100, 138
実像　40, 59
四分の一波長板　146
視野絞り　167
遮断周波数　185
周期　5
収差　174
　3次——　175
　球面——　38, 175
　光線——　174
　コマ——　175
　単色——　174
　波面——　177
　非点——　176
　歪曲——　176
収差波面　177
自由スペクトル領域　97
周期的開口　121
周波数　4
主屈折率　141
主光線　167
主軸方位角　136
主点　152, 158
主平面　152
主要点　153, 158
シュライエルマッヘルの方程式　157
準単色光　72
焦点　38, 43, 158
　後側——　43
　像側——　43
　物側——　43
　前側——　43
焦点距離　38, 43, 158
　後側——　43
　像側——　43
　物側——　43
　前側——　43
焦点深度　167
照度　171
照度の余弦法則　171
ジョーンズ行列　147
ジョーンズベクトル　147

真空アドミタンス　192
真空インピーダンス　192
真空換算距離　43
真空中の光速　3
進行波　13
振幅条件（反射防止膜）　99
振幅透過係数　25
振幅透過率　25
振幅反射係数　25
振幅反射率　25

【す】
垂直入射　26
ストークスの関係式　29
ストークスパラメータ　138
スネルの法則　20
スペックル雑音　187
スポットダイアグラム　179
すれすれ入射　26

【せ】
正弦条件　175, 200
正立像　40
正レンズ　44
節点　152, 158
節平面　152
接平面　22
旋光子　149
旋光性　144
前進波　13
全反射　21, 31
鮮明度　101

【そ】
双曲面鏡　60
像点　44, 157
　ガウス——　44, 157
　近軸——　44, 157
　理想——　44, 157
像面湾曲　176
測光学　168

【た】
第1変分　55
第2変分　55
楕円面鏡　59
多重ピンホール　80, 109, 121
多色光　71
縦倍率　160
単色収差　174

212 索　　　　引

【ち】

超色消し　179

【て】

定在波　74
電荷保存則　189
電気エネルギー密度　141, 193
点光源　170
電磁波　190
転送行列　154
点像分布関数　183

【と】

等厚干渉　91
等厚干渉縞　91
等位相面　1
等傾角干渉縞　90
同　相　6
等方性物質　141
倒立像　40
凸面鏡　37
凸レンズ　44

【に】

ニアフィールド回折　106, 128
二光波干渉　76
　平行平面板による——　87
二色性　143
入射面　21
ニュートン環　92
ニュートンの公式　45, 160
ニュートンリング　92

【は】

ハイブリッドモード　192
波　数　4
波　束　72, 100
波　長　5
波長選択性　132
発光ダイオード　170
波動インピーダンス　192
波動方程式　191
バビネの原理　105
波　面　1
波面形成法　9
波面収差　177
波面変換作用　65
波面法線ベクトル　1, 192
腹　75
波　連　72, 100
汎関数　54

反射行列　155
反射防止膜　98
反射法則　20, 52
半波長板　146

【ひ】

光強度　7, 195
光強度透過率　34
光強度反射率　33
光ディスク　113, 133
光電力　195
光の逆進性　21, 50
光の直進性　11, 51
光パワ　195
光ファイバ　33
非球面反射鏡　59
非球面レンズ　179
比視感度　168
比視感度曲線　169
被写界深度　168
非点隔差　176
比透磁率　3, 190
瞳　166
　射出——　166
　入射——　166
瞳関数　184
非分散性物質　73
比誘電率　3, 190
標準空気　3

【ふ】

ファブリ-ペロー干渉計　96
フィネス　97
フェーザ　69
フェーザ表示　83, 94, 110, 118
フェーザ法　69
フェルマーの原理　49
複屈折　143
複素干渉度　100
節　75
物質方程式　190
物体深度　168
不遊条件　176
不遊点　176, 188
不遊レンズ　176
フラウンホーファー回折　107, 129
　——の成立条件　107, 128
フラウンホーファー線　179
フーリエ変換　71
プルキニエ効果　169
ブルースター角　31
ブルースターの法則　31

フレネル回折　107, 109, 125
　単スリットによる——　128
　半無限開口からの——　126
フレネル-キルヒホッフの回折公式　104
フレネル積分　125
フレネルゾーンプレート　131
フレネルの公式　26
フレネルの斜方体　33
フレネルの法線方程式　142
フレネルの菱面体　33
フレネルの輪帯　16
フレネルの輪帯板　131
負レンズ　44
分解能　98, 180
　角度——　181
　空間——　181
　レイリーの——　181
分　散　3, 71
　異常——　73
　正常——　73
分散性物質　73

【へ】

平面波　10, 14
ヘルムホルツ-キルヒホッフの
　積分定理　104
ヘルムホルツの相反定理　105
ヘルムホルツ方程式　191
偏　光　135
　円——　136
　完全——　138
　楕円——　136
　直線——　136
　非——　138
　部分——　138
偏光回転子　149
偏光角　31
偏光子　146
　円——　146
　直線——　146
偏光素子　146
偏光楕円率　137
偏光度　139
変調伝達関数　183
変　分　48, 54
変分法　54

【ほ】

ポアンカレ球　139
ホイヘンスの原理　9, 78, 109
ホイヘンスの接眼レンズ　178

索　　　引　213

ホイヘンス-フレネルの原理　9
ポインティングベクトル　194
方形開口　117
放射束　168
放物面鏡　59
蛍　石　179

【ま】

マイケルソン干渉計　99
マクスウェル方程式　189
マリュスの定理　54

【み】

ミュラー行列　139

【む】

無収差反射鏡　60

【め】

明瞭度　101

メニスカスレンズ　44
面光源　170
　完全拡散――　170

【や】

ヤングの干渉実験　78
ヤングの干渉縞　79

【ゆ】

誘電体　198
油浸対物レンズ　176
ユニモジュラー行列　154

【よ】

横　波　2, 192
横倍率　40, 44, 157, 159

【ら】

ラグランジュの積分不変量　53

ラグランジュ-ヘルムホルツの
　不変量　157
ラムスデンの接眼レンズ　178
ランベルトの法則　171

【り】

理想結像条件　157, 159
理想光学系　44, 157
立体角　170
臨界角　21

【る】

ルーメン　169

【れ】

レイリーの分解能　181
レンズの屈折力　164
連続の方程式　189

【F】

Fizeau の干渉縞　91
FSR　97
FZP　131
fθ レンズ　177
F 数　174
F 値　174

【H】

Haidinger の干渉縞　90

【L】

LED　169

【N】

NA　173

【O】

OTF　182

【P】

P 偏光　24

【S】

sinc 関数　70, 82, 111
S 偏光　24

【T】

TEM 波　192

【数字】

1/2 波長板　146
1/4 波長板　146
3 層構造　93

【ギリシャ文字】

λ/2 板　146
λ/4 板　146

―――著者略歴―――

現　在　立命館大学名誉教授・工学博士
著　書　「光学の基礎」,コロナ社（1997）
　　　　「光通信工学」,共立出版（2000）
　　　　「フォトニック結晶ファイバ」,コロナ社（2011）
　　　　「通信ネットワーク概論」,森北出版（2018）
　　　　「光の数理」,コロナ社（2021）
　　　　「電気系のための光工学」,共立出版（2022）
　　　　「光学素子のいろは」,コロナ社（2023）
　　　　ほか

原理から学ぶ光学
Optics Learning Based on the Principles　　　　　　　　　　　　© Jun-ichi Sakai 2025

2025 年 2 月 17 日　初版第 1 刷発行　　　　　　　　　　　　　　　　　★

検印省略	著　者　左　貝　潤　一
	発 行 者　株式会社　コ ロ ナ 社
	代 表 者　牛 来 真 也
	印 刷 所　新 日 本 印 刷 株 式 会 社
	製 本 所　有 限 会 社　愛 千 製 本 所

112-0011　東京都文京区千石 4-46-10
発 行 所　株式会社　コ ロ ナ 社
CORONA PUBLISHING CO., LTD.
Tokyo Japan
振替00140-8-14844・電話(03)3941-3131(代)
ホームページ　https://www.coronasha.co.jp

ISBN 978-4-339-00995-8　C3055　Printed in Japan　　　　　　　　（西村）

JCOPY ＜出版者著作権管理機構 委託出版物＞
本書の無断複製は著作権法上での例外を除き禁じられています。複製される場合は,そのつど事前に,
出版者著作権管理機構（電話 03-5244-5088, FAX 03-5244-5089, e-mail: info@jcopy.or.jp）の許諾を
得てください。

本書のコピー,スキャン,デジタル化等の無断複製・転載は著作権法上での例外を除き禁じられています。
購入者以外の第三者による本書の電子データ化及び電子書籍化は,いかなる場合も認めていません。
落丁・乱丁はお取替えいたします。

電子情報通信レクチャーシリーズ

（各巻B5判，欠番は品切または未発行です）

■電子情報通信学会編

	配本順	共　通		頁	本　体
A-1	（第30回）	電子情報通信と産業	西村吉雄著	272	4700円
A-2	（第14回）	電子情報通信技術史 ―おもに日本を中心としたマイルストーン―	「技術と歴史」研究会編	276	4700円
A-3	（第26回）	情報社会・セキュリティ・倫理	辻井重男著	172	3000円
A-5	（第6回）	情報リテラシーとプレゼンテーション	青木由直著	216	3400円
A-6	（第29回）	コンピュータの基礎	村岡洋一著	160	2800円
A-7	（第19回）	情報通信ネットワーク	水澤純一著	192	3000円
A-9	（第38回）	電子物性とデバイス	益川　一哉 天川　修平共著	244	4200円
		基　礎			
B-5	（第33回）	論　理　回　路	安浦寛人著	140	2400円
B-6	（第9回）	オートマトン・言語と計算理論	岩間一雄著	186	3000円
B-7	（第40回）	コンピュータプログラミング ―Pythonでアルゴリズムを実装しながら問題解決を行う―	富樫　敦著	208	3300円
B-8	（第35回）	データ構造とアルゴリズム	岩沼宏治他著	208	3300円
B-9	（第36回）	ネットワーク工学	田中野敬　裕介 仙石正和共著	156	2700円
B-10	（第1回）	電　磁　気　学	後藤尚久著	186	2900円
B-11	（第20回）	基礎電子物性工学 ―量子力学の基本と応用―	阿部正紀著	154	2700円
B-12	（第4回）	波　動　解　析　基　礎	小柴正則著	162	2600円
B-13	（第2回）	電　磁　気　計　測	岩﨑　俊著	182	2900円
		基　盤			
C-1	（第13回）	情報・符号・暗号の理論	今井秀樹著	220	3500円
C-3	（第25回）	電　子　回　路	関根慶太郎著	190	3300円
C-4	（第21回）	数　理　計　画　法	山下信雄 福島雅夫共著	192	3000円

配本順			著者	頁	本体
C-6	(第17回)	インターネット工学	後藤滋樹 外山勝保 共著	162	2800円
C-7	(第3回)	画像・メディア工学	吹抜敬彦著	182	2900円
C-8	(第32回)	音声・言語処理	広瀬啓吉著	140	2400円
C-9	(第11回)	コンピュータアーキテクチャ	坂井修一著	158	2700円
C-13	(第31回)	集積回路設計	浅田邦博著	208	3600円
C-14	(第27回)	電子デバイス	和保孝夫著	198	3200円
C-15	(第8回)	光・電磁波工学	鹿子嶋憲一著	200	3300円
C-16	(第28回)	電子物性工学	奥村次徳著	160	2800円

展 開

配本順			著者	頁	本体
D-3	(第22回)	非線形理論	香田徹著	208	3600円
D-5	(第23回)	モバイルコミュニケーション	中川正雄 大槻知明 共著	176	3000円
D-8	(第12回)	現代暗号の基礎数理	黒澤馨 尾形わかは 共著	198	3100円
D-11	(第18回)	結像光学の基礎	本田捷夫著	174	3000円
D-14	(第5回)	並列分散処理	谷口秀夫著	148	2300円
D-15	(第37回)	電波システム工学	唐沢好男 藤井威生 共著	228	3900円
D-16	(第39回)	電磁環境工学	徳田正満著	206	3600円
D-17	(第16回)	VLSI工学 —基礎・設計編—	岩田穆著	182	3100円
D-18	(第10回)	超高速エレクトロニクス	中村徹 三島友義 共著	158	2600円
D-23	(第24回)	バイオ情報学 —パーソナルゲノム解析から生体シミュレーションまで—	小長谷明彦著	172	3000円
D-24	(第7回)	脳工学	武田常広著	240	3800円
D-25	(第34回)	福祉工学の基礎	伊福部達著	236	4100円
D-27	(第15回)	VLSI工学 —製造プロセス編—	角南英夫著	204	3300円

定価は本体価格+税です。
定価は変更されることがありますのでご了承下さい。

図書目録進呈◆